"十四五"职业教育国家规划教材

国家林业和草原局职业教育"十三五"规划教材

工作手册式教材

园林测量

（第2版）

陈日东　陈　涛　主编

中国林业出版社

内容提要

本教材根据高等职业教育园林技术专业教学标准，在广泛调研测绘地理信息技术在林业与园林行业现代生产中的应用并对接高职院校测绘技能大赛的基础上进行编写。主要内容包括方向与距离测量、水准测量、电子经纬仪测量、全站仪测量、点位测量、地形图使用、园林工程测量等。本教材符合职业教育教改理念，准确把握高技能人才培养的内涵，在项目后设有习题，并配套相关数字资源，包括微视频、课件、习题参考答案等。

本教材可作为高等职业教育园林技术、园林工程技术、风景园林设计、林业技术等专业的教材，也可供相关专业技术人员参考。

图书在版编目(CIP)数据

园林测量／陈日东，陈涛主编. —2版. —北京：中国林业出版社，2021.7(2025.6重印)
"十四五"职业教育国家规划教材 国家林业和草原局职业教育"十三五"规划教材 工作手册式教材
ISBN 978-7-5219-1207-4

Ⅰ.①园… Ⅱ.①陈… ②陈… Ⅲ.①园林-测量学-高等职业教育-教材 Ⅳ.①TU986

中国版本图书馆CIP数据核字(2021)第108734号

中国林业出版社·教育分社

策划、责任编辑：田 苗

电话：83143634 83143551 **传真：**83143516

出版发行 中国林业出版社(100009 北京西城区刘海胡同7号)
E-mail：jiaocaipublic@163.com
http：//www.forestry.gov.cn/lycb.html
印 刷 北京中科印刷有限公司
版 次 2014年8月第1版(共印4次)
2021年7月第2版
印 次 2025年6月第7次印刷
开 本 787mm×1092mm 1/16
印 张 14.5
字 数 358千字(含数字资源28千字) 视频 124分钟
定 价 56.00元

《园林测量》（第2版）
编写人员

主　　编　陈日东　陈　涛

副 主 编　马麟英　王　玲　倪晓东　陈应培　彭劲松

编写人员（按姓氏拼音排序）

陈日东（广东生态工程职业学院）
陈　涛（河南林业职业学院）
陈友光（广东如春生态集团有限公司）
陈应培（云南林业职业技术学院）
高曼莉（安徽林业职业技术学院）
刘　勇（广东生态工程职业学院）
马麟英（广西生态工程职业技术学院）
倪晓东（广东南方数码科技股份有限公司）
盘延明（广西生态工程职业技术学院）
彭劲松（湖南环境生物职业技术学院）
王　玲（内蒙古扎兰屯职业学院）
王喜娜（广东生态工程职业学院）

主　　审　黄德全（中山大学）

《园林测量》（第1版）
编写人员

主　　编　陈　涛

副 主 编　马麟英　韩建军　韩久同　姚忠臣

编写人员（按姓氏拼音排序）

陈　涛（河南林业职业学院）
陈应培（云南林业职业技术学院）
韩建军（黑龙江林业职业技术学院）
韩久同（安徽林业职业技术学院）
胡永进（江苏农林职业技术学院）
马麟英（广西生态工程职业技术学院）
姚忠臣（河南林业职业学院）

第2版前言

近年来，随着新技术迅速发展，激光测距仪、自动安平水准仪、电子经纬仪、全站仪、全球卫星定位仪等在教学中的普及使用，国家新测量标准的颁布，理实一体化等职业教育的技术革新，国土、规划、林草等国家管理部门整合，国家山水林田湖草沙生命共同体治理体制推进，园林与林业类专业毕业生需掌握更多测绘地理信息技术。目前使用的教材与现代生产实践存在一定的脱节现象，具体包括：

(1)在距离测量、水准测量、角度测量和地形图测量等章节，对钢尺、微倾式水准仪、光学经纬仪和平板仪等的介绍过于详细，而目前教学和生产上广泛使用全站仪、电子水准仪、全球卫星定位仪等仪器设备。

(2)职业院校测绘技能二等水准测量大赛使用的仪器为电子水准仪，数字测图大赛的仪器为 GNSS，成图软件为 CASS，而目前教材偏重于光学水准仪等仪器及技术。

(3)现代园林工程测量侧重高程测量、数字成图、地形图使用、园林工程放样等内容，而目前教材侧重于如包括林区公路测量在内等非园林专业内容。

基于此，对教材进行修订，显得尤为必要和迫切。本次修订吸纳了广东南方数码科技有限公司等测绘地理信息、林业生态产业集群龙头企业参加编写，校企合作共同开发，体现了新技术、新工艺、新规范、新标准；教材内容与园林企业及行业技能大赛标准要求一致，侧重高程测量、数字成图、地形图使用、园林工程放样等；二维码链接的操作微视频、小程序、案例、课件等数字资源数十个，基本涵盖教材内容，通俗易懂，力求达到“无师自通”的学习效果，充分体现“互联网+职业教育”新要求；以学生为中心，以学习成果为导向，强化教材及教学资源的“学习资料”功能，尽量使用描述性的语言，体现“理实一体化”“做中学、做中教”的职业教育特色及学生认知规律；在教材中蕴含团队精神、劳模精神、劳动精神、工匠精神等思想政治教育元素，课程教学与思想政治教育同向同行。

本教材由陈日东、陈涛担任主编，马麟英、王玲、倪晓东、陈应培、彭劲松任副主编，具体分工如下：陈日东负责走进课程、项目 4、项目 5 的编写及全书统稿，彭劲松、刘勇负责项目 1 的编写，王喜娜、高曼莉负责项目 2 的编写，王玲负责项目 3 的编写，倪晓东、陈应培参与项目 5 编写，陈涛负责项目 6 的编写，马麟英、陈友光、盘延明负责项目 7 的编写，倪晓东负责数字成图 CASS 与 iData 任务案例的编写。

本教材在编写过程中，受到广东南方数码科技有限公司、广东如春生态集团有限公司、广东尚善环境建设有限公司等测绘、园林、林草企业的大力支持，在此一并致谢！

限于时间和水平，如有纰漏不妥，恳请各界同仁和读者批评指正。

编　者

2021年3月

第1版前言

“园林测量”为高等职业教育园林类专业的通用课程。根据《国家林业局关于大力发展林业职业教育的意见》(林人发〔2007〕76号)、《教育部关于推进中等和高等职业教育协调发展的指导意见》(教职成〔2011〕9号)、《教育部关于“十二五”职业教育教材建设的若干意见》(教职成〔2012〕9号)等文件精神，按照高职园林类专业教学基本要求，编者将“园林测量”的课程类型定位为“技能训练课程”。因此，在本教材的编写过程中，切实紧密结合园林类专业的工作实际，重点突出专业实践技能的培养，同时也力求体现测量学科体系的完整性。为了便于读者掌握园林测量的基本知识与主要技能，每一个项目均包括“学习目标”“任务分析”“知识准备”“任务实施”“巩固训练”“考核评估”，部分项目还增加了“知识拓展”，做到理论与实践有机结合，可操作性强。

本教材由陈涛担任主编，负责起草编写大纲，设计教材的内容体系，并对全书进行统稿。具体分工为：陈涛编写“园林测量”课程导人、项目1、项目4、项目6；韩建军编写项目2；韩久同编写项目3；陈应培、胡永进编写项目5；姚忠臣编写项目7；马麟英编写项目8。

本教材的编写得到全国林业职业教育教学指导委员会高职园林类专业工学结合“十二五”规划教材专家委员会的大力支持，在编写过程中，参考引用了部分专家、学者的有关文献资料，在此一并表示诚挚的感谢。

由于编者水平有限，书中难免有错漏之处，敬请广大读者多提宝贵意见，以便再版时修正。

陈　涛

2014年3月

目录 Contents

走进课程

课程情景

梁可园生于长于山村，村内有低矮土房，大多没有人居住，年久失修，随时可能倒下；村边那些红砖裸露的房子，有些房子红砖在变黑，个别贴上瓷砖也没有变美，稻田菜园鱼塘果园河边，路难走，杂草乱灌，村内土房间生长了一些高矮不一、带刺或散发异味的植物丛。十六岁那年的春天，城里来了一群人，有拿图纸的，有拿仪器的，有拿相机的，看到的是这样的景象。小梁盼望能有与城里人花园般的生活美景。

那年的夏天，城里来了更多人，还带来了各种设备和车辆。小梁放学后，常常到村内杂草丛生、大量土房倒塌之地，看着忙碌的人们：拿图纸的、弄仪器的、拉尺子的、持带圆头杆的，开推土机的、挖土机的、砌砖的……小梁觉得奇怪：在村内坍塌杂乱的土房上，有的在堆土，堆得很高，有的在挖土，挖得很深；有的地方在垒砌着些新奇的图案，有的地方好像修路，然而，又与马路不一样，弯比直多。

山村天天在变样。两年后的春天，小梁的家乡与城里的情景一样美：土房坍塌杂乱之地上，有新湖，水清见底，有很多鱼儿呢，有绿草如茵的小山坡，有曲径通幽的小路林间，嬉戏于花丛的鸟儿；漫步于曲折迂回、水声潺潺小溪边的长者；健步于绿道的小伙姑娘……太神奇了！他计划成为乡村的建设者，觉得拿图纸的、看仪器的人都特别帅。

本课程的技术技能正是小梁所思所想的。来吧……让我们一起进入园林测量课程。

测量学是园林技术、园林工程技术、风景园林设计、林业技术等专业的专业基础课，在山水林田湖草沙生命共同体工程建设中，测量技术应用广泛。测量知识技能是园林、林草专业人才的必备知识技能。通过本课程的学习使学生掌握测量基本理论、基本方法和基本技能，培养学生的实践和创新能力，为学生从事园林与林草工程设计、施工、管理等工作奠定基础。

1. 测量学概述

1) 测量学的基本概念

测量学是研究地球的形状和大小以及确定地面(包括空中、地下和海底)点位的科学，是研究对地球整体及其表面和外层空间中的各种自然和人造物体与地理空间分布有关的信息采集处理、管理、更新和利用的科学和技术。从大的方面看，它主要解决3个方面的问题：一是测定地球的形状和大小；二是将地球表面局部范围内的形状和大小测绘成图；三是满足各项工程建设设计施工的需要。

2) 测量学的分类

测量学是测绘科学技术的总称，它所涉及的技术领域，按照研究范围及测量手段的不同，可分为许多分支科学，主要分支科学见表 0-1。

在园林建设中，主要应用到地形测量学和工程测量学的基本内容。

表 0-1 测量主要分支科学

测量分支科学	研 究 范 围
大地测量学	研究地球表面广大地区的点位测定及整个地球的形状、大小和变化及地球重力场测定的理论和方法的学科。由于人造地球卫星和空间技术的利用，又分为常规大地测量和卫星大地测量两种
地形测量学	研究将地球表面局部地区的自然地貌、人工建筑和行政权属界线等测绘成地形图、地籍图的基本理论和方法的学科
工程测量学	研究工程建设在设计、施工和管理阶段中所需要进行的测量工作的基本理论和方法的学科。包括工程控制测量、土建施工测量、设备安装测量、竣工测量和工程变形观测等
摄影测量学	研究利用航空和航天器对地面摄影或遥感，以获取地物和地貌的影像和光谱，并进行分析处理，从而绘制成地形图的基本理论和方法的学科

2. 地球的形状和大小

1) 地球形状和大小

地球形状似一个椭球，其自然表面为不规则曲面，高低起伏不平，有高山、丘陵、平原、盆地和海洋等多种地形。陆地上最高点是珠穆朗玛峰，海拔 8848. 86m；海洋中最深点在马里亚纳海沟，2020 年 11 月 10 日 8 时 12 分，中国“奋斗者”号载人潜水器在马里亚纳海沟成功坐底，坐底深度 10 909m。

2) 地球椭球

为了科学研究和应用的需要，人们对地球的形状进行了科学的简化，构建能用数学公式表达的旋转椭球来代表地球的形状和大小，这个能代表地球形状和大小的旋转椭球，称为地球椭球。具有确定的几何参数和定位的地球椭球称参考椭球(图 0-1)。例如，国际大地测量学与地球物理学联合会(IUGG)于 1975 年第 16 届 IUGG 大会推荐的椭球(1975 国际椭球)参数为：$a = 6378140.000$m，$b = 6356755.288$m，扁率 $f = 1/298.257$；全球定位系统(GPS)应用的 WGS-84 椭球体参数为：$a = 6378137.000$m，$b = 6356752.314$m，$f = 1/298.25722$。

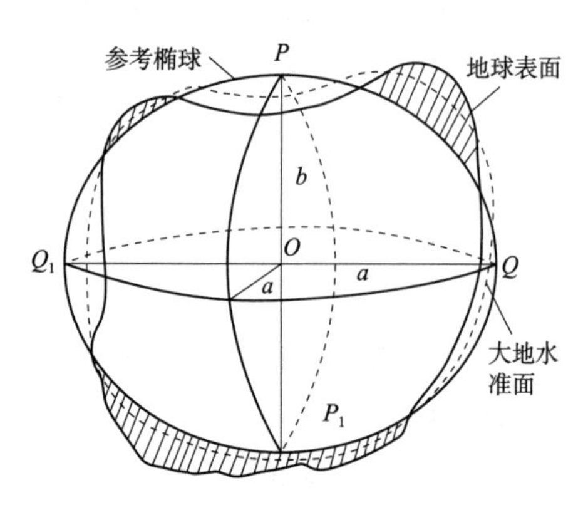

图 0-1 参考椭球示意图

3) 大地水准面

地球上海洋面积约占整个地球表面积的71%，假定海水处于完全“静止”状态，把海水面延伸到大陆内部从而包围整个地球的连续曲面，称为水准面。海水潮起潮落，时低时高，其中平均海水面封闭而成的曲面称为大地水准面，如图0-1所示。

3. 地面上点位的确定

测量工作的任务之一，就是确定地面点的位置。通常是求出该地面点在球面或平面上的坐标及其高程。

人们为描述空间位置，采用了多种方法，也就产生了多种坐标系，测量中常用的坐标系有以下几种：

1) 地理坐标系

地理坐标是为了确定地面点在球面的位置，以经度(λ)和纬度(ϕ)来表示。

如图0-2所示，PP'为地球的自转轴，即地轴。过地球表面任意点M和地轴所组成的平面(子午面)与地球表面的交线称为子午线，又称为经线。过英国格林尼治天文台旧址的子午线作为首子午线(零度经线)。以首子午线为基准，向东、向西各分成180°，之东为东经，之西为西经。过地心与地轴垂直的平面(赤道面)与地球表面的交线，称为赤道。纬度是指经过地面任意点M的铅垂线(过地球中心)和赤道平面的夹角，以赤道为基准，向南、向北各分成90°，之北为北纬，之南为南纬。

2) 平面直角坐标系

当测区范围较小时(半径≤10km)，地球曲率对距离的影响很小，可把曲面看作平面，采用平面直角坐标来表示地面点在投影面上的位置。

如图0-3所示，平面直角坐标由两条相互垂直的直线组成，为了符合测量规定和数学公式的直接应用，以X轴为坐标纵轴，北向为正，以Y轴为横坐标轴，东向为正，交点O为坐标原点。坐标轴将平面分成的4个部分即4个象限，象限顺序从北东开始按顺时针方向编号。

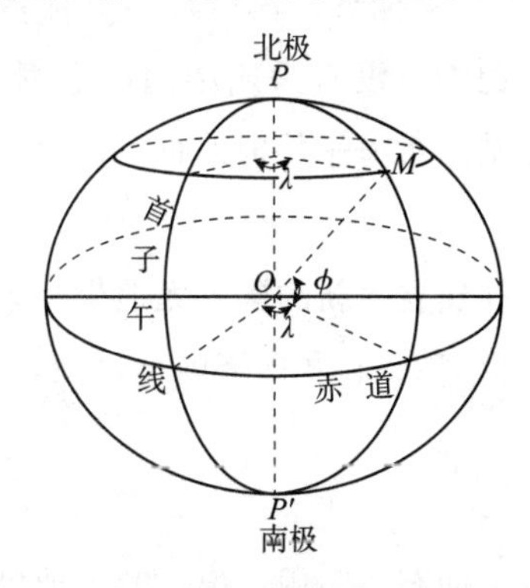

图0-2 地理坐标

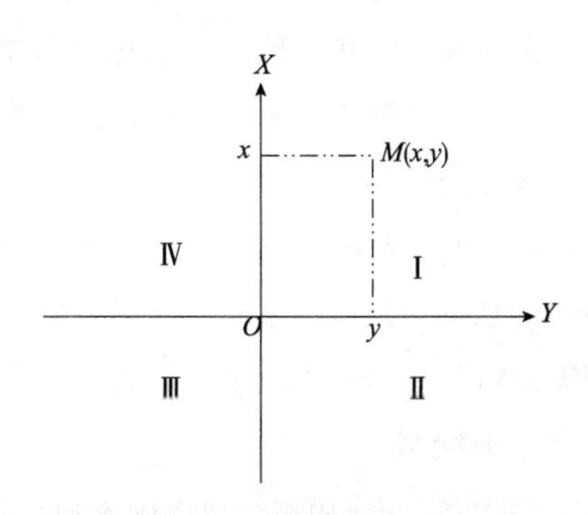

图0-3 平面直角坐标

该坐标系应用于大比例尺的地形图中。

3)高斯平面坐标系

高斯投影(高斯-克吕格投影)是一种横轴、椭圆柱面、等角投影。如图0-4所示，将投影面卷成椭圆柱面，套在椭球外面，并与某一子午线相切，该子午线称为中央子午线或轴子午线。在保持角度不变的前提下，将椭球面上轴子午线两侧一定经差范围内的元素投影到椭圆柱面上，然后沿母线将椭圆柱面剪开展平，便构成了高斯平面直角坐标系。

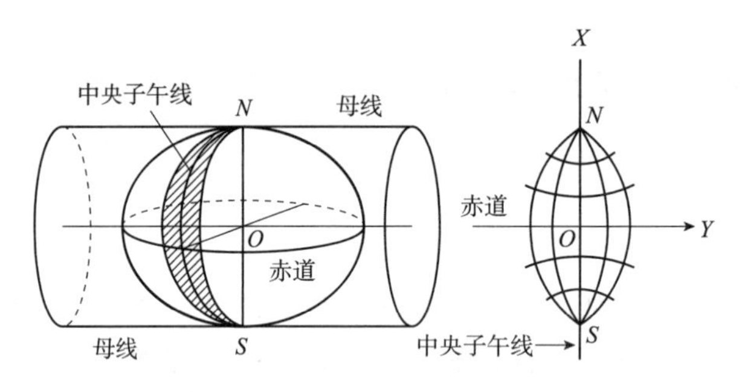

图0-4 高斯投影

高斯平面直角坐标系原点是中央子午线与赤道的交点，中央子午线北方向为X轴正方向，赤道东方向为Y轴正方向。

高斯投影存在长度变形，为使其在测图和用图时影响很小，采取分带投影的办法。我国国家测量规定采用6°带和3°带两种分带方法。该坐标系应用于中小比例尺的地形图中。

4)国家坐标系

建立全国统一的大地坐标系统是测制国家基本比例尺地图的基础。我国于20世纪先后建立了1954年北京坐标系和1980年西安坐标系，测制了各种比例尺地形图，为国民经济、社会发展和科学研究发挥了重要作用。

(1)54北京坐标系

1954年北京坐标系是源自苏联采用过的1942年普尔科夫坐标系。该坐标系采用的参考椭球是克拉索夫斯基椭球。该椭球在计算和定位的过程中，没有采用中国的数据，该系统在我国范围内符合得不好。高程以1956年青岛验潮站的黄海平均海水面为基准。

(2)80西安坐标系

1978年我国决定重新对全国天文大地网施行整体平差，并建立了新的国家大地坐标系统，即1980年西安大地坐标系统。该系统采用1975国际椭球参数，在我国境内符合最好。高程系统以1956年黄海平均海水面为高程起算基准。

(3)2000坐标系

空间技术的发展与应用迫切要求国家提供高精度、地心、动态、实用、统一的大地坐标系。我国自2008年7月1日起启用2000国家大地坐标系(China Geodetic Coordinate

System 2000，CGCS 2000）。国家大地坐标系包括坐标系的原点、3 个坐标轴的指向、尺度以及地球椭球的 4 个基本参数。2000 国家大地坐标系采用的地球椭球参数的数值为：

长半轴　　$a=6\ 378\ 137\text{m}$

扁率　　$f=1/298.257\ 222\ 101$

地心引力常数　$GM=3.986\ 004\ 418\times10^{14}\text{m}^3/\text{s}^2$

自转角速度　$\omega=7.292\ 115\times10^{-5}\text{rad/s}$

如图 0-5 所示，2000 国家大地坐标系的原点为地球质心，Z 轴为国际地球自转服务（IERS）定义的参考极（IRP）方向，X 轴为国际地球自转服务（IERS）定义的参考子午线面（IRM）与垂直于 Z 轴的赤道面的交线，Y 轴与 Z 轴以及 X 轴构成右手正交坐标系。

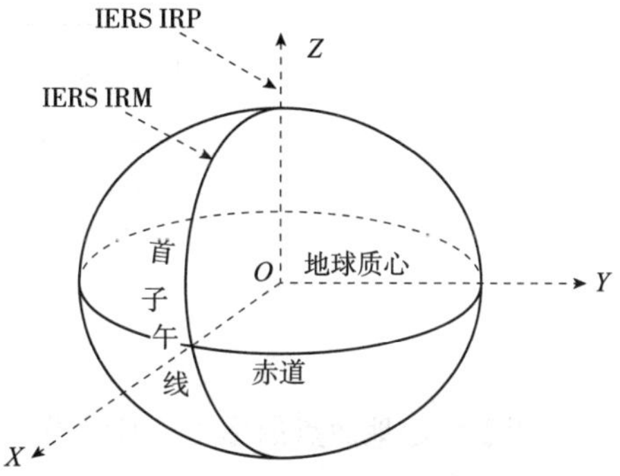

地球质心是包括海洋和大气的整个地球的质量中心。

2000. 0 历元的指向由国际时间局（BIH）给定的历元为 1984. 0 的初始指向推算，定向的时间演化保证相对于地壳不产生残余的全球旋转。

图 0-5　2000 国家大地坐标

5）高程系统

（1）**高程的概念**

确定一个点的位置，除了确定点的平面位置外，还要确定点的高程。如图 0-6 所示，地面上某点沿铅垂线方向到达大地水准面的距离称为该点的绝对高程（又称海拔），用 H 表示。地面上两点间高程之差称为高差，用 h 表示。大地水准面是高程的起算面，我国新的国家水准面是“1985 国家高程基准”。地面上某点沿铅垂线方向到达假定水准面的距离则称为相对高程。

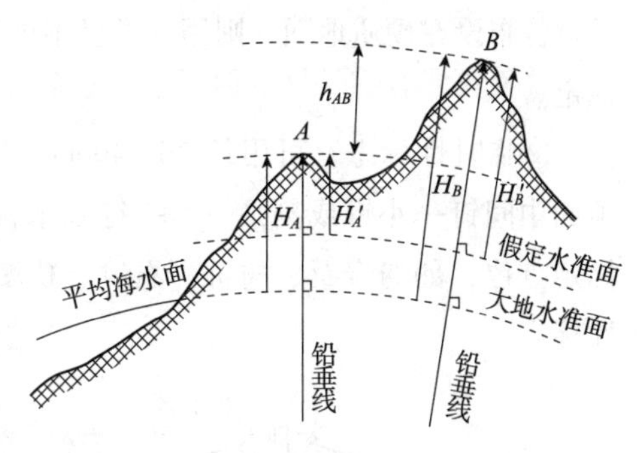

图 0-6　高程示意图

（2）**国家水准面**

国家水准面是一个国家统一的高程起算面。我国以青岛验潮站求出的黄海平均海水面为国家水准面，作为我国高程起算的基准面。

以青岛验潮站 1950—1956 年的潮汐资料确定的平均海水面作为我国的国家水准面的系统称为“1956 黄海高程系统”，其水准原点高程为 72. 289m。

根据 1952—1979 年的验潮站资料确定的平均海水面作为我国新的高程基准面（国家水准面）的系统称为“1985 国家高程基准”，该基准 1987 年经国务院批准，于 1988 年 1 月正式启用。“1985 国家高程基准”的水准原点高程为 72. 260m。

为了在全国范围内施测各种比例尺地形图和为各类工程建设的高程控制服务，为地球科学研究提供精确的高程资料等，以青岛水准原点为基点在全国布设了国家水准网。国家水准网分4个等级布设，一、二等水准测量路线是国家的精密高程控制网，三、四等水准测量直接提供地形测图和各种工程建设所必需的高程控制点。

(3)地面点的标志

在测量中，对选定的地面点要建立标志，并依次编号，同时记录点位的等级、所在地、点位的草图以及委托保管等情况，该资料称为点之记，如图0-7所示。

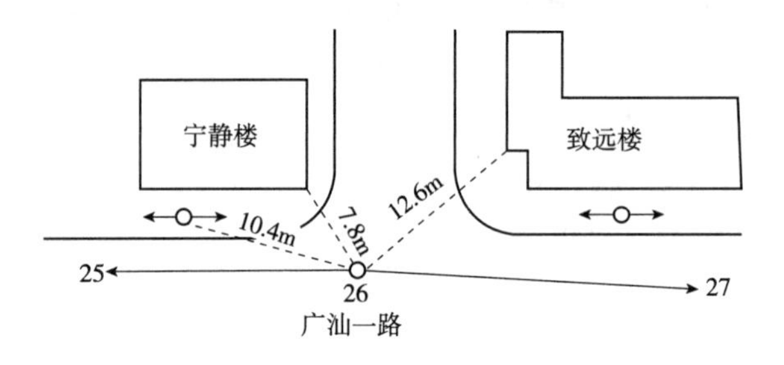

图0-7　点之记

用于标定地面点的标志，其种类和形式很多，应根据测量需要选取。点的标志可分为永久性标志和临时性标志。

①永久性标志　可用混凝土桩或石桩埋入地下，在桩顶标定点位，如图0-8所示。如果点位布设在硬质地面，则用顶部呈半球形且刻"+"符号的粗0.3~0.8cm钢钉打入地面来标定。

②临时性标志　可用长30~40cm，顶面边长5~7cm的正方形木桩打入土中，在其顶面中间钉一小钉或刻画一"+"符号来标定点位，如图0-9所示。硬质地面可打入钢钉标定点位，如遇岩石、树桩、石阶、桥墩等固定物时，也可在其上刻"+"符号作为临时性标志。

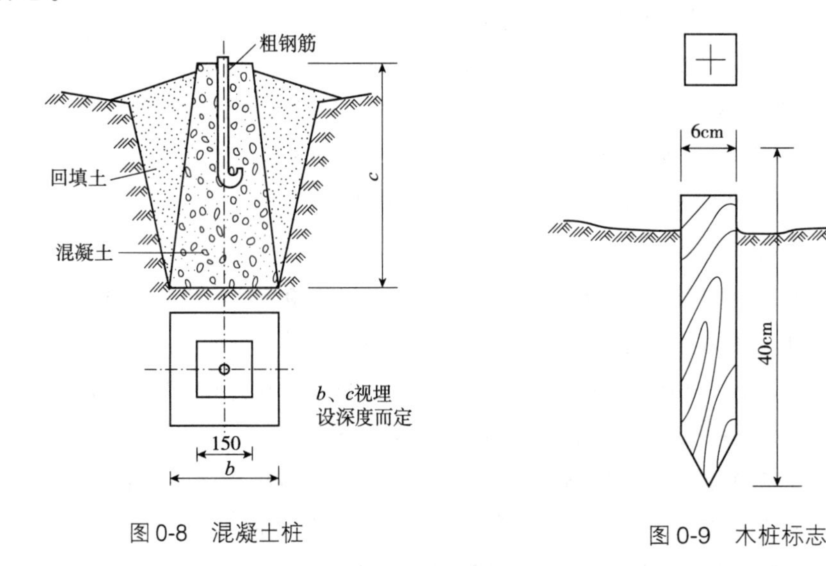

图0-8　混凝土桩　　图0-9　木桩标志

4. 测量学的发展与现状

测量学随生产的需要而产生，随科学技术的发展而发展。我国是世界四大文明古国之一，测绘科学技术有着悠久的历史：夏禹治水使用尺、绳作为测量工具；战国时出现司南；东汉张衡创造浑天仪和地动仪；西晋裴秀提出世界上最早的编制地图的六条原则，即制图六体；元代郭守敬进行天文测量，完成全国 27 个观测点观测；清代初年，对全国进行大地测量完成《皇舆全图》，清乾隆二十六年又编成《大清统一舆图》。中华人民共和国成立后，测绘科学发展迅速，现代北斗卫星导航系统已在各行业中发挥重要作用。

17 世纪初测量学在欧洲得到较大发展：1617 年荷兰人斯涅耳首创三角测量；1687 年牛顿发现万有引力，提出“地球是一个旋转椭圆体”；1730 年英国西森发明经纬仪，促进了三角测量的发展；1806 年法国勒让德和 1809 年德国高斯分别发表了最小二乘法理论，产生了测量平差法；1912 年德国大地测量学家克吕格对高斯的横圆柱投影公式加以补充，即“高斯-克吕格投影”，对测绘科学理论的发展起到了重要的推动作用。19 世纪许多国家都进行了全国地形的精确测量。

19 世纪末至 20 世纪 40 年代，先后出现了重力仪和电磁波测距仪。20 世纪初随着飞机的出现和摄影测量理论的发展，产生了航空摄影测量。1957 年第一颗人造地球卫星发射成功后，卫星大地测量学产生，使大地测量学发展到一个新阶段。

20 世纪 50 年代起，电子技术、计算机技术、激光技术和空间技术兴起，电子水准仪、全站仪、全球卫星定位仪、三维激光测量系统、无人机航测系统等新型测绘仪器不断出现，空间技术、计算机技术和信息技术以及通信技术发展，测绘学这一古老的学科在这些新技术的支撑和推动下，出现了以“3S”技术为代表的现代测绘科学技术，使测绘学科从理论到手段发生了根本性的变化。

5. 测量基本原则与基本工作

测量的实质就是确定地面点的位置，也就是要测定地面点的 3 个元素：距离、高差和角度。因此，距离测量、高程测量和角度测量是测量的基本工作。

在测量工作中必须遵循从整体到局部、先控制后碎部、由高精度到低精度的工作原则。如图 0-10 所示，先在测区选择一些具有控制意义的点 A、B、C…作为控制点，用较精确的仪器和方法测定各控制点的平面位置和高差，之后再根据控制点测定各控制点周围的碎部点的位置和高程。图 0-11 就是按测量工作原则完成的测绘成果图（地形图）。在测量工作过程中，为了减少误差积累，保证测量精度，也可以分幅测绘，以加快测量进度。

图 0-10　测量控制点选择

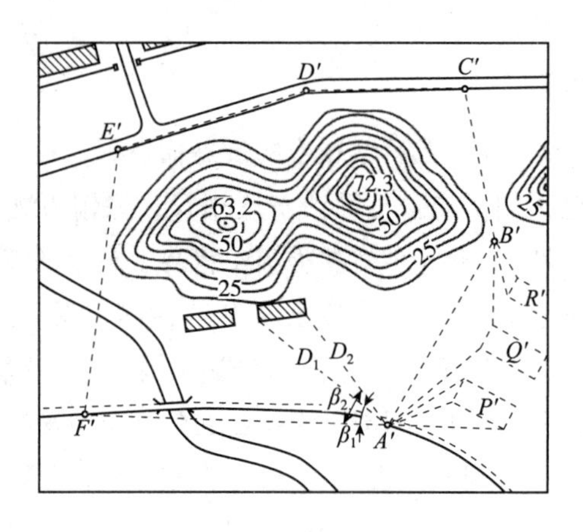

图0-11 测绘成果图

6. 园林测量在园林工作中的作用

园林测量是运用测量学的基本原理和方法为园林景区调查，园林规划、设计，园林工程施工、竣工、维护与管理等提供技术支撑。在进行园林规划设计前，需要将规划设计区域地面高低起伏的形态及道路、水系、房屋、管线、植被等测绘成地形图，或根据已有地形图对园区地物构成，地貌变化，植被分布以及土壤、水系、地质等状况进一步调绘。在此基础上才能做出合理的规划设计方案。当设计完成后，施工前和施工中，要借助各类测绘仪器，应用测量原理和方法将规划设计的意图准确地在现场反映出来。园林工程完工后，有时还要测绘竣工图，为养护、管理、跟踪、维修或扩建等提供技术保障。

7. 课程学习要求

①培养课程兴趣　学习测量知识、练就测量技能的动力不仅源于目的，还有自己的兴趣。将爱国主义精神、敬业精神、劳动精神、劳模精神、榜样力量等思想政治教育元素与课堂教学深度融合，利用视频等数字化资源，以学生成长为中心，以学生获得感为导向，可有效引导学生对园林测量产生学习与实践的兴趣。

②增强团队意识　测量工作是一项团队协作要求性很高的工作，技能训练的基本单位一般为小组，团队合作至关重要。

③传承工匠精神　认真严肃、实事求是地做好外业观测、记录及检查、校核工作。

④安全规范操作　在任务实施过程中，须熟悉仪器的各个部件的名称及作用，严格按操作规范使用仪器；要养成爱护仪器、正确使用仪器的良好习惯；必须注意人身安全，禁止玩耍标杆等测量仪器，禁止在无充分安全保护措施的道路等地点开展测量工作。

⑤明确学习目标　每次上课需知道目标是什么，学什么，做什么。

⑥方案操作比武　任务前学习共商操作方案，培养学生“无师自通”的能力；任务后将实训所做所能撰写方案或实训报告，培养学生“文韬武略”的能力。不断强化“文字与实操”互相转化的能力。

项目 1　方向与距离测量

项目情景

小梁实习所在公司正准备某乡村振兴项目，要求小梁等人尽快观测该项目村内现有主要道路的方向，运动场与卫生站之间距离，为乡村发展做准备。

学习目标

【知识目标】

(1)理解基本方向、方位角、象限角等概念。

(2)熟悉罗盘仪的构造及使用方法。

(3)了解直线定线、系统误差、偶然误差、中误差、绝对误差、相对误差、容许误差等基本概念。

【技能目标】

(1)能使用罗盘仪观测磁方位角。

(2)能使用丈量工具测量水平距离。

确定两点间距离及方向是测量工作 3 个基本内容的其中两个，在实际工作中经常要进行距离和角度测量。测量直线的距离可根据实际情况选用钢尺、皮尺、经纬仪、测距仪或全站仪等工具、仪器；测定直线的磁方位角通常采用罗盘仪。

任务 1-1　观测直线方向

任务目标

能操作罗盘仪观测直线磁方位角。

准备工作

(1)熟悉罗盘仪的基本构造。

(2)测量实训场设置多条直线，同时满足若干个实习小组的观测要求。

(3)由 4~6 人组成一个实训小组，每小组配备罗盘仪(含三脚架)1 台，标杆 1 根，记录夹 1 个，铅笔 1 支，计算器 1 个等。

操作流程

1. 认识罗盘仪各部件名称及作用

罗盘仪是观测磁方位角或磁象限角的仪器。主要由罗盘、望远镜、基座三部分组成，主要部件有磁针、刻度盘、水准器和瞄准设备等，如图1-1所示。

罗盘仪的构造.mp4

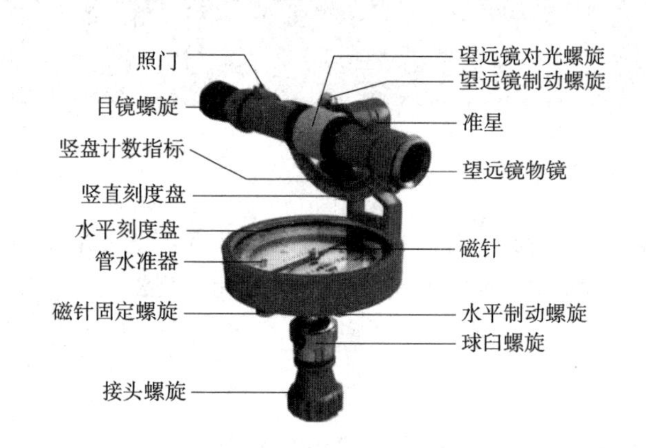

图1-1　罗盘仪的构造

如图1-2所示，磁针为条形，位于罗盘盒中央的顶针上，可由罗盘盒下边的磁针固定螺旋进行固定或松开。刻度盘上最小分划为1°或30′，按逆时针方向每10°做一注记。常在磁针的南端缠有铜线圈，读数时应读取磁针北端所指的读数。

罗盘盒内的圆水准器或两个互相垂直的管水准器用于设置罗盘盒水平。

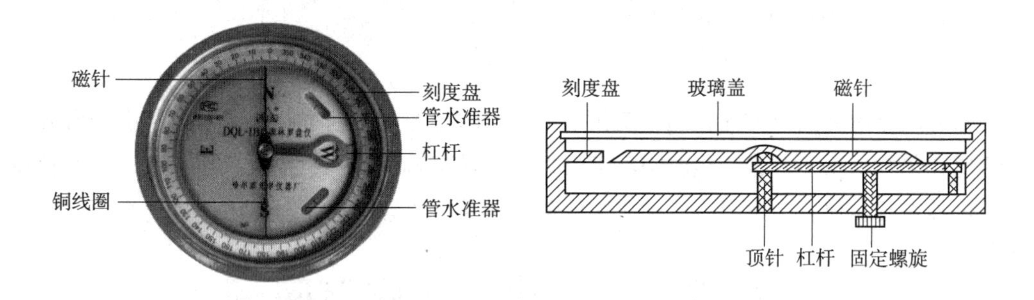

图1-2　罗盘盒

望远镜为仪器的照准设备，由物镜、目镜、十字丝分划板构成。望远镜旁还装有竖直度盘，用于测量倾斜角。

2. 用罗盘仪测定直线磁方位角

1) 确定直线

直线磁方位测定.mp4

如图1-3所示，若需测定直线*AB*的磁方位角$\alpha_{磁}$，则在*A*点安置罗盘仪，*B*点竖标杆，测出*AB*的正磁方位角α_{AB}，然后，在*B*点安置罗盘仪，*A*点竖标杆，测出*AB*的反磁方位角α_{BA}，在误差容许范围内，计算直线*AB*的磁方位角$\alpha_{磁}$。罗盘仪安置应避免附近有高压线、铁塔等，以避免磁针受到磁场干扰发生偏转，影响测量结果。

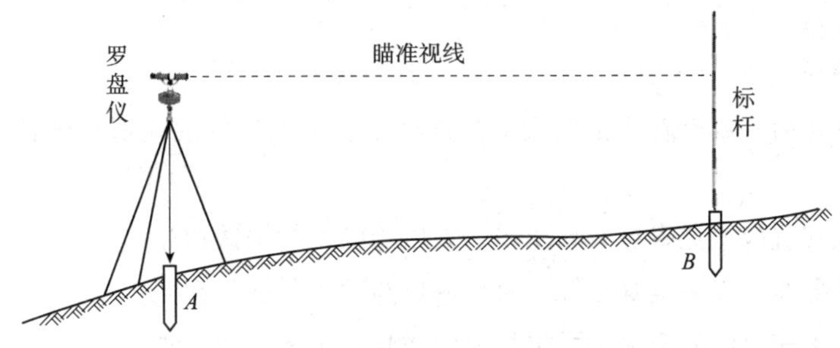

图 1-3　磁方位角测量

2) 测磁正方位角

(1) 安置仪器于测站 *A*

安置好三脚架，取出罗盘仪并连接到架头上，利用铅球对中地面上的点 *A*，对中允许误差小于 3mm；拧松球臼螺旋，摆动罗盘盒，使水准器气泡居中后再拧紧球臼螺旋，整平允许误差小于 1 格；松开磁针固定螺旋、望远镜制动螺旋、水平制动螺旋。

罗盘仪对中整平 . mp4

(2) 瞄准目标点 *B*

松开仪器的水平制动螺旋和望远镜的制动螺旋，转动仪器先利用望远镜上的准星和照门粗略找到目标；调节目镜螺旋使十字丝清晰后，调节望远镜对光螺旋使物像清晰，最后转动罗盘盒及望远镜，使十字丝纵丝平分标杆。

罗盘仪瞄准目标 . mp4

(3) 记录读数

待磁针自由静止后，读取刻度盘上的计数，若望远镜物镜在刻度盘 0°一端，磁针北端读数就是该直线的磁正方位角 $\alpha_{正}$或象限角。若目镜在刻度盘 0°一端，磁针南端读数就是该直线的磁正方位角 $\alpha_{正}$或象限角。读数从小到大；读数不足 1°的估读到 30′。

3) 测磁反方位角

在 *B* 点安置罗盘仪，*A* 点竖标杆，重复测磁正方位角步骤，测出 *AB* 的磁反方位角 $\alpha_{反}$。

罗盘仪测定磁方位角 . mp4

4) 计算平均磁方位角

在较小测区范围内(半径≤10km)，可以认为直线两端的磁子午线方向是互相平行的，其正、反方位角之差可看作相差 180°，其误差的容许值应在±1°以内，即若 $|\alpha_{正}-(\alpha_{反}\pm180°)|\leq1°$。则可按下式取其平均磁方位角($\alpha_{磁}$)作为最后结果：

$$\alpha_{磁}=[\alpha_{正}+(\alpha_{反}\pm180°)]\div2 \tag{1-1}$$

如果超过容许值应重新观测。

注意事项

(1)磁针静止后，要沿着注记增大的方向读数，读取磁针北端所指的读数，读数时应正面对向磁针；

(2)罗盘仪安置应避免附近有高压线、铁塔等较大的钢铁物体；

(3)搬动仪器时要先固定好磁针，保护磁针与顶针，避免磨损；

(4)禁止在无充分的安全保护措施的道路或建筑工地等地点测量。

考核评价

(1)规范性考核：按以上要求、方法、步骤，对学生的操作进行规范性考核。

(2)熟练性考核：在规定时间内完成罗盘仪对中整平、瞄准目标、观测并记录计算磁方位角。

(3)准确性考核：罗盘仪观测正反磁方位角，要求测角误差小于1°。

作业成果

直线磁方位角测量记录计算表

仪器：　　　　　　　　　　　　　　日期：

直线	正磁方位角	反磁方位角	观测误差	平均方位角	备注

观测员：　　　　　　　　记录计算员：　　　　　　　　校核员：

知识链接

直线方向与方位角

1. 基本方向

地面上两点间的相对位置，不仅与该两点间的距离有关，还与两点间连成的直线方向有关。确定地面上两点间直线的方向称为直线定向，即确定两点间的直线与某一参照方向(基本方向)的关系。测量中常用的基本方向有：真子午线方向、磁子午线方向和坐标纵轴方向。

(1)真子午线方向

过地球表面上某点指向地球南北两极的方向线称为真子午线(即经度线)，地球上各点的真子午线都向两极收敛。通过该点真子午线的切线方向即为该点的真子午线方向，如图1-4中P_1点和P_2点的真子午线方向。真子午线方向可以用天文测量方法或者陀螺经纬仪来测定。

(2)**磁子午线方向**

磁针在地球磁场作用下自由静止时所指的方向即为磁子午线方向。磁子午线方向指向地球的磁南北极，并不与地球的两极重合，如图1-5中P点的磁子午线方向。磁子午线方向可以用罗盘仪来测定。

(3)**坐标纵轴方向**

坐标纵轴方向即平面直角坐标系中的纵轴方向。地面上两点的真子午线方向之间或者磁子午线方向之间是不平行的，而在同一平面直角坐标系中，任何点的坐标纵轴方向都是平行的。

地面点的3个基本方向的北向(三北方向)通常是不一致的(图1-6)。

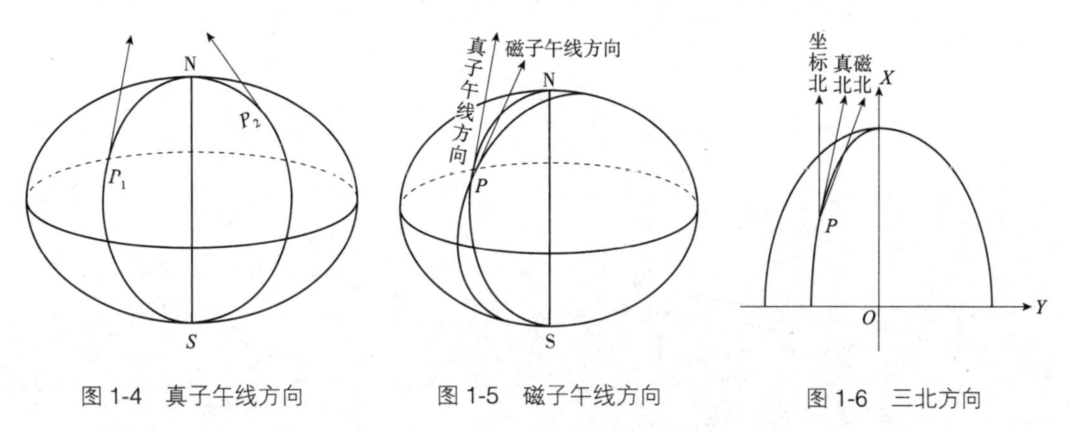

图1-4　真子午线方向　　图1-5　磁子午线方向　　图1-6　三北方向

2. 方位角

(1)**方位角**

从直线起点的基本方向北端起，沿顺时针方向到达直线的水平夹角，称为该直线的方位角。以α表示，其角值范围为0°～360°。如图1-7所示为直线AB、AC的方位角。

以磁子午线方向的北端起沿顺时针方向到达某直线的水平夹角则称为磁方位角。基本方向为真子午线的则为真方位角，基本方向为坐标纵轴的则为坐标方位角(图1-8)。

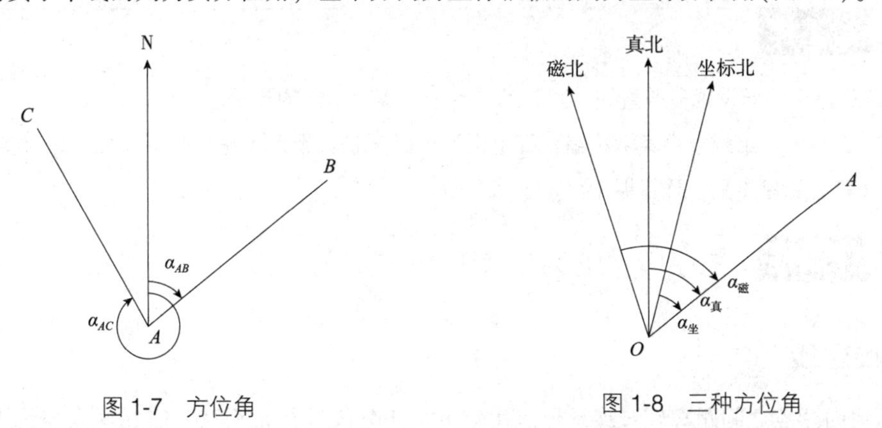

图1-7　方位角　　图1-8　三种方位角

(2)**正、反方位角**

在测量工作中，沿直线前进的方向为正方向，反之则为反方向。如图1-9所示，α_{AB}为正坐标方位角，α_{BA}为反坐标方位角。在平面直角坐标系中，坐标纵轴互相平行，所以坐标正、反方位角相差180°，即：

$$\alpha_{正}=\alpha_{反}\pm180° \tag{1-2}$$

在小范围内测量时，同一直线的正磁方位角与反磁方位角也可近似地认为相差180°，真方位角也如此。

3. 象限角

从直线起点的基本方向北端或南端起，到达直线所夹的水平锐角，称为该直线的象限角，其角值范围为0°~90°。象限角不但要写出角值，还要注明象限名称，如图1-10所示。

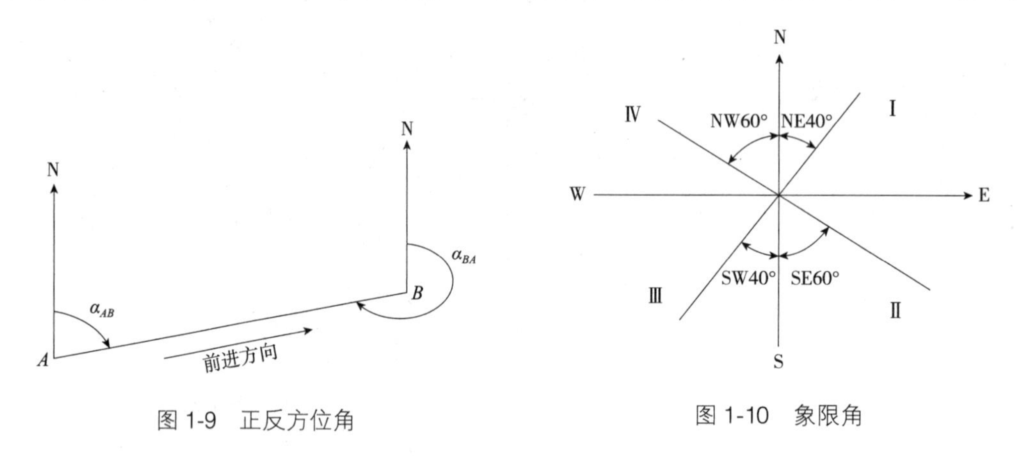

图1-9 正反方位角

图1-10 象限角

任务1-2 平坦地面钢尺丈量距离

任务目标

能用钢尺准确观测平坦地面两点间水平距离。

准备工作

(1)测量实训场设置多条直线，同时满足若干个实习小组的要求。

(2)由4~6人组成一个实训小组，每个实训小组配备：钢尺1把，标杆4根，记录夹1个，记录表1张，铅笔1只，计算器1个。

操作流程

1. 直线定线

当地面两点之间距离较长或地形起伏较大，要分段进行量距时，需在两点连线方向上标定若干点，这项工作称为直线定线。根据精度要求不同，可分目估法和仪器法。在此主要介绍目估法。

如图1-11所示，欲在*A*、*B*两点之间定位1点、2点……并使它们在*AB*直线上，则在

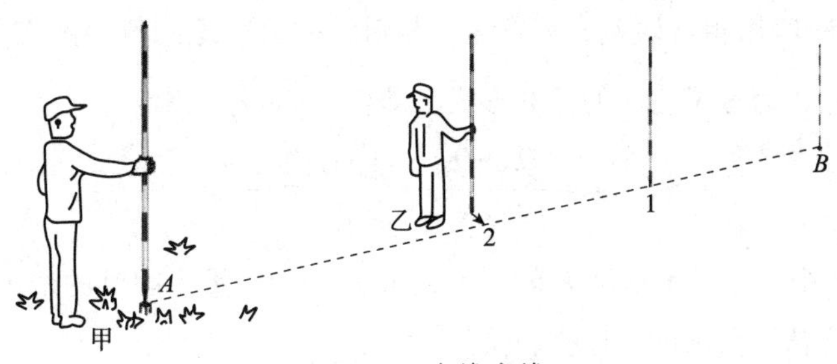

图 1-11　直线定线

A、B 两点上各竖一根标杆，观测者甲位于 A 点标杆之后 1~2m 处，用单眼指挥乙左右移动标杆至 1 点，使 A、1、B 这 3 根标杆在同一直线上。同法定出直线上 2 点及其他各点。

2. 平坦地面距离丈量

平坦地面距离丈量一般采用整尺法，当地面起伏且坡度较大，整尺法操作不便时，可采用串尺法。

如图 1-12 所示，在 A、B 之间进行直线定线标定 1、2、3 点，并使每段长度均小于一个整尺段长。由两位司尺员(走在前面的为前尺手，后面的则为后尺手)，从 A 点向 B 点进行丈量。

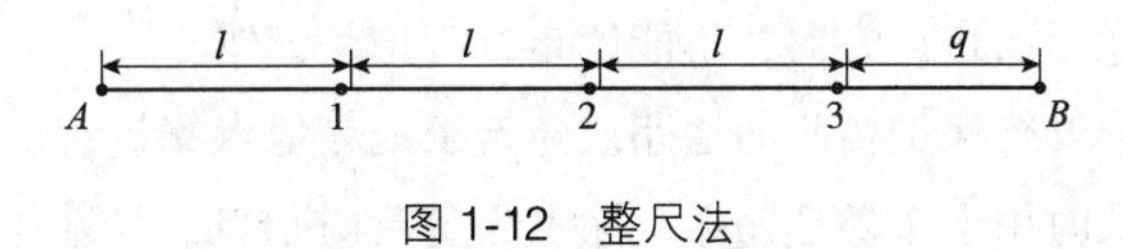

图 1-12　整尺法

整尺法丈量时，后尺手在起点 A，并拿着钢尺零点一端，同时在 A 点插上一根测钎。前尺手拿着钢尺并携一组测钎沿 1 点前行，直至整个钢尺全部打开后，后尺手将钢尺零点与起点 A 对齐，两人同时将钢尺拉紧、拉平、拉稳并使钢尺通过 1 点，此时前尺手立即在钢尺整尺段处将一根测钎垂直地插入地面，完成第一尺段的丈量。然后，后尺手拔取 A 点的测钎，两人共同将钢尺提离地面前进，后尺手到达前尺手所插测钎处时停住，前尺手沿 2 点前进，重复第一尺段的操作，完成第二尺段丈量，如此依次丈量。最后一段不足一整尺时的长度为余长。余长丈量时，前尺手将钢尺某一整刻划对准 B 点，后尺手利用钢尺前端部位读出毫米数，两人的读数之差即为余长(q)。丈量结果应及时记录。

丈量的过程中，每量完一尺段，后尺手必须收拔测钎，手中测钎数即为整尺段数。在硬质地面测量，不能插入测钎的，每尺段端点应作标志，并记录测段数。地面上两点的水平距离 D 为：

$$D=nl+q \tag{1-3}$$

式中　D——两点间的水平距离，m；

l——钢尺整尺段长度，m；

n——丈量的整尺段数；

q——最后一段不足整尺的长度(余长)，m。

3. 确定丈量精度

为了校核和提高丈量精度，同一段距离应往、返各丈量一次，往测距离为 $D_{往}$，返测

距离为 $D_{返}$。丈量精度用相对误差 K 来衡量，相对误差为往返测量距离之差 $|\Delta D|$ 与它们的平均值 $\overline{D}$ 之比，并化为分子为1的分数形式，即：

$$K=\frac{|D_{往}-D_{返}|}{\overline{D}}=\frac{|\Delta D|}{\overline{D}}=\frac{1}{N} \tag{1-4}$$

钢尺测量距离中，在平坦地区 K 值应不大于1/3000，量距困难的地区，K 值也应不大于1/1000。达不到精度要求的，应重新丈量。

注意事项

(1)钢尺丈量时应认清尺子的零点、刻划及注记；

(2)要沿定好的直线方向，将尺子抬平拉直，用力均匀稳定(尺长≤30m时，标准拉力为100N；尺长>30m时，标准拉力为150N)；

(3)钢尺不可扭曲，防止脚踏和车辆碾压；

(4)勿沿地面拖拉；

(5)收尺时，尺面不能有卷曲扭缠现象，摇柄不能逆转；

(6)收放钢尺时应避免将手划伤；

(7)读数时要注意尺面注记方向，不能读错、听错、记错；

(8)禁止在无充分安全保护措施的道路或建筑工地等地点测量；

(9)用毕，钢尺及时用干布擦净污垢，涂上少量黄(机)油，防止生锈。

考核评价

(1)规范性考核：按以上方法、步骤，对学生操作的规范进行考核。

(2)熟练性考核：在规定时间内完成一条边距离的测量。

(3)准确性考核：往返观测误差达到精度要求(平坦地区 $K\leqslant 1/3000$；量距困难地区 $K\leqslant 1/1000$)。

作业成果

直线距离测量记录表

仪器：　　　　　　　　　　　　　　　　　　日期：

测线编号	测量方向	整尺段长 $n\times l$(m)	余长 q(m)	全长 D(m)	平均值 $\overline{D}$(m)	相对误差 K	备注
	往测						
	返测						
	往测						
	返测						
	往测						
	返测						

观测员：　　　　　　　　记录计算员：　　　　　　　　校核员：

知识链接

钢尺丈量距离与手持激光测距仪测量距离

直线距离一般是指两点间水平距离，用 D 表示。

1. 钢尺丈量距离

1) 距离丈量的常用工具

(1) 钢尺

钢尺由优质钢制成，长度有 20m、30m、50m 等，有盒式钢尺和手柄钢尺(图 1-13)。由于钢尺零点位置不同，可分为刻线尺和端点尺(图 1-14)。使用钢尺时应注意零点的位置，以免发生量距错误。

(2) 测钎

测钎由长 20~30cm 的粗铁丝制成，一般 6 根或 11 根为一组(图 1-15)，测量时用于标定位置和计算尺段数，也可作为瞄准的标志。

(3) 标杆

标杆也称花标，用圆木或合金制成，长 2~3m。杆身做成红白相间，每节长 20cm，下端装有锥形铁脚(图 1-16)。

图 1-13　钢尺

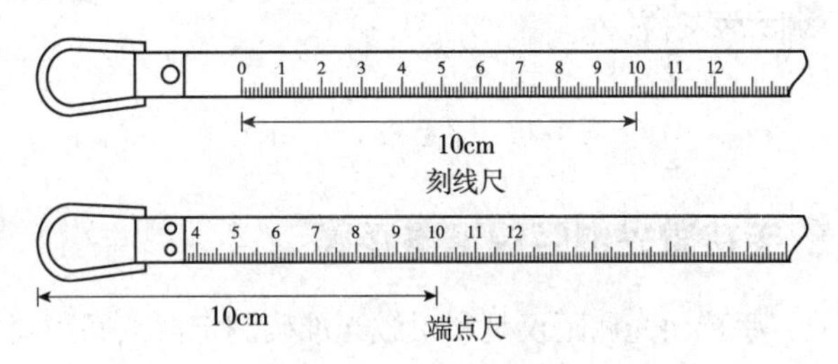

图 1-14　刻线尺与端点尺

(4) 垂球

用金属制成，上端系有细线，是对点、标点和投点的工具(图 1-17)。

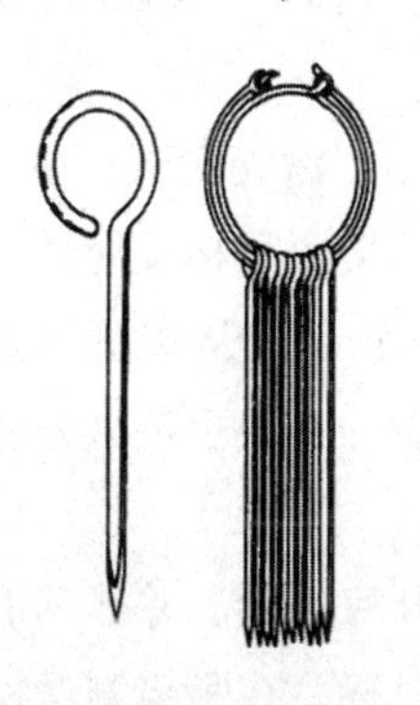

图 1-15　测钎

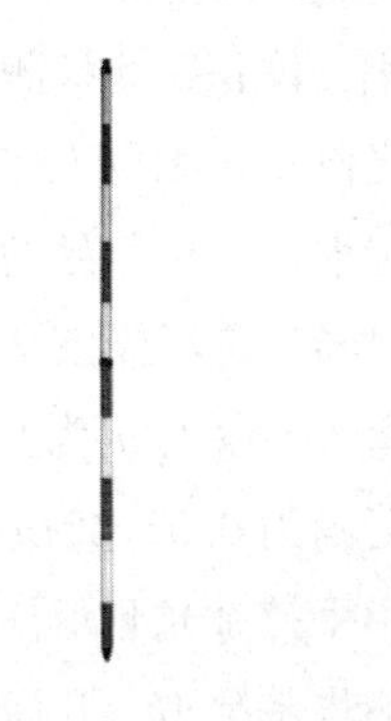

图 1-16　标杆

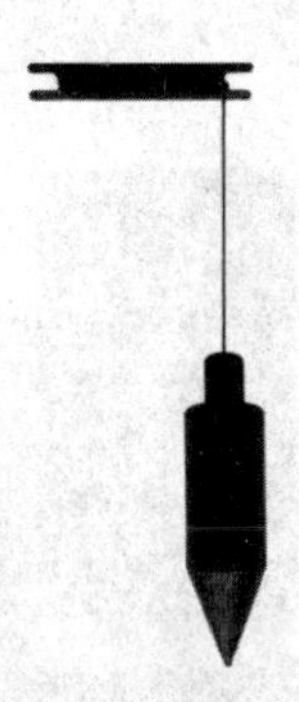

图 1-17　垂球

2)倾斜地面距离丈量方法

倾斜地面的距离丈量方法有平量法和斜量法。

(1)平量法

当地面倾斜，但尺段两端高差不大时，可将钢尺拉平丈量。丈量时，应由高向低整尺段丈量或分段丈量(图1-18)。

先将钢尺零点对准地面 B 点，另一端将钢尺抬高，目估使钢尺水平，用垂球线紧贴钢尺整数处，并迅速放手投点至地面的 a 点处，尺上计数即为 Ba 的水平距离；同法丈量 ab 段、bc 段及 cd 段的水平距离；在丈量 dA 时，应请注意垂球尖对准 A 点。各段距离的总和，即为 AB 的水平距离。返测，仍然由高向低进行丈量。

(2)斜量法

如图1-19所示，当地面两点间坡度较均匀时，可沿坡面丈量出斜面距离，称为斜距(L)，用测角器测出倾斜角 θ，则水平距离 D 为：

$$D=L\cos\theta \tag{1-5}$$

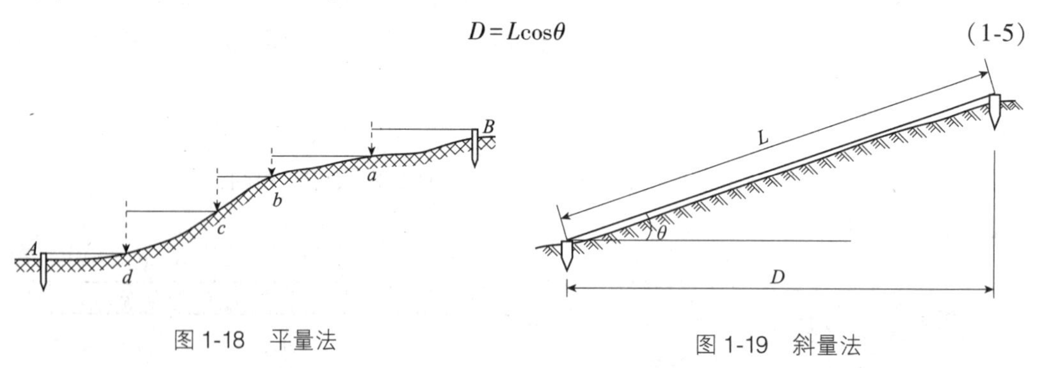

图1-18　平量法

图1-19　斜量法

2. 手持激光测距仪测量距离

手持激光测距仪是利用激光准确测定两点间距离的仪器(图1-20)。由于科学技术及制造业迅速发展，价格低、精度高、使用方便的现代测距工具——手持激光测距仪已在生产、教学中普遍使用。如图1-20所示的手持激光测距仪易于携带，外观尺寸为130mm×55mm×30mm，重量150g，测量距离范围为0.05~80m，精度±1.5mm，可直接测量距离、面积、体积，间接测量高度等。

图1-20　手持激光测距仪

激光测距仪测量工作原理如图1-21所示。激光测距仪在工作时向目标射出一束很细的激光，由光电元件接收目标反射的激光束，计时器测定激光束从发射到接收的时间 t，则从观测点到目标的距离 $D=tc\div2$，c 为光在空气中传播速度。一般手持激光测距仪测量范围为0.02~250m。

使用手持激光测距仪测量距离时，先开启仪器，并根据需要设置好测量基准边，开启激光束瞄准测量目标，在距离测量模式下按距离键完成距离测量。测量较长距离时，可利用三脚架辅助

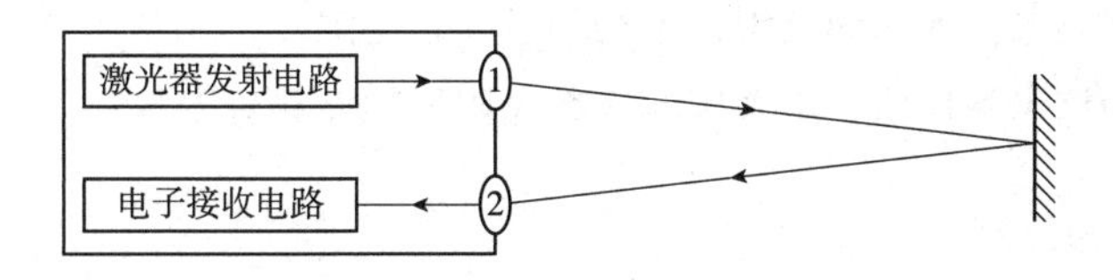

图1-21　持式激光测距仪工作原理

1，2—透镜

固定，避免手持抖动。分段持续测量距离时，利用“+”对每段测量值进行累计。

3. 测量误差基本知识

1)测量误差及其来源

在测量距离、角度或高差等，多次重复观测结果往往不一致。例如，观测一个三角形的内角，其和不等于180°。这种观测值与真实值(理论值)之间存在的差值，称为测量误差。

测量误差产生的原因主要有下列几方面：

①仪器因素　测量仪器不够精密引起的误差。

②外界因素　外界环境中空气温度、压力、风力、日光照射、大气折光、烟尘等不断变化引起的误差。

③人为因素　观测者感觉器官的限制或生理习性等引起的误差。

2)测量误差的分类

根据测量误差的性质，测量误差可分为系统误差和偶然误差两类。

(1)系统误差

在相同的观测条件下，对某一量进行一系列的观测，若其误差在符号和数值上都相同，或按一定规律变化，这种误差称为系统误差。例如，一根钢尺的名义长度为30m，经鉴定后它的实际长度为29.99m，用这根钢尺量距，每量一整尺，都会产生0.01m的误差，这0.01m的误差就是系统误差。

系统误差对于观测结果的影响具有累积性，对观测结果影响很大。但系统误差呈一定的规律性，可采用各种方法消除或减弱它对观测结果的影响。例如，钢尺名义长度与实际长度不一致，可在观测结果中加入尺长改正数来消除误差。

(2)偶然误差

在相同的观测条件下，对某一量进行多次观测，若其误差出现的符号及数值的大小都不相同，从表面上看没有任何规律，这种误差称为偶然误差。例如，在观测读数时的估读数偏大或偏小等。

在测量中，错误是不允许存在的，系统误差是可以消除或减弱的，唯有偶然误差不可避免。经实践统计，偶然误差有如下特性：

①绝对值小的误差比绝对值大的误差出现的机会多。

②绝对值相等的正、负误差出现的机会相等。

③在一定的观测条件下，偶然误差不会超过一定的限度。

④偶然误差的算术平均值，随着观测次数无限增加而趋近于零。

3)衡量精度的标准

由于偶然误差的存在，必须对测量结果的精确程度进行评定，建立统一的衡量精度的标准。常用的衡量精度标准有中误差、相对误差及容许误差。

(1)中误差

相同观测条件下，一组同精度观测值的真误差Δ(真值与观测值的差值)的平方和的算术平均值的平方根称为中误差(m)，即：

$$m=\pm\sqrt{\frac{\Delta_1^2+\Delta_2^2+\cdots+\Delta_n^2}{n}}==\pm\sqrt{\frac{[\Delta\Delta]}{n}} \tag{1-6}$$

式中 n——观测次数。

(2)相对误差

真误差和中误差都有符号，并且有与观测值相同的单位，它们被称为绝对误差。绝对误差可用于衡量其误差与观测值大小无关的观测值的精度。但在某些测量工作中，绝对误差不能完全反映出观测的质量时，采用相对误差就比较合理。相对误差是误差的绝对值与相应观测值之比(K)。通常以分子为1分数式来表示，即：

$$K=\frac{|m|}{D}=\frac{1}{N} \tag{1-7}$$

(3)容许误差

由偶然误差的特性可知，偶然误差的绝对值有一定的限度。如果某个观测值的误差超过这个限度，说明这个观测质量不符合要求，应舍去不用。这个限度就是容许误差，又称极限误差或最大误差。

根据误差理论及大量实验统计证明，大于2倍中误差的偶然误差出现的概率只有5%，大于3倍中误差的仅有0.3%。因此，在实际测量工作中，一般以3倍中误差作为容许误差，即：

$$\Delta_{容}=3m \tag{1-8}$$

当要求严格或者观测次数不多时，也可采用2倍中误差作为容许误差，即：

$$\Delta_{容}=2m \tag{1-9}$$

习 题

1. 填空题

(1)当地面两点之间距离较长或地形起伏较大，要分段进行量距时，需在两点连线方向上标定________，这项工作称为直线定线。

(2)确定地面上两点间直线的方向称为直线定向，即确定两点间的直线与某一________(基本方向)的关系。

(3)磁针在地球磁场作用下自由静止时所指的____即为磁子午线方向。

(4)从直线起点的基本方向____起，沿____针方向到达直线的水平夹角，称为该直线的方位角。以 α 表示，其角值范围为____________。

(5)从直线起点的________北端或南端起，到达直线所夹的________，称为该直线的象限角，以 R 表示，其角值范围为__________。象限角不但要写出角值，还要注明____名称。

2. 单项选择题

(1)用钢尺丈量某段距离，往测为132.114m，返测为132.129m，则相对误差为(　　)。

A. 1/8807.6　　B. 1/8808.1　　C. 1/8808.6　　D. 0.000 114

(2)直线定向的基本方向不包括(　　)。

A. 真子午线方向　　B. 磁子午线方向　　C. 坐标纵轴方向　　D. 正、反方向

(3)用钢尺在平坦地面上丈量 *AB*、*CD* 两段距离，*AB* 往测为326.564m，返测为326.450m；*CD* 往测为126.334m，返测为126.220m。丈量精度高的是(　　)。

A. *AB* 段　　B. *CD* 段　　C. 精度一样　　D. 不能确定

(4)象限角是由基本方向的(　　)到达直线所夹的水平锐角，取值范围为0°~90°。

A. 北端　　B. 南端　　C. 东端　　D. 北端或南端

(5)钢尺量距时，如定线不准，则所量结果总是偏(　　)。

A. 小　　B. 大　　C. 不变　　D. 不一定

(6)某段距离的平均值为100m，其往返之差为20mm，则相对误差为(　　)。

A. 1/5　　B. 1/500　　C. 1/5000　　D. 0.0002

(7)在距离丈量中衡量精度的方法是用(　　)。

A. 往返平均值　　B. 相对误差　　C. 绝对值　　D. 绝对误差

(8)磁方位角是以(　　)为基本方向，顺时针到达所测直线的夹角。

A. 真子午线方向　　B. 磁子午线方向　　C. 坐标纵轴方向　　D. 地轴方向

(9)距离丈量的结果是求得两点间的(　　)。

A. 斜线距离　　B. 水平距离　　C. 折线距离　　D. 垂直距离

(10)直线的坐标方位角与其坐标反方位角相差(　　)。

A. 180°　　B. 360°　　C. 90°　　D. 270°

3. 判断题

(1)方位角的取值范围为0°~180°。　(　　)

(2)象限角的取值范围为0°~90°。　(　　)

(3)真子午线北向、磁子午线北向、坐标纵轴北向是一致的。　(　　)

(4)罗盘仪观测同一直线的正、反磁方位角的误差不得超过1°。　(　　)

(5)由基本方向北端起到达直线的水平夹角，称为该直线的方位角。　(　　)

(6)南偏东50°的直线在第Ⅱ象限。　(　　)

(7)罗盘仪是测量磁方位角的仪器。　(　　)

(8)在我国，罗盘仪磁针的北端常缠绕有铜线圈。 ( )

(9)手持激光测距仪是利用激光测定两点间距离的仪器。 ( )

(10)直线定线即给直线确定方向。 ( )

4. 综合分析题

(1)用钢尺往、返丈量了一段距离，其平均值为167.38m，要求量距的相对误差为1/3000，问往、返丈量这段距离的绝对误差不能超过多少米?

(2)用罗盘仪测得某4条直线的磁方位角分别是55°、135°、245°、315°，则象限角分别是多少?

项目 2　水准测量

项目情景

小梁所在公司准备对某乡村文化广场及周边景点进行建设，确定广场及周边景物的高程是建造施工必要工作之一，为了便于在施工过程中对广场及周边景物的高程进行施工放样，须对控制点进行水准测量。

学习目标

【知识目标】

(1) 理解水准测量原理与方法。

(2) 理解国家高程控制网、水准点、水准路线的概念。

(3) 掌握水准测量的高程计算方法。

(4) 掌握水准测量误差来源及注意事项。

【技能目标】

(1) 能熟练使用水准仪。

(2) 能熟练进行等外水准测量。

(3) 能熟练进行二等水准测量。

测定地面点高程的工作称为高程测量，高程测量常用方法有水准高程测量、三角高程测量、全球定位系统高程测量、气压高程测量等。其中水准高程测量是利用水准仪提供的水平视线，测出地面两点间的高差，然后再由已知点高程推算未知点高程的方法。

任务 2-1　自动安平水准仪测地面两点间高差

任务目标

理解水准测量原理，掌握水准测量工具的使用方法，会采用双仪器高法测量地面两点间的高差。

准备工作

4~6 人为一个实训小组，每小组配备水准仪(含三脚架)1 台，水准尺 2 根，记录夹 1 个，铅笔 1 支，计算器 1 个，记录表格 1 张。

操作流程

1. 认识水准仪和水准尺

水准仪是用于水准测量的仪器，其全称为大地测量水准仪。目前我国水准仪按仪器所能达到的每千米往返测高差中数的偶然中误差这一精度指标划分为4个等级，见表2-1。表中D和S是大地和水准仪汉语拼音的首字母，通常在书写时可省略D。05、1、3和10等数字表示该类仪器的精度，单位为毫米。S3和S10级水准仪称为普通水准仪，用于国家三等、四等水准测量和等外水准测量；S05和S1级水准仪称为精密水准仪，用于国家一等、二等水准测量。水准仪按结构可分为微倾水准仪、自动安平水准仪、电子水准仪等。本任务重点介绍自动安平水准仪。

表2-1 水准仪系列的分级及主要用途

水准仪系列型号	DS05	DS1	DS3	DS10
每千米往返测高差中数偶然中误差	≤0.5mm	≤1mm	≤3mm	≤10mm
主要用途	国家一等水准测量及地震监测	国家二等水准测量及其他精密水准测量	国家三等、四等水准测量及一般工程测量	一般工程水准测量

1) 自动安平水准仪及其配件

自动安平水准仪及其配件.mp4

下面着重介绍一般工程部门常用的DSZ3自动安平水准仪(图2-1)。自动安平水准仪具有测量速度快、精度高，操作简单、易于掌握的优点。主件由望远镜、水准器、基座等构成；配件由水准尺及尺垫等组成。

(1)望远镜

测量仪器上的望远镜用于瞄准远处目标和读数，如图2-2所示，它主要由物镜、目镜、对光凹透镜、物镜对光螺旋和十字丝分划板构成。从目镜中可以看到放大的十字丝像。视准轴是物镜光心与十字丝交点的连线。转动目镜调焦螺旋，可以使十字丝清晰。转动物镜调焦螺旋，可使远处的目标清晰，在十字丝分划板上清晰成像。

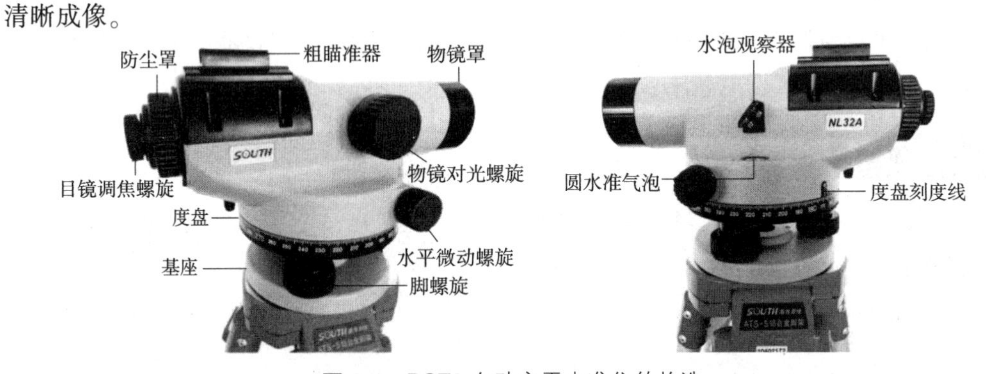

图2-1 DSZ3自动安平水准仪的构造

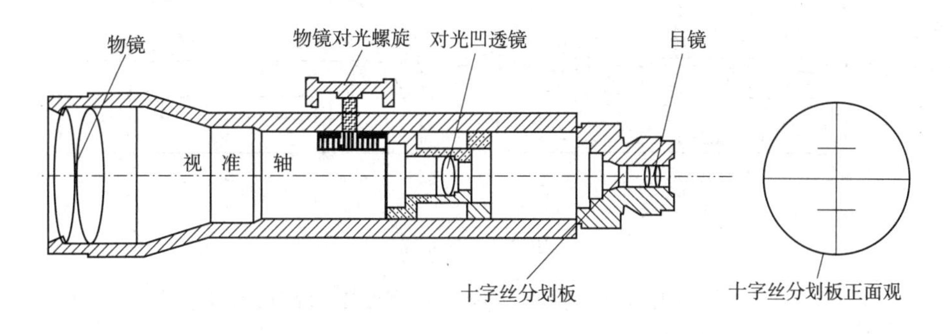

图 2-2　测量望远镜

物镜与十字丝分划板之间的距离是固定不变的，由目标发出光线通过物镜后，在望远镜内所成实像的位置，随着目标的远近而改变，需要转动物镜调焦螺旋移动调焦透镜，使目标像与十字丝平面重合，如图 2-3A 所示，此时，若观测者的眼睛作上、下或左、右移动，不会发觉目标像与十字丝有相对移动；如果目标像与十字丝平面不重合，如图 2-3B 所示，观测者的眼睛作移动时，就会发觉目标像与十字丝之间有相对移动，这种现象称为视差。

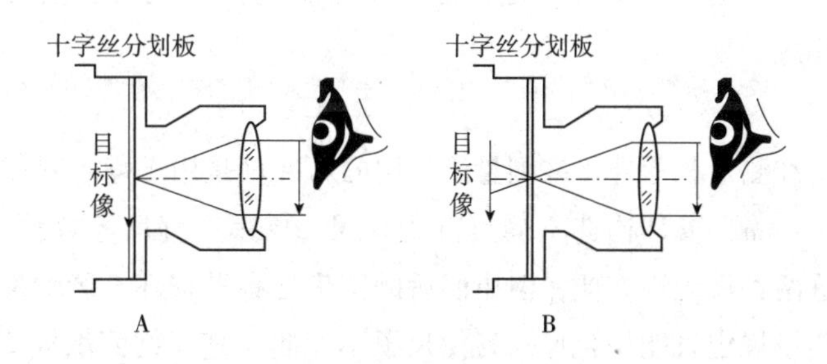

图 2-3　测量望远镜的瞄准与视差

有了视差，就不可能进行精确的瞄准和读数，因此必须消除视差。消除视差的方法如下：先转动目镜调焦螺旋，使十字丝十分清晰；然后转动物镜调焦螺旋，使目标像(水准测量时，为水准尺尺面的分划和注记数字)十分清晰；上、下或左、右移动眼睛，如果目标像与十字丝之间已无相对移动，则视差已消除；否则，重新进行物镜、目镜调焦，直至目标像与十字丝无相对移动为止。

(2)**水准器**

水准测量是利用水准仪提供的水平视线进行高差测量。为了置平仪器，必须用水准器。水准器分为水准管和圆水准器两种。

①水准管　是由玻璃圆管制成，其内壁被磨成一定半径的圆弧面，如图 2-4A 所示，管内注满酒精或乙醚，加热封闭冷却后，液体的蒸汽将管内的空隙充满，即形成水准气泡。在水准管表面刻有 2mm 间隔的分划线，如图 2-4B 所示。分划线与水准管的圆弧中点呈对称分布，O 点称为水准管的零点，通过零点作圆弧的纵向切线 LL_1，称为水准管轴。当气泡的中点与水准管的零点重合时，称为气泡居中。通常，根据水准气泡两端与水准管分划线的位置对称来判断水准管气泡是否精确居中。

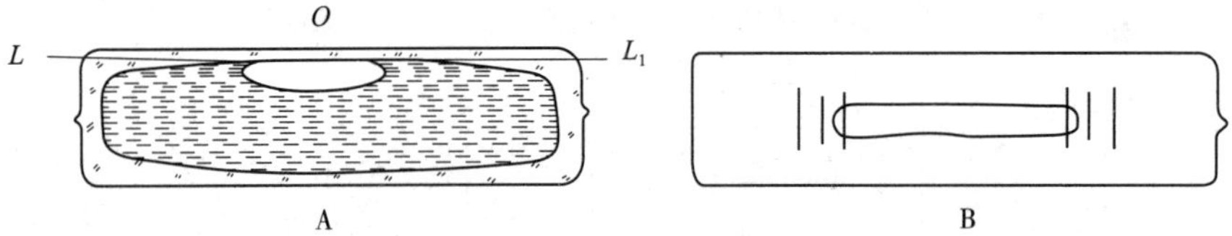

图 2-4 水准管

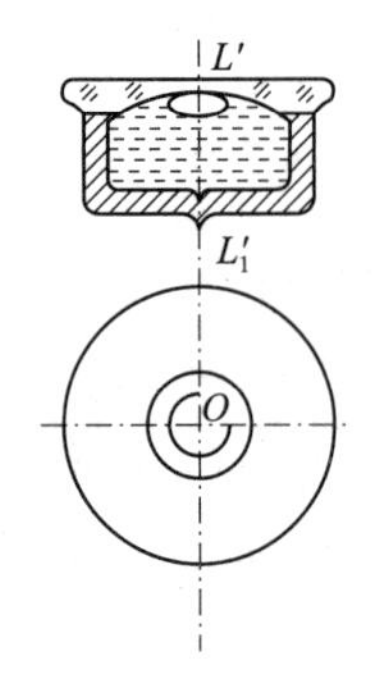

图 2-5 圆水准器

②圆水准器 是将一圆柱形的玻璃盒装嵌在金属框内，如图 2-5 所示。与水准管一样，盒内装有酒精或乙醚，玻璃盒顶面内壁被磨成圆球面，中央刻有一个小圆圈，它的圆心 O 是圆水准器的零点，通过零点和球心的连线 $L'L_1'$，称为圆水准轴。

当气泡居中时，圆水准轴就处于铅垂位置。圆水准器的分划值一般为 5′/2mm~10′/2mm，灵敏度较低，用于粗略整平仪器，可使水准仪的纵轴大致处于铅垂位置，便于用微倾螺旋使水准管的气泡精确居中。

(3)基座

基座的作用是支撑仪器和上部，并与三脚架连接，它主要由轴座、脚螺旋和底板等构成。

(4)水准尺

三等、四等水准测量和等外水准测量所使用的水准尺是用干燥木料或玻璃纤维合成材料制成，一般长 3~4m，按其构造不同可分为折尺、塔尺、直尺等数种。折尺可以对折，塔尺可以缩短，这两种尺运输方便，但用旧后的接头处容易损坏，影响尺长的精度，所以三等、四等水准测量规定只能用直尺。为使尺子不弯曲，其横剖面做成丁字形、槽形、工字形等。尺面每隔 1cm 涂有黑白或红白相间的分格，每分米有数字注记。为方便倒像望远镜观测，注记的数字常倒写。尺子底面钉以铁片，以防磨损。水准尺一般式样如图 2-6 所示。

三等、四等水准测量采用的尺长为 3m，是以厘米为分划单位的区格式木质双面水准尺，如图 2-6A 所示。双面水准尺的一面分划黑白相间称为黑面尺(也叫主尺)，另一面分划红白相间称为红面尺(也叫辅助尺)。黑面分划的起始数字为“0”，而红面底部起始数字不是“0”，一般为 4687mm 或 4787mm。一等、二等水准测量使用尺长更为稳定的铟瓦合金水准尺，这种水准尺伸缩变形较木制水准尺小，尺长更稳定。铟瓦水准尺的分格值有 10mm 和 5mm 两种。

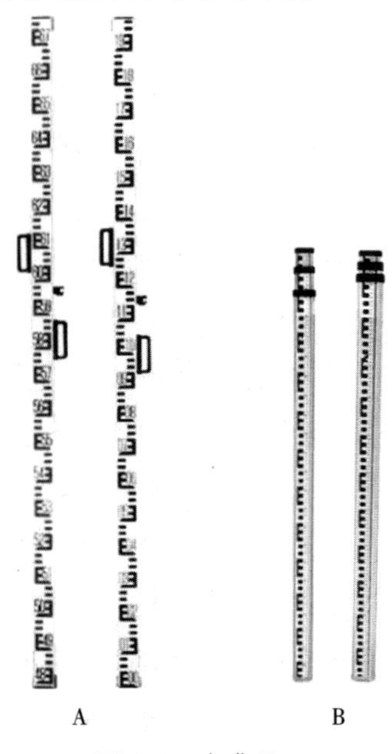

图 2-6 水准尺

A. 直尺 B. 塔尺

(5)尺垫

尺垫是放在地面用于支撑水准尺和传递高程所用的工具，为三角形的铸铁块，如图 2-7所示，中央有一个突起的圆顶，

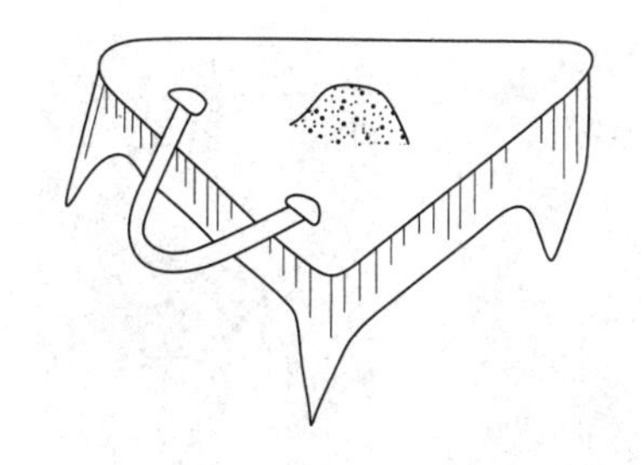

图 2-7　尺垫

电子水准仪及其配件 . mp4

以便放置水准尺。尺垫下有 3 个尖脚，可以插入土中，以稳固水准尺，防止水准尺上、下或左、右移动。尺垫可作为转点的标志。

2）电子水准仪及其配件

以 DL2007 电子水准仪和 2m 条码水准尺为例。

（1）电子水准仪的基本原理

电子水准仪又称数字水准仪，是以自动安平水准仪为基础，在望远镜光路中增加了分光镜和读数器（CCD Line），并采用条码标尺和图像处理电子系统而构成的光机电测一体化的高科技产品。

电子水准仪的照准标尺和调焦仍需目视进行。人工调试后，标尺条码一方面被成像在望远镜分化板上，供目视观测，另一方面通过望远镜的分光镜，又被成像在光电传感器（又称探测器）上，供电子读数。由于各厂家标尺编码的条码图案各不相同，因此条码标尺一般不能互通使用。电子水准仪与自动安平水准仪相比有以下特点。

①读数客观　不存在误差、误记问题，没有人为读数误差。

②精度高　视线高和视距读数都是采用大量条码分划图像经处理后取平均得出的，因此削弱了标尺分划误差的影响。

③速度快　由于省去了报数、听记、现场计算的时间以及因人为出错而重测，测量时间与传统仪器相比可以节省 1/3 左右。

④效率高　只需调焦和按键就可以自动读数，减轻了劳动强度。视距还能自动记录、检核、处理并能输入电子计算机进行后处理，可实现内外业一体化。

（2）电子水准仪结构

以职业院校测绘技能大赛使用的南方 DL2007 电子水准仪为例，其主要技术参数包括：精度 0.7mm/km；最小读数 0.01mm；测距精度 1cm/10m；测距范围 1.5～105m；内存 16MB；外部存储器为 SD 卡（图 2-8、表 2-2）。

（3）电子水准仪配件

电子水准仪配件包括条码水准尺、尺垫等。

与电子水准仪配套的条码水准尺一般为铟瓦、玻璃钢或铝合金制成的单面或双面尺，尺子的划分一面为二进制伪随机码分划线或规则分划线，其外形类似于一般商品外包装上印刷的条纹码（图 2-9）。

图 2-8 DL2007 电子水准仪　　图 2-9 电子水准仪水准尺

表 2-2 DL2007 电子水准仪部件名称

<table>
<tr><th>电子水准仪</th><th>部　件</th></tr>
<tr><td>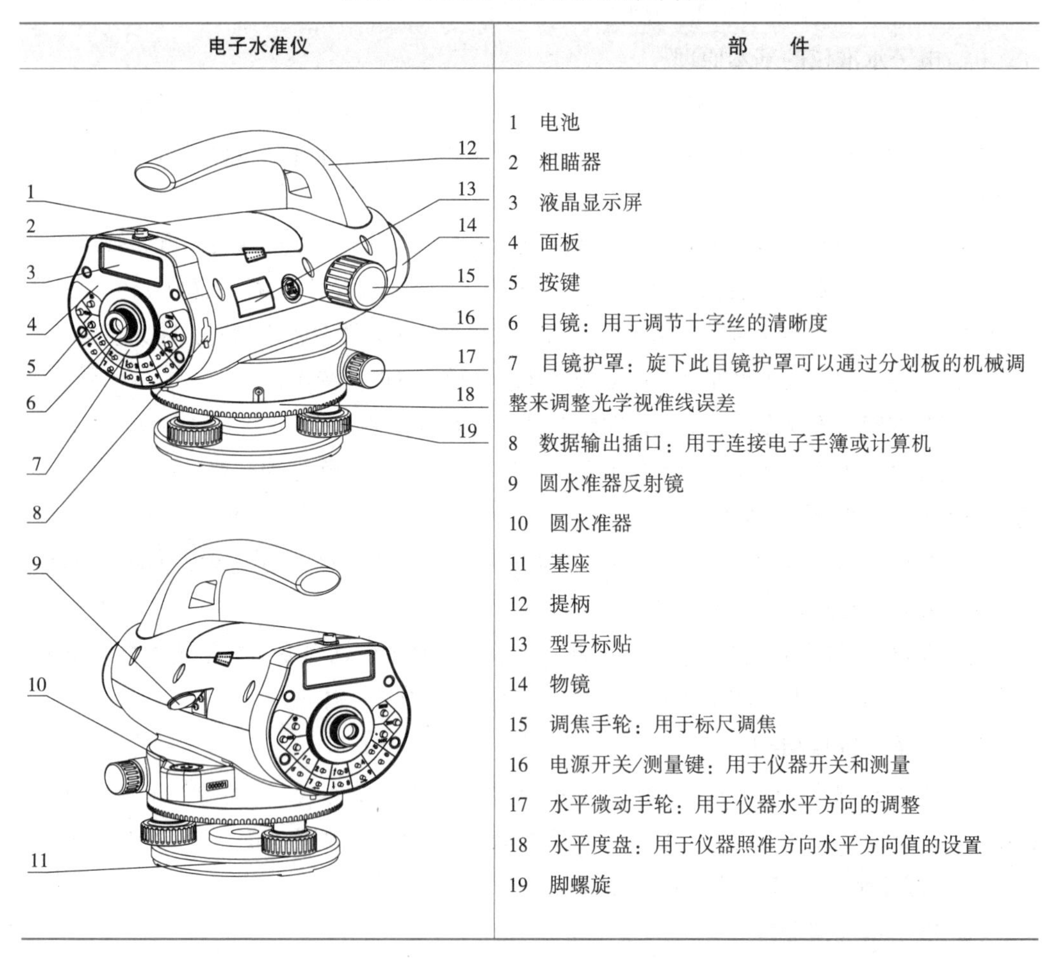
</td><td>1 电池
2 粗瞄器
3 液晶显示屏
4 面板
5 按键
6 目镜：用于调节十字丝的清晰度
7 目镜护罩：旋下此目镜护罩可以通过分划板的机械调整来调整光学视准线误差
8 数据输出插口：用于连接电子手簿或计算机
9 圆水准器反射镜
10 圆水准器
11 基座
12 提柄
13 型号标贴
14 物镜
15 调焦手轮：用于标尺调焦
16 电源开关/测量键：用于仪器开关和测量
17 水平微动手轮：用于仪器水平方向的调整
18 水平度盘：用于仪器照准方向水平方向值的设置
19 脚螺旋</td></tr>
</table>

2. 一个测站水准测量

在水准测量中，把安置水准仪的位置称为测站。如图 2-10 所示，若 *A* 点高程已知，按一个测站水准测量程序，就可测出 *B* 点的高程。

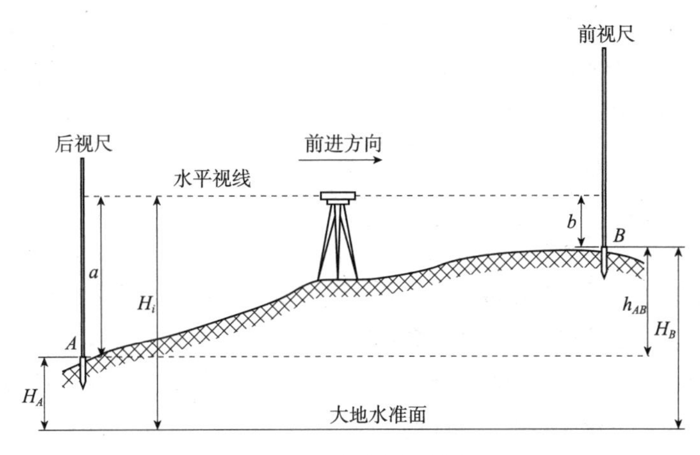

图 2-10　水准测量原理

1) 安置水准仪

在测站打开三脚架，按观测者身高调节三脚架腿的高度。张开三脚架且使架头大致水平，然后从仪器箱中取出水准仪，安放在三脚架头上，一手握住仪器，一手立即将三脚架中心连接螺旋旋入仪器基座的中心螺孔中，适度旋紧，使仪器固定在三脚架头上，防止仪器摔下来。

将脚架的两条腿取适当位置安置好，然后一手握住第三条腿并向内或向外移动，一手扶住脚架顶部，眼睛注视圆水准器气泡的移动，使之不要偏离中心太远。如果地面比较松软，需将三脚架的 3 个脚尖踩实，使仪器稳定。

2) 圆水准器气泡整平

水准仪圆水准器气泡居中整平 . mp4

粗平是通过调节脚螺旋使圆水准器气泡居中，从而使仪器的竖轴大致铅垂。粗平的操作步骤如图 2-11 所示，图中 1、2、3 为 3 个脚螺旋，中间是圆水准器，虚线圆圈表示气泡所在位置。首先用双手大拇指分别以相对方向(图中箭头所指方向)转动两个脚螺旋 1、2，气泡移动方向与左手大拇指旋转时的移动方向相同，使圆气泡移到 1、2 脚螺旋连线方向的中央，如图 2-11A 所示。然后再转动脚螺旋 3，使圆气泡居中，如图 2-11B 所示。

水准仪瞄准目标 . mp4

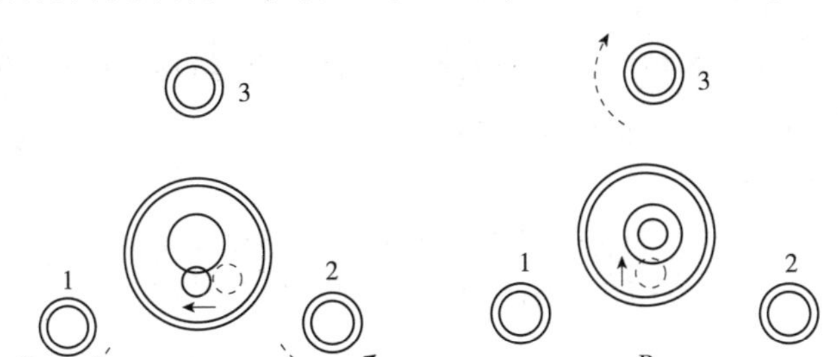

图 2-11　圆水准器整平

3) 瞄准

在用望远镜瞄准目标之前，必须先将十字丝调至清晰。瞄准目标应首先使用望远镜上的粗瞄准器大致瞄准。若望远镜内已经看到水准尺但成像不清晰，可以转动物镜调焦螺旋至成像清晰，注意消除视差。最后用水平微动螺旋转动望远镜，使十字丝的竖丝对准水准尺的中间，以便读数。

4) 读数

照准水准尺后，即可在水准尺上读数，读出十字丝横丝的中丝在水准尺上的读数。为了提高读数的速度，保证读数的准确性，可以首先看好厘米的估读数(即毫米数)，然后再将全部读数报出。一般习惯上是报4个数，即米、分米、厘米、毫米，并且以毫米为单位。

由于水准尺有正像和倒像两种，所以，读数时要注意遵循从小到大读数的原则。正像的尺子上丝读数大，下丝读数小；倒像的尺子上丝读数小，下丝读数大，如图2-12所示为倒像读数。无论正像还是倒像的尺子，均应从小到大读数。

光学水准仪读数.mp4

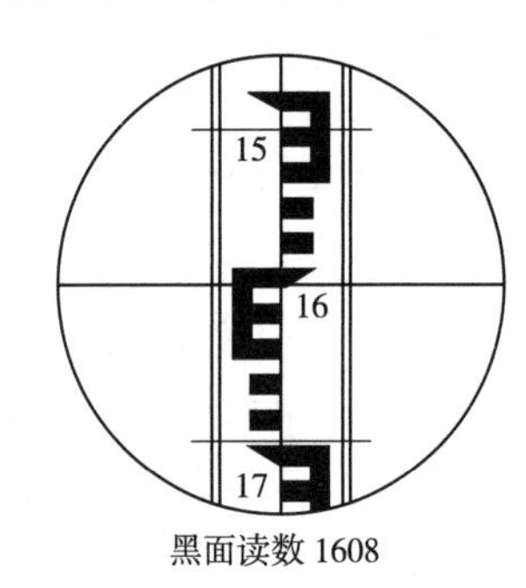

黑面读数1608

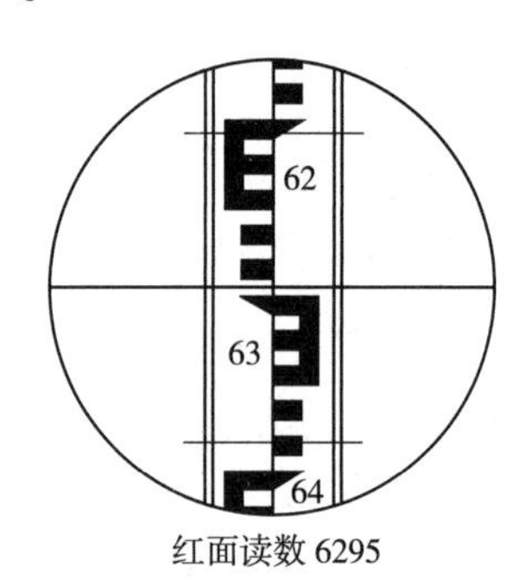

红面读数6295

图2-12 水准尺读数

需要注意的是，当望远镜瞄准另一方向时，如果水准气泡偏离中心，应重新进行整平，整平之后，再重新对后视尺和前视尺进行瞄准和读数，之前这一测站已读的数据无效，应作废重测。

用十字丝中丝读出点 A 水准尺的后视读数。读数应从小到大读取，直读米、分米、厘米，估读到毫米，然后报出完整的读数并记录。转动望远镜瞄准前视点 B 上的水准尺，读取前视读数 b 并记录。

一个测站普通水准测量.mp4

5) 高差与高程计算

[例2-1] 如图2-10所示，假设 $H_A=118.520$m，观测得 $a=1.946$m，$b=0.613$m，求 B 点的高程 H_B。

解：

$$h_{AB}=a-b=1.946-0.613=1.333(\text{m})$$
$$H_B=H_A+h_{AB}=118.520+1.333=119.853(\text{m})$$

6) 测站校核

对一个测站观测的数据进行校核，称为测站校核。测站校核常采用双仪高法和双面尺法两种。

(1) 双仪高法

在同一测站上，用不同的仪器高度两次测定高差。即第一次测量后，升高或降低仪器高度10cm以上，再进行第二次高差测定。如果两次测得的高差之差不超过容许值(普通水准测量容许值为±8mm)，即认为观测值符合精度要求，取其平均值作为该测站高差的结果，若超限则应重测。

(2)双面尺法

在同一测站上仪器高度不变，分别用水准尺的黑、红面各自测出两点之间的高差。若黑、红面算得的高差之差不超过容许值，则取两次高差的平均值作为观测结果，否则应重测。

注意事项

(1)仪器架设要选择较为坚实平整的地方，架设仪器时前后视距离尽量相等，手不要按在脚架上。

(2)应检查塔尺衔接处是否严密，清除尺底淤泥。扶尺者要身体站正，双手扶尺，保证扶尺竖直。

(3)记录要原始，要当场写清楚。当记录发生错误时，应在错误数字上画一横线，将正确的数字写在错误数字的上方，不可擦除。记录要按规定的格式填写，字迹整齐、清楚、端正。

(4)整平时，气泡的移动方向始终与左手大拇指移动方向一致。

(5)读数前应仔细反复进行目镜和物镜调焦，直到眼睛无论在哪个位置观察，尺子的成像和十字丝均处于清晰状态，十字丝横丝所照准的读数始终不变。

(6)当望远镜瞄准另一方向时，水准气泡偏离大于1格时，需重新整平，并观察气泡是否在任何方向都处于中心；满足要求后，重新进行该站的观测和读数。

考核评价

(1)规范性考核：按以上要求、方法、步骤，对学生的操作进行规范性考核。

(2)熟练性考核：能在规定时间内完成水准仪圆水准气泡居中整平、水准仪瞄准目标与读数等操作。

(3)准确性考核：同一测站两次观测高差之差不大于8mm。

作业成果

水准测量记录表

仪器：　　　　　　　　　　　　　日期：

测站	点号	水准尺读数(m)		高差(m)		高程(m)	备注
		后视读数	前视读数	+	−		

观测员：　　　　　　　　记录计算员：　　　　　　　　校核员：

知识链接

水准测量原理与方法

水准测量是测定地面点高程的主要方法之一。水准测量是使用水准仪和水准尺，根据水平视线测定两点之间的高差，从而由已知点的高程推求未知点的高程。

1. 水准测量原理

如图2-10所示，若已知A点的高程H_A，求未知点B的高程H_B。首先测出A点与B点的高差h_{AB}，于是B点的高程H_B为：

$$H_B=H_A+h_{AB}$$

由此计算出B点的高程。

测出高差h_{AB}的原理如下：在A、B两点各竖立一根水准尺，并在A、B两点之间安置水准仪，根据水准仪提供的水平视线在水准尺上读数。设水准测量的前进方向是由A点向B点，则A点为后视点，其水准尺读数为a，称为后视读数；B点为前视点，其水准尺读数为b，称为前视读数。A、B两点间的高差为

$$h_{AB}=a-b \tag{2-1}$$

于是B点的高程H_B可按下式计算：

$$H_B=H_A+(a-b)$$

高差可正可负，当a大于b时，h_{AB}值为正，这种情况是B点高于A点；当a小于b时，h_{AB}为负，即B点低于A点。为了避免计算高差时发生正、负号的错误，在书写高差h_{AB}时注意h下标的写法。例如，h_{AB}是表示由A到B点的高差；而h_{BA}表示由B点至A点的高差，即$h_{AB}=-h_{BA}$。

从图2-10中还可以看出，B点的高程也可以利用水准仪的视线高程H_i(也称为仪器高程)来计算：

$$\left.\begin{aligned}H_i&=H_A+a\\H_B&=H_A+(a-b)=H_i-b\end{aligned}\right\} \tag{2-2}$$

当安置一次水准仪，需要根据一个已知高程的后视点求出若干个未知点的高程时，用式(2-2)计算较为方便，此法称为视线高法，它在园林工程施工中经常用到。

2. 水准测量方法

如图2-10所表示的水准测量是当A、B两点相距不远的情况，这时通过水准仪可以直接在水准尺上读数，且能保证一定的读数精度。如果两点之间的距离较远或高差较大，仅安置一次仪器，不能测得它们的高差，这时需要加设若干个临时的立尺点，作为传递高程的过渡点，称为转点。图2-13中TP_1、$TP_2\cdots TP_{n-1}$称为转点，每安置一次仪器，称为一个测站。如图2-13所示，欲求A点至B点的高差h_{AB}，选择一条施测路线，用水准仪依次测出第1站的高差h_1、第2站的高差h_2，直到最后测出第n站的高差h_n。

高差 h_{AB} 由下式算得：

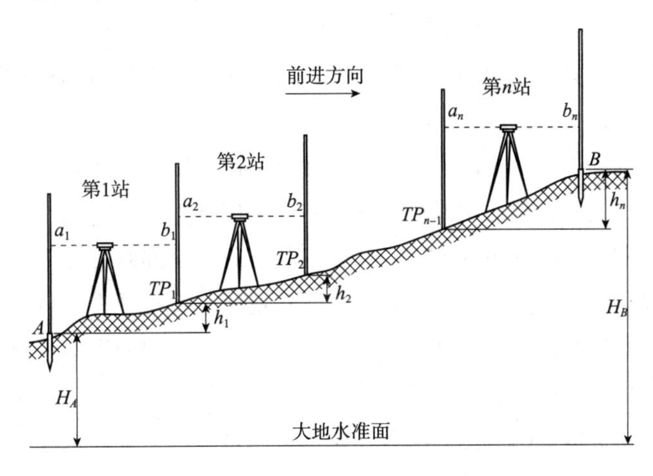

图 2-13　转点与测站

$$h_{AB}=h_1+h_2+\cdots+h_n$$

式中各测站的高差均为后视读数减去前视读数之值，即：

$$\begin{cases} h_1=a_1-b_1 \\ h_2=a_2-b_2 \\ \cdots \\ h_n=a_n-b_n \end{cases}$$

式中等号右端的 a_1、b_1、a_2、$b_2 \cdots a_n$、b_n 分别表示第一站到第 n 站的后视读数和前视读数。因此

$$\begin{aligned} h_{AB} &= (a_1-b_1)+(a_2-b_2)+\cdots+(a_n-b_n) \\ &= \sum_{i=1}^{n}(a_i-b_i)=\sum_{i=1}^{n}a_i-\sum_{i=1}^{n}b_i \end{aligned} \tag{2-3}$$

在实际作业中，可先算出各测站的高差，然后取它们的总和，得到 h_{AB}。再用式(2-3)，即后视读数之和减去前视读数之和，计算高差 h_{AB}，检核计算是否正确。

3. 高程控制网和水准路线

1) 国家高程控制网

高程是表示地球上一点空间位置的量值之一，它和平面坐标一起，共同表达点的位置。高程是对于某一具有特定性质的参考面而言，没有参考面，高程就失去意义。同一点的参考面不同，高程的意义和数值就不同。

布设全国统一的高程控制网，首先必须建立一个统一的高程起算基准面。所有水准测量测定的高程都是以这个面为零起算，这个高程基准面，称为零基准面。用水准测量的方法联测陆地上设置好的一个固定点，定出这个点的高程，作为全国水准测量的高程起算点，这个固定点，称为水准原点。高程起算基准面和相对于这个基准面的水准原点，构成

了国家高程基准。

为了统一全国的高程系和满足各种工程建设的需要，我国已建立了统一的高程控制网，它是以黄海平均海水面作为高程起算面(零基准面)，称为“1985年国家高程基准”。水准原点设在青岛，水准原点的高程为72.260m。

国家高程控制网，是在一个国家或一个地区范围内，测定一系列统一而精确的地面点的高程所构成的网。国家高程控制网的建立，一般采用从整体到局部、逐级建立控制的原则，按控制次序和实测精度分为一等、二等、三等、四等水准测量和等外水准测量。一等水准路线是国家高程控制网的骨干，是研究地壳和地面垂直运动有关科学的主要依据；二等水准路线是国家高程控制的全面基础，便于大范围内监视地壳运动情况，属于职业院校测绘技能大赛内容之一；三等、四等水准路线提供地形测图和各种工程建设所必需的高程控制点；国家四等水准以下的水准测量为等外水准测量，也称普通水准测量，主要用于测定图根点的高程和普通工程建设施工。

2) 水准点

在水准测量中，已知高程控制点和待定高程控制点，都称为水准点，英文为bench mark，缩写为BM。水准点有永久性水准点和临时性水准点两种。国家等级永久性水准点如图2-14A所示，一般用石料或混凝土制成，埋到地面冻土以下，顶面镶嵌不易锈蚀材料制成的半球形标志；也可以用金属标志埋设于稳固的建筑物墙脚上，称为墙上水准点。

等级较低的永久性水准点，制作和埋设均可简单些，如图2-14B所示。临时性水准点可利用地面上突出稳定的坚硬岩石、门廊台阶角等，用红色油漆标记；也可用木桩、钢钉等打入地面，并在桩顶标记点位，如图2-14C所示。

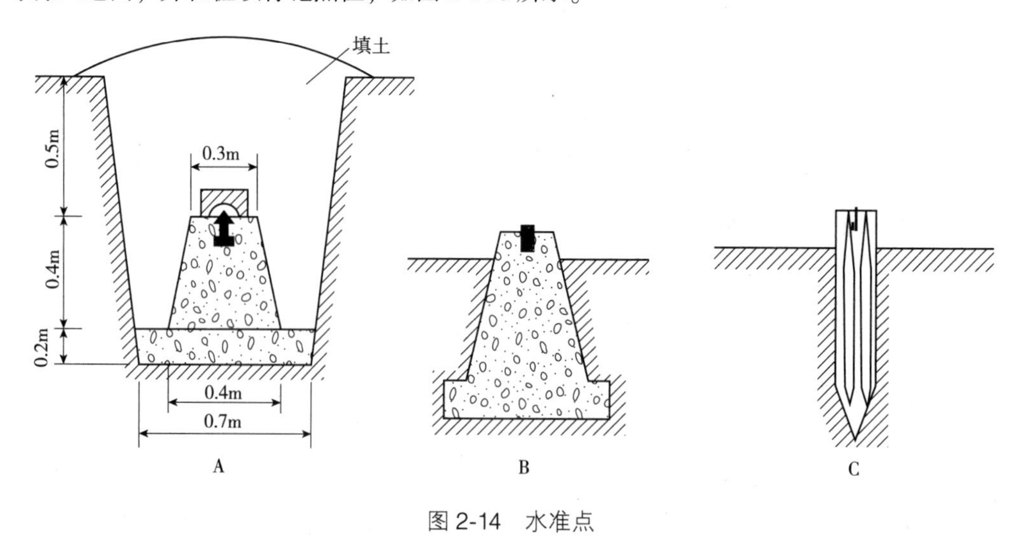

图2-14　水准点

3) 水准路线

水准测量前应根据需求选定水准点的位置，埋设好水准点标石，拟定水准测量进行的路线。水准路线有以下几种形式：附合水准路线、闭合水准路线、支水准路线、水准网（图2-15）。

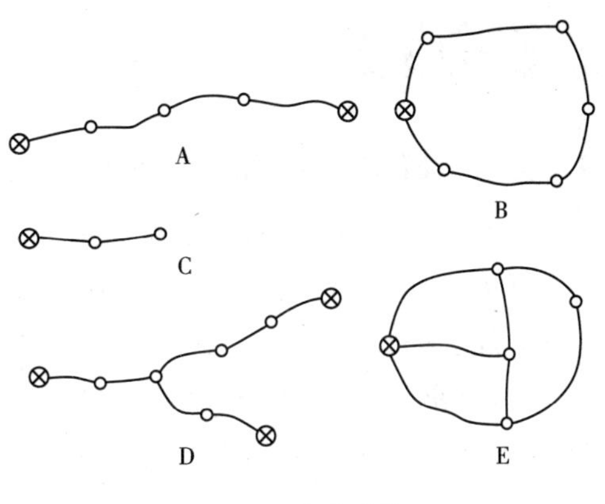

图2-15 水准路线

（1）附合水准路线

水准测量从一个已知高程的水准点开始，结束于另一已知高程的水准点，这种路线称为附合水准路线。这种路线可使测量成果得到可靠的检核，如图2-15A所示。

（2）闭合水准路线

水准测量从一已知高程的水准点开始，最后又闭合到这个水准点上的水准路线，称为闭合水准路线。这种路线也可以使测量成果得到检核，如图2-15B所示。

（3）支水准路线

由一已知高程的水准点开始，最后既不附合也不闭合到已知高程的水准点上的水准路线称为支水准路线。这种水准路线不能对测量成果自行检核，因此必须进行往返测，或每站高差进行两次观测，如图2-15C所示。

（4）水准网

当几条附合水准路线或闭合水准路线连接在一起时，就形成了水准网，如图2-15D、E所示。水准网可使检核成果的条件增多，从而提高成果的精度。

当观测地区只有一个高等级水准点时，一般采用闭合水准路线。当观测地区有两个高等级水准点时，可采用附合水准路线或闭合水准路线。当观测精度要求不高或观测条件比较差、路线比较短时，可采用支水准路线。当水准点的布设需要一定的密度时，可采用水准网的形式。

任务2-2 普通水准测量

任务目标

理解一个测站的工作程序和一条路线的施测方法；掌握普通水准测量手簿的记录顺序和记录规则；理解水准测量闭合差的计算方法，能计算水准测量成果表格中的数据，理解各待定点高程的计算步骤。

准备工作

（1）准备多条闭合水准路线，每条闭合水准路线不少于4个测站。

（2）4～6人为一个实训小组，每小组配备DSZ3水准仪一台，双面水准尺1对，尺垫1对，记录板1个，记录手簿和计算成果表各1张。

操作流程

1. 复合水准测量与测段水准测量

要求：相邻水准点之间距离宜为20~200m；读数一律为4位数，以米为单位，最小的毫米位为估读；起点和待测点上不能放尺垫；记录员听到观测员读数后，须向观测员回报，经观测员确认后方可记入手簿，完成一个测站记录计算后，方可搬至下一站。

一般情况下，从一已知高程的水准点出发，要用连续水准测量的方法才能算出另一待定水准点的高程，这种水准测量称为复合水准测量。水准路线测量可以由若干段复合水准测量组成。

将水准尺立于已知高程的水准点上作为后视，在施测路线的前进方向上的合适位置安置水准仪，取仪器至后视尺大致相等的距离放置尺垫，在尺垫上竖立水准尺作为前视。观测员将水准仪用圆水准器气泡居中后瞄准后视标尺，用中丝读后视读数至毫米。调转望远镜瞄准前视标尺，此时检查水准气泡是否居中，如果居中可以继续读数，如果不居中前面的后视读数作废，将气泡重新居中后再进行后视读数。接着调转望远镜，进行前视读数，用中丝读前视读数至毫米。记录员根据观测员的读数在水准测量手簿(表2-3)中记录相应数字，并立即计算高差。此为第一站的全部工作。

第一测站结束后，记录员通知第一站的后视尺扶尺员携尺向前转移，并将仪器迁至第二测站，第一测站的前视尺不动。此时，第一测站的前视点成为第二测站的后视点。依第一测站相同的工作程序进行第二测站的工作。依次沿水准路线方向施测，直至全部路线观测完毕。

在进行连续水准测量时，若其中任何一个后视读数或前视读数错误，都会影响高差的正确性。因此，在每一测站的水准测量中，为了能及时发现观测中的错误，通常采用双面尺法或两次仪器高法进行观测，以检查高差测定中可能发生的错误。

表2-3 普通水准测量手簿

测自A至B　　　年　月　日　观测：　　　记录：

测站	点号	水准尺读数(m)		高差h	高程H	备注
		后视	前视			
1	A	0.347			128.520	
	转点1		1.631	−1.284		
2	转点1	0.306				
	转点2		2.624	−2.318		
3	转点2	0.833				
	转点3		1.516	−0.683		
4	转点3	1.528				
	转点4		0.501	+1.027		
5	转点4	2.368				
	B		0.694	+1.674	126.936	

2. 水准测量高程计算

水准测量的最终目的是获得水准路线上各未知点的高程。水准测量外业观测结束后，在内业计算前，必须对外业观测手簿进行全面细致的检查，在确认无误后，方可进行内业计算。

为了计算方便，首先须绘制水准路线略图，如图 2-16 所示，注明起点、终点的名称和沿线各固定点的点号，并用箭头标出水准路线的观测方向。根据手簿上的观测成果，计算出沿线各相邻水准点之间的高差和距离(或测站数)，分别注记在路线略图路线位置的上方或下方，最后计算水准路线的总高差和总距离(或总测站数)，把各段的高差和距离(或测站数)填在水准路线成果计算表的相应位置(表 2-4)。

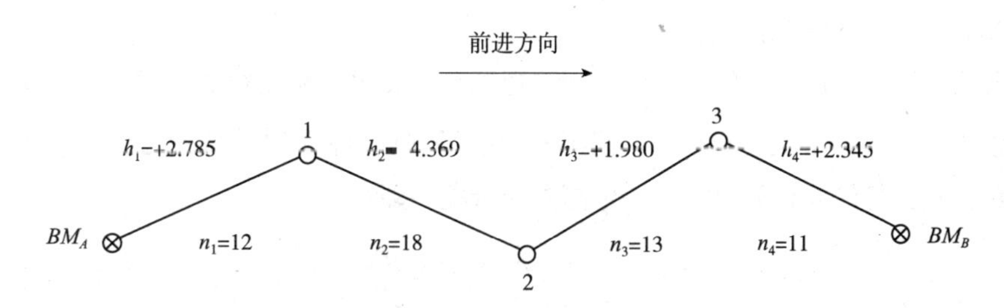

图 2-16　水准路线略图

表 2-4　附合(闭合)水准路线成果计算表

点名	测站数	距离(m)	高差(m)		改正后高差(m)	高程(m)	备注
			观测值	改正数			
BM_A						56.345	BM_A、BM_B点高程已知
	12		+2.785				
1							
	18		-4.369				
2							
	13		+1.980				
3							
	11		+2.345				
BM_B						59.039	
Σ	54		+2.741				
辅助计算							

水准路线上各未知点高程计算步骤如下：

1) 计算水准路线的高差闭合差和允许闭合差

(1) 计算闭合水准路线高差闭合差

闭合水准路线实测的高差总和$\sum h_{测}$应与其理论值$\sum h_{理}$相等，都应等于零。但由于测量中不可避免产生误差，使观测所得的高差之和不一定等于零，其差值称为高差闭合差，若用f_h表示高差闭合差，则：

$$f_h = \sum h_{测} - \sum h_{理} = \sum h_{测} \tag{2-4}$$

(2)计算附合水准路线高差闭合差

附合水准路线实测的高差总和$\sum h_{测}$，理论上应与两个水准点的已知高差($H_{终} - H_{始}$)相等，同样由于观测误差的影响，$\sum h_{测}$与$\sum h_{理}$不一定相等，其差值称为高差闭合差，即：

$$f_h = \sum h_{测} - \sum h_{理} = \sum h_{测} - (H_{终} - H_{始}) \tag{2-5}$$

(3)计算支水准路线高差闭合差

支水准路线因无检核条件，一般采用往返观测，支水准路线往测高差总和$\sum h_{往}$与返测的高差总和$\sum h_{返}$理论上应大小相等，符号相反，即往返测高差的代数和应为零。同样由于测量含有误差，其代数和不为零，产生高差闭合差，即：

$$f_h = \sum h_{往} + \sum h_{返} \tag{2-6}$$

(4)高差允许闭合差

高差闭合差的大小反映观测成果的质量，闭合差允许值的大小与水准测量的等级有关，对于普通水准测量，有

$$f_{h容} = \pm 40\sqrt{L}\,(\text{mm}) \quad 或 \quad f_{h容} = \pm 10\sqrt{n}\,(\text{mm}) \tag{2-7}$$

式中　L——线路长度，km；

n——测站数。

表2-5为不同等级的水准测量中，高差容许误差的限差表。

表2-5　水准测量的高差容许误差限差表

水准测量等级	普通	四等	三等
容许误差(mm)	$f_{h容} = \pm 40\sqrt{L}$ $f_{h容} = \pm 10\sqrt{n}$	$f_{h容} = \pm 20\sqrt{L}$ $f_{h容} = \pm 6\sqrt{n}$	$f_{h容} = \pm 12\sqrt{L}$ $f_{h容} = \pm 4\sqrt{n}$

注：1. 表中L为水准路线单程千米数，n为单程测站数。

2. 容许闭合差$f_{h容}$，在平地按水准路线的千米数L计算，在山地按测站数n来计算。

如高差闭合差不超过允许闭合差，可进行后续计算；如高差闭合差超过允许闭合差，应先检查已知数据有无抄错，再检查计算有无错误。当确认内业计算无误后，应根据对外业测量的具体情况进行分析，找出可能产生较大误差的测段，重新进行外业测量，直至符合限差要求。

2)计算高差改正数

水准路线的闭合差在实际测量中难以避免，其大小是由各测站的观测误差累积而成，

测站数越多或水准路线越长，累积误差就可能越大。误差与测站数或路线长度成正比。要消除闭合差，只有进行闭合差的调整。闭合差调整的方法为：将闭合差反符号，按测站数或距离成正比分配到各段高差观测值中。各测段高差的调整值，称为高差改正数，记为 v_i，则 v_i 计算公式为：

$$v_i=-\frac{f_h}{\sum L}L_i \quad 或 \quad v_i=-\frac{f_h}{\sum n}n_i \tag{2-8}$$

根据上述公式算得的高差改正数的总和，应当与闭合差大小相等，符号相反，这是计算过程中的一个检核条件。在计算中，若因尾数取舍问题而不符合此条件，可通过适当取舍而使之符合。式(2-8)一般只用于闭合和附合水准路线的计算，支水准路线不需计算高差改正数。

3)计算改正后的高差

各测段的观测高差加上各测段的高差改正数，就等于各测段改正后的高差。

$$h_i'=h_i+v_i \tag{2-9}$$

式中　h_i'——改正后的高差，m；

h_i——高差观测值，m；

v_i——高差改正数，m。

对于支水准路线，各测段改正后的高差，其大小取往测和返测高差绝对值的平均值，符号与往测相同。

4)计算各点的高程

用水准路线起点的高程，加上第一测段改正后的高差，即等于第一个点的高程。用第一点的高程，加上第二测段改正后的高差，即等于第二个点的高程。以此类推，直至计算结束。对于闭合水准路线，终点的高程应等于起点的高程；对于附合水准路线，终点的高程应等于另一个已知点的高程；支水准路线无检核条件，若该支水准路线仅为单向观测，计算过程中应特别细心。

[例2-2]　一条附合水准路线如图2-16所示，已知水准点 BM_A 的高程为56.345m，水准点 BM_B 的高程为59.039m，水准路线上有3个未知高程的水准点1、2、3，各测段高差和测站数见表2-6所列，求各未知点的高程。

解：按附合水准路线的计算步骤进行计算，见表2-6。

①求高差闭合差；

②求各测段高差改正数；

③求改正后的高差；

④求未知点高程。

表 2-6 附合(闭合)水准路线的成果计算表

点名	测站数	距离(m)	高差(m)		改正后高差(m)	高程	备注
			观测值	改正数			
BM_A						56.345	BM_A、BM_B 点高程已知
	12		+2.785	−0.010	+2.775		
1						59.120	
	18		−4.369	−0.016	−4.385		
2						54.735	
	13		+1.980	−0.011	+1.969		
3						56.704	
	11		+2.345	−0.010	+2.335		
BM_B						59.039	
$\sum$	54		+2.741	−0.047	+2.694		
辅助计算	$f_h=\sum h_{测}-\sum h_{理}=\sum h_{测}-(H_{终}-H_{始})=2.785-(59.039-56.345)=0.047\text{m}=47\text{mm}$ $f_{h容}=\pm 10\sqrt{n}\text{mm}=\pm 10\sqrt{54}\text{mm}=\pm 88\text{mm}$ $\lvert f_h \rvert < \lvert f_{h容} \rvert$,故符合精度要求						

[例 2-3] 一条闭合水准路线,如图 2-17 所示,已知水准点 BM_A 的高程为 57.141m,水准路线上有 3 个未知高程的水准点 1、2、3,各测段高差和距离见表 2-7 所列,求各未知点高程。

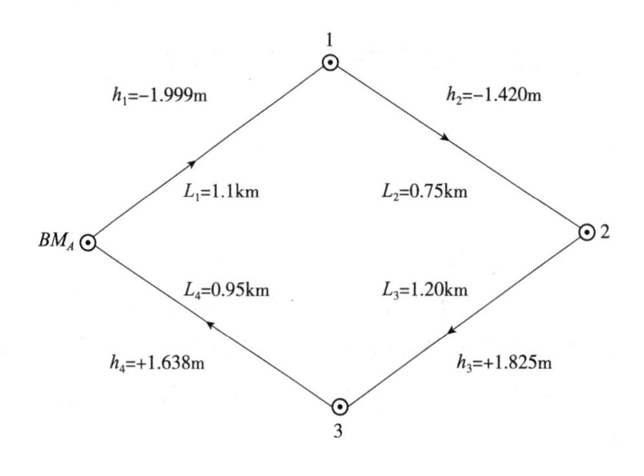

图 2-17 闭合水准路线

解: 按闭合水准路线的计算步骤进行计算,见表 2-7。

①求高差闭合差;

②求各测段高差改正数;

③求改正后的高差;

④求未知点高程。

表 2-7　附合(闭合)水准路线的成果计算表

点名	测站数	距离(km)	高差(m)		改正后高差(m)	高程	备注
			观测值	改正数			
BM_A						57.141	BM_A 高程已知
		1.10	-1.999	-0.012	-2.011		
1						55.130	
		0.75	-1.420	-0.008	-1.428		
2						53.702	
		1.20	+1.825	-0.013	+1.812		
3						55.514	
		0.95	+1.638	-0.011	+1.627		
BM_A						57.141	
$\sum$		4.00	+0.044	-0.044	0.000		
辅助计算	$f_h=\sum h_{测}-\sum h_{理}=\sum h_{测}=+0.044\text{m}=+44\text{mm}$ $f_{h容}=\pm 40\sqrt{L}\text{mm}=\pm 40\sqrt{4}\text{mm}=\pm 80\text{mm}$ $\lvert f_h \rvert < \lvert f_{h容} \rvert$，故符合精度要求						

注意事项

(1)仪器架设要选择较为坚实平整的地方，架设仪器时前后视距离尽量相等，手不要按在脚架上。

(2)检查塔尺衔接处是否严密，清除尺底淤泥；扶尺者要身体站正，双手扶尺，保证扶尺竖直。

(3)在待测点和已知高程点上不能放置尺垫；未读后视读数之前不得碰动后视尺垫；未读转点前视读数仪器不得迁站；工作中间停测时，应选择稳固、易找的固定点作为转点，并测出其前视读数。

(4)记录要原始，要当场写清楚。当记录发生错误时，应在错误数字上画一横线，将正确的数字写在错误的数字上方。记录要按规定的格式填写，字迹整齐、清楚、端正。所有数据必须进行检核，未经检核的数据，不能使用。

(5)水准尺上读数一律为 4 位数，记录员听到观测员读数后必须向观测员回报，经观测员默许后方可记入手簿，以防因听错、记错。

考核评价

(1)规范性考核：按以上方法、步骤，对学生的操作进行规范性考核。

(2)熟练性考核：在规定时间内完成一个测站观测记录计算及水准路线观测记录计算。

(3)准确性考核：高差闭合差小于允许误差，即 $f_{h容}=\pm 10\sqrt{n}\text{mm}$ 或 $f_{h容}=\pm 40\sqrt{L}\text{mm}$；测定点高程与标准值小于允许误差±8mm。

作业成果

普通水准测量手簿

仪器： 日期：

测站	点号	水准尺读数(m)		高差(m)		高程(m)	备注
		后视	前视	+	−		
							A点高程已知
检核计算							

观测员： 记录计算员： 校核员：

水准路线成果整理计算表

点号	测站数	高差(m)	改正值(m)	改正后高差(m)	高程(m)	备注
BM_A						A点高程已知
1						
2						
3						
BM_A						
∑						
辅助计算						

知识链接

水准测量误差

分析水准测量误差产生的原因，是为了防止和减小各类误差，水准测量的误差来源包括仪器结构的不完善、观测者感觉器官的鉴别能力局限，以及外界自然条件的影响等方面。

1. 仪器误差

水准仪虽然经过严格检验和校正，但仍然存在着残余误差，如视准轴与水平线之间仍会残留一个微小的夹角。观测时，尽可能使前、后视距相等，可减少该项误差。

由于水准尺刻划不准确、尺长发生变化、尺身弯曲等原因，会对水准测量造成影响，因此应对水准尺进行定期检校。

2. 观测误差

水准尺倾斜的读数大于尺子竖直的读数，且视线高程越高，产生的读数误差越大。在野外作业，应特别注意扶直水准尺。装有圆水准器的水准尺，读数时应保证气泡居中。

水准尺的毫米位是目估读取的，此项误差与望远镜的放大倍数和视距长度有关。在水准测量中应使用望远镜放大倍数在20倍以上的水准仪，且视距不得超过100m，以保证估读精度。

存在视差时，眼睛与目镜的相对位置不同，读数也不同，从而产生读数误差。读数前必须保证目标成像与十字丝分划板完全重合，以消除视差。

3. 外界条件影响所带来的误差

(1)仪器下沉的影响

仪器安置在土质松软的地面上会发生缓慢下沉现象，致使在一个测站内，仪器水平视线高程慢慢变小，使前视读数减小，从而产生高差误差。测量时应选择坚实的地面安置仪器，并通过熟练的操作，缩短观测时间，减弱仪器下沉对高差的影响。

(2)尺垫下沉影响

如果在转点处发生尺垫下沉，将使下一站后视读数增大。采用往返观测，取两次高差绝对值的平均值作为观测值，可减弱其影响。

(3)地球曲率及大气折光的影响

大地水准面为曲面，只有当水准仪的视线与之平行时，才能测出两点间的真正高差，而水准仪的视线却是水平的，因此地球曲率对仪器的读数也有一定的影响。要减少地球曲率和大气折光对高差影响，一是观测时前、后视距离要尽量相等，使读数中存在误差在高差计算时相抵消；二是由于接近地面的空气密度变化较大，光线折射现象明显，规定视线必须高出地面0.3m以上。

任务 2-3　二等水准测量

任务目标

掌握二等水准测量技术规范；能进行二等水准测量前电子水准仪6个参数设置；能进行二等水准测量前的电子水准仪检查；掌握二等水准测量的观测记录与计算操作规范。

准备工作

(1)准备多条二等闭合水准路线，全长约1.0km，1个已知点和3个待定点，分为4个测段，按二等水准测量规范观测计算3个待定点高程，模拟二等水准测量大赛，90min内按要求完成观测，并提交相关测量成果资料。

(2)4~6人为一实训小组，每小组配备南方电子水准仪DL2007(含木制脚架)1台，2m数码标尺1对，撑杆2个，尺垫(3kg)2个，记录夹1个，铅笔4支，计算器2个，削笔刀1个，橡皮1块，《二等水准测量记录计算成果》1本。

操作流程

1. 了解二等水准测量技术规范

执行《国家一、二等水准测量规范》(GB/T 12897—2006)，具体要求见表2-8。

表 2-8　二等水准测量技术要求

仪器类别	视线长度(m)		前后视距差(m)		任一测站上前后视距累积差(m)		视线高度		数字水准仪两次读数所得高差之差(mm)	数字水准仪重复测量次数	测段、环线闭合差(mm)
	光学	数字	光学	数字	光学	数字	光学	数字			
DSZ1、DS1	≤50	≥3且≤50	≤1.0	≤1.5	≤3.0	≤6.0	≥0.3	≥0.55且≤1.85	≤0.6	≥2	$\leq 4\sqrt{L}$

条码尺长为2m，视线高≤1.85m；若条码尺长为3m，视线高≤2.85m。

2. 参数设置

要求：设置显示时间为“1s”，数据输出为“off”，自动关机为“关”，N次测量为“2”，精密读数为“0.01mm”，数据单位为“m(米)”。

电子水准仪参数设置.mp4

电子水准仪进行二等水准测量前，应对仪器进行相关参数设置，以南方DL2007电子水准仪为例。开机，仪器荧屏进入“主菜单”模式。

(1)按设置键“SET”，仪器荧屏进入“设置”子菜单模式；按光标键，选择“条件参数”子菜单，按确定键“ENT”，仪器荧屏进入“设置条件参数”子菜单模式；按光标键，选择“显示时间”子菜单，按确定键“ENT”，仪器荧屏进入“设置显示时间”子菜单；按数字键“1”，设置“≥1 秒”，按确定键“ENT”，仪器荧屏返回“设置条件参数”子菜单模式状态。即：设置(set)→条件参数→显示时间→1s。

(2)仪器荧屏在“设置条件参数”菜单模式状态，按光标键，选择“数据输出”子菜单，按确定键“ENT”，仪器荧屏进入“设置数据输出”子菜单模式；按光标键，选择“OFF”，按确定键“ENT”，仪器荧屏返回“设置条件参数”子菜单模式状态。即：设置(set)→条件参数→数据输出→OFF。

(3)仪器荧屏在“设置条件参数”菜单模式状态，按光标键，选择“自动关机”子菜单，按确定键“ENT”，仪器荧屏进入“设置自动关机”子菜单模式；按光标键，选择“关”，按确定键“ENT”，仪器荧屏返回“设置条件参数”子菜单模式状态。即：设置(set)→条件参数→自动关机→关。

(4)按返回键“ESC”，仪器荧屏进入“设置”菜单模式；按光标键，选择“测量参数”子菜单，按确定键“ENT”，仪器荧屏进入“设置测量参数”子菜单模式；按光标键，选择“测量模式”子菜单，按确定键“ENT”，仪器荧屏进入“设置测量模式”子菜单模式；按光标键，选择“N 次测量模式”子菜单模式，按确定键“ENT”；按“ESC”键删除原来的数字，按数字键“2”，设置“N=2”，按确定键“ENT”，仪器荧屏返回“设置测量参数”子菜单模式状态。即：设置(set)→测量参数→测量模式→N 次测量→2。

(5)仪器荧屏在“设置测量参数”菜单模式状态，按光标键，选择“最小读数”子菜单，按确定键“ENT”，仪器荧屏进入“设置最小读数”子菜单模式；按光标键，选择“精密 0.01mm”，按确定键“ENT”，仪器荧屏返回“设置测量参数”子菜单模式状态。即：设置(set)→测量参数→最小读数→精密读数→0.01mm。

(6)仪器荧屏返回“设置测量参数”子菜单模式状态；按光标键，选择“数据单位”子菜单，按确定键“ENT”，仪器荧屏进入“设置数据单位”子菜单模式；按光标键，选择“m(米)”，按确定键“ENT”，仪器荧屏返回“设置测量参数”子菜单模式状态。即：设置(set)→测量参数→数据单位→m(米)。

连续按返回键“ESC”，仪器荧屏返回“主菜单”模式。

3. 测量前检查电子水准仪

电子水准仪进行二等水准测量前，应对仪器进行测量前的检查，现以南方 DL2007 电子水准仪为例。

(1)观测前 30min，应将仪器置于露天阴影下，使仪器与外界温度一致，测量前须对数字水准仪进行预热测量，预热测量不少于 20 次。

(2)A、B 两点之间距离约 30m，在 A、B 两点竖条码水准尺。

(3)在距 A 点约 3m 的地方安置仪器，观测 A、B 高差 h_1(表 2-9)。

(4)在距 B 点约 3m 的地方安置仪器，观测 A、B 高差 h_2。

(5)h_1 与 h_2 之差，即 $h_1-h_2\leq\pm0.6$mm，仪器正常；否则，仪器要重新校正。

二等水准测量电子水准仪检查.mp4

表 2-9　二等水准测量手簿

观测日期：　2019　年　8　月　20　日

测站 编号	后距 视距差	前距 累积视距差	方向及 尺号	标尺读数		两次读数之差	备注
				第一次读数	第二次读数		
Ⅰ	3. 7	30. 6	后	121847	121840	7	
			前	136613	136613	0	
	-26. 9	-26. 9	后-前	-014766	-014773	7	
			h_1	-0. 147 70			
Ⅱ	29. 3	5. 0	后	112732	112724	8	
			前	127599	127596	3	
	24. 3	-2. 6	后-前	-014867	-014872	5	
			h_2	-0. 148 70			

$h_1-h_2=-0.14770-(-0.14870)=0.00100(m)>0.6(mm)$，仪器不正常，要重新校正。

4. 二等水准测量观测记录与计算操作规范

(1)1 个测站观测

二等水准测量奇数站的观测记录与计算 . mp4

二等水准测量偶数站的观测记录与计算 . mp4

二等水准测量的观测记录与计算 . mp4

二等水准测量分奇数站、偶数站两种，奇数站为第 1 站、第 3 站、第 5 站……观测读数次序为“后、前、前、后”；偶数站为第 2 站、第 4 站、第 6 站……观测次序为“前、后、后、前”。

①测站安置仪器　在后视、前视两点各竖立一根水准尺，水准仪与水准尺距离即视线长度应在≥3m 且≤50m 范围，在约等距离处安置水准仪(前后视距差≤1. 5m)。打开三脚架并使高度适中，目估架头大致水平，并牢固地架设在地面上。打开仪器箱取出仪器，用连接螺旋将水准仪固连在三脚架头上。

②圆水准器气泡整平　按《水准仪圆水准器气泡整平操作规范》，使水准仪圆水准器气泡居中。

③测站第 1 个读数　若为奇数站，瞄准后视；若为偶数站，瞄准前视。按《水准仪瞄准目标操作规范》，精确瞄准标尺后，按“测量”键，读数，并将第 1 次读数填写在二等水准测量手簿中。若用 2m 的条码水准尺，视线高度必须在≤1. 85m 且≥0. 55m范围。

④测站第 2、3 个读数　若为奇数站，瞄准前视；若为偶数站，瞄准后视。按《水准仪瞄准目标操作规范》，精确瞄准标尺后，按“测量”键，并将第 2 次读数填写在二等水准测量手簿中。再次按“测量”键，将第 3 次读数填写在二等水准测量手簿中。

⑤测站第 4 个读数　若为奇数站，瞄准后视；若为偶数站，瞄准前视。按《水准仪瞄准目标操作规范》，精确瞄准标尺后，按“测量”键，并将第 4 次读数填写在二等水准测量手簿中。

⑥高差计算　两次读数所得高差之差必须≤0.6mm，高差中数按“奇进偶不进”保留5位小数(表2-10)。

(2)允许误差及高程配赋表计算

①二等水准路线各测段测站数须为偶数。

②各测站，后距与前距之差绝对值，即视距差不大于1.5m，累积视距差不大于6.0m，两次标尺读数之差须在±≤0.6mm。

③二等水准路线高差闭合差f_h，在闭合水准路线中，等于各测段高差之和，即$f_h=\sum h_i$，本次实测$f_h=-4.90813-5.67055+3.21924+7.3628=+0.00342$(m)(表2-11)。

④二等水准路线高差闭合差$f_{h容}\leq\pm4\sqrt{L}$mm，L为水准路线长度，单位为千米，不足1km，按1km计算。示例1(表2-11)水准路线总长为537m，即$f_{h容}=\pm4\sqrt{L}=\pm4\sqrt{1}=\pm4$(mm)，$f_h=+0.00342\text{m}\leq f_{h容}$；示例2(表2-12)水准路线总长为1902m，即$f_{h容}=\pm4\sqrt{L}=\pm4\sqrt{1.902}=\pm5.5$(mm)，$f_h=+5.2\text{mm}\leq f_{h容}$。

⑤各测段高差改正数与测段长度成正比，如示例1(表2-11)实测$C1$-$D1$段改正即$v_1=\frac{-0.00342}{537}\times77=-0.00049$。

⑥各测段高差改正数之和等于二等水准路线高差闭合差绝对值，符号相反，示例1各测段高差改正数之和为$-0.00049-0.00061-0.00134-0.00098=-0.00342$，与高差闭合差(+0.00342m)绝对值相等，符号相反。

表2-10　二等水准测量手簿

观测日期：2019年8月25日

测站编号	后距 视距差	前距 累积视距差	方向及尺号	标尺读数 读数	标尺读数 读数	两次读数之差	备注
1	42.7	42.9	后 $A1$	121063	121068	-5	
			前	060257	060263	-6	
	-0.2	-0.2	后-前	+060806	+060805	1	
			h	+0.60806			
2	40.8	41	后	182702	182701	1	
			前	084366	084341	25	
	-0.2	-0.4	后-前	+098336	+098360	-24	
			h	+0.98348			
3	39.6	40	后	110675	110654	21	
			前	150456	150475	-19	
	-0.4	-0.8	后-前	-039781	-039821	40	
			h	-0.39801			
4	41.4	40.6	后	074901	074907	-6	
			前	176462	176474	-12	
	0.8	0	后-前	-101561	-101567	6	
			h	-1.01564			

(续)

测站编号	后距 视距差	前距 累积视距差	方向及尺号	标尺读数 读数	标尺读数 读数	两次读数之差	备注
5	19.9	21	后	071306	071310	-4	
			前	174640	174634	6	
	-1.1	-1.1	后-前	-103334	-103324	-10	
			h	-1.03329			
6	13.4	12.6	后	095488	095485	3	
			前 $B1$	151312	151309	3	
	0.8	-0.3	后-前	-055824	-055824	0	
			h	-0.558 24			

注：高差要写正负号，高差中数和测段高差按"奇进偶不进"保留5位小数。

表 2-11 高程误差配赋表——示例 1

点名	距离(m)	观测高差(m)	改正数(m)	改正后高差(m)	高程(m)
$BM(C1)$					43.130
	77.0	-4.908 13	-0.000 49	-4.908 62	
$D1$					38.221
	96.5	-5.670 55	-0.000 61	-5.671 16	
$A1$					32.550
	209.5	3.219 24	-0.001 34	3.217 90	
$B1$					35.768
	154.0	7.362 86	-0.000 98	7.361 88	
$BM(C1)$					43.130
$\sum$	537.0	+0.003 42	-0.003 42	0	
$W=+3.4$mm　$W_{允}=\pm4\sqrt{L}=\pm4\sqrt{1}=\pm4.0$(mm)					

表 2-12 高程误差配赋表——示例 2

点名	距离(m)	观测高差(m)	改正数(m)	改正后高差(m)	高程(m)
$BM1$					182.034
	435.1	0.124 60	-0.001 20	0.123 40	
$B1$					182.157
	450.3	-0.011 50	-0.001 20	-0.012 70	
$B2$					182.144
	409.6	0.023 80	-0.001 10	0.022 70	
$B3$					182.167
	607.0	-0.131 70	-0.001 70	-0.133 40	
$BM5$					182.034
$\sum$	1902.0	+0.005 20	-0.005 20	0	
$W=+5.2$mm　$W_{允}=\pm4\sqrt{L}=\pm4\sqrt{1.902}=\pm5.5$(mm)					

注意事项

(1) 观测使用赛项组委会规定的仪器设备，2m 标尺，测站视线长度、前后视距差及其累计、视线高度和数字水准仪重复测量次数等按表 2-8 规定；

(2) 参赛队信息只在竞赛成果资料封面规定的位置填写，成果资料内部的任何位置不得填写与竞赛测量数据无关的任何信息；

(3) 竞赛使用 3kg 尺垫，可以不使用撑杆，也可以自带撑杆；

(4) 竞赛过程中，搬站时必须注意仪器、标尺等设备安全，不得影响他队的比赛；

(5) 观测前 30min，应将仪器置于露天阴影下，使仪器与外界温度一致，竞赛前须对数字水准仪进行预热测量，预热测量不少于 20 次；

(6) 竞赛记录及计算均必须使用赛项组委会统一提供的《二等水准测量记录计算成果》本。记录及计算一律使用铅笔填写，记录完整；记录的数字与文字力求清晰，整洁，不得潦草；按测量顺序记录，不空栏；不空页、不撕页；不得转抄成果；不得涂改、就字改字；不得连环涂改；不得用橡皮擦，刀片刮；

(7) 水准路线采用单程观测，每测站读两次高差，奇数站观测水准尺的顺序为：后-前-前-后；偶数站观测水准尺的顺序为：前-后-后-前；

(8) 同一标尺两次读数不设限差，但两次读数所测高差之差应满足表 2-8 规定；

(9) 错误成果与文字应用单横线正规画去，在其上方写上正确的数字与文字，并在备考栏注明原因："测错"或"记错"，计算错误不必注明原因；

(10) 因测站观测误差超限，在本站检查发现后可立即重测，重测必须变换仪器高。若迁站后才发现，应从上一个点(起、闭点或者待定点)起重测；

(11) 错误成果应当正规画去，超限重测的应在备考栏注明"超限"；

(12) 水准路线各测段的测站数必须为偶数；

(13) 每测站的记录和计算全部完成后方可迁站；

(14) 测量员、记录员、扶尺员必须轮换，每人观测 1 测段、记录 1 测段；

(15) 现场完成高程误差配赋计算，不允许使用非赛项执委会提供的计算器；

(16) 竞赛结束，参赛队上交成果的同时，应将仪器脚架收好，计时结束；

水准测量记录计算成果 . pdf

(17) 高程误差配赋计算，距离取位到 0.1m，高差及其改正数取位到 0.000 01m，高程取位到 0.001m。计算格式见表《水准测量记录计算成果》(扫右边二维码)。表中必须写出闭合差和闭合差允许值。计算表可以用橡皮擦，但必须保持整洁，字迹清晰。

考核评价

(1)规范性考核：按以上要求、方法、步骤，对学生的操作进行规范性考核。

(2)熟练性考核：在规定时间内完成二等水准测量1个测站观测记录计算及水准路线观测记录计算。

(3)准确性考核：测站视线长等测站观测数据在限差内，每个测段为偶数，水准路线闭合差小于允许值，待测点高程与标准值比较不超过±5mm。

作业成果

完成外业观测后，在现场完成高程误差配赋计算，并填写高程点成果表。上交测量成果《二等水准测量记录计算成果》。

知识链接

高等职业院校测绘二等水准测量竞赛公开试题为闭合水准路线，全长约为1km，1个已知点和3个待定点，分为4个测段。参赛队现场抽签得到观测水准路线。

习　题

1. 填空题

(1)测定地面点高程的工作称为________。

(2)水准测量就是利用水准仪提供的________测定地面点间的________，然后再由已知点高程推算未知点高程。

(3)从一已知水准点BM_A出发，沿着环形路线测定若干未知高程的点，最后又回到原已知水准点BM_A上，这种路线称为____________。

(4)一般规定已知高程点为后视点，未知点为前视点，后视点A尺上读数a称为________；前视点B尺上读数b称为________。

(5)水准仪望远镜物像与十字丝平面不重合，存在相对移动的现象称为________。

(6)望远镜十字丝交点与物镜光心的连线，称为________。

(7)在水准测量中起传递高程作用的点称为______。

(8)从已知高程点BM_A出发，沿待测若干未知高程的点进行水准测量，最后联测到另一已知高程点BM_B上，这种路线称为____________。

2. 选择题(单选或多选)

(1)水准测量中的转点指的是(　　)。

A. 水准仪所安置的位置　　B. 标杆竖立点

C. 为传递高程所选的立尺点　　D. 待定高程点

(2)水准测量记录表中，如果$\sum h=\sum a-\sum b$，则说明(　　)是正确的。

A. 记录　　B. 计算　　C. 观测　　D. 无法确定

(3) 双面水准尺的黑面是从零开始注记，而红面起始刻划(　　)。

A. 两根都是从 4687 开始

B. 两根都是从 4787 开始

C. 一根从 4687 开始，另一根从 4787 开始

D. 一根从 4677 开始，另一根从 4787 开始

(4) 水准测量中若后视读数小于前视读数为下坡，则高差为(　　)。

A. 正值　　B. 负值　　C. 零值　　D. 无法确定

(5) 水准测量中水准尺倾斜给读数造成的影响是(　　)。

A. 读数偏大　　B. 读数偏小　　C. 读数不变　　D. 无法确定

(6) 水准尺的板尺一般为双面尺，一面是黑白相间的称黑面尺，另一面是红白相间的称(　　)。

A. 红面尺　　B. 白面尺　　C. 双面尺　　D. 塔尺

(7) 水准测量安置水准仪时(　　)。

A. 需要对中　　B. 不需要对中　　C. 可以对中　　D. 应该对中

(8) 自动安平水准仪的构造包括(　　)。

A. 望远镜　　B. 水准器　　C. 基座　　D. 脚架

(9) 水准测量的误差包括(　　)。

A. 仪器误差　　B. 观测误差

C. 外界条件影响所带来的误差　　D. 对中误差

3. 判断题

(1) 在水准测量中相邻前后两站观测中的转点位置不得变动。　(　　)

(2) 望远镜对光螺旋的目的是使目标能成像在十字丝平面上。　(　　)

(3) 水准测量中，通过前后视距离相等可消除视线不水平引起的误差。　(　　)

(4) 读水准尺读数应从小数向大数增加方向读。　(　　)

(5) 水准路线可分为闭合水准路线、附合水准路线和支水准路线、水准网。　(　　)

(6) 水准测量中后视读数大于前视读数为上坡，高差为负值。　(　　)

(7) 望远镜主要包括物镜、目镜、对光螺旋、十字丝分划板等。　(　　)

(8) 自动安平水准仪的构造主要包括望远镜、水准器、基座。　(　　)

(9) 物镜光心与十字丝交点的连线称为视准轴。　(　　)

4. 综合分析题

表 2-13 为普通闭合水准测量观测结果，*A* 点高程已知，求 1、2、3 点的高程。

表 2-13 水准路线成果整理计算表

点名	距离(km)	高差(m)	改正数(m)	改正后高差(m)	高程(m)
A					100.808
	2.2	−4.202			
1					
	1.6	+2.936			
2					
	2.0	+2.938			
3					
	1.8	−1.602			
A					
Σ					
辅助计算					

项目 3　电子经纬仪测量

项目情景

小梁所在公司为开展某乡村振兴农村生态宜居地域特色工程，急需在建设区内建立控制网，为此，公司要求小梁等人尽快测定施工控制点的内角，并用电子经纬仪初步测定相邻控制点之间的边长和高差。

学习目标

【知识目标】

(1) 了解水平角的概念及水平角的观测、计算原理。

(2) 掌握电子经纬仪的基本构造。

(3) 掌握水平角的测算方法。

(4) 掌握天顶角、竖直角的测算方法。

(5) 熟悉用视距测量测算地面上两点间水平距离和高差的方法。

【技能目标】

(1) 能进行电子经纬仪的基本操作。

(2) 能完成电子经纬仪参数设置，准确读取水平角和天顶角读数。

(3) 能测算水平角、竖直角，判断数据精度，校核误差。

(4) 能进行视距测量，完成数据观测，计算水平距离和高差。

距离、角度和高差是确定地面点位的三要素。把地面点测绘到地形图上或把设计图上的点放样到地面上，都必须进行角度测量。电子经纬仪就是根据角度测量原理而制成的测绘仪器，它可以直接测量水平角和天顶角，间接测量水平距离和高差。

任务 3-1　测回法观测水平角

任务目标

了解电子经纬仪构造，理解电子经纬仪键盘功能与信息显示意义；能操作电子经纬仪观测水平角。

准备工作

(1) 熟悉电子经纬仪的基本构造。

(2) 测量实训场设置多条闭合导线，能同时满足若干个实训小组的实训要求。

(3) 4~6 人为一个实训小组，每小组配备电子经纬仪 1 台，配套三脚架 1 套，标杆 2 根，记录板1块，记录表1份，计算器1个，记录笔1支等。

操作流程

1. 认识电子经纬仪部件

电子经纬仪的基本构造.mp4

电子经纬仪虽然因精度的等级或生产厂家不同，具体部件不尽相同，但它们的基本构造相似，均采用了电子测角系统，增加了电子显示屏和操作键盘，能自动显示测量结果，都具备精度高、性能可靠、操作简单等优点，均极大地提高了工作效率。

以南方DT系列电子经纬仪为例，其基本构造与作用如图3-1、表3-1。

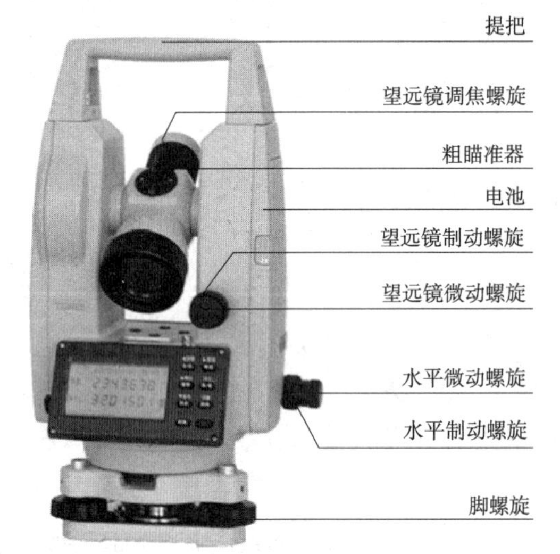

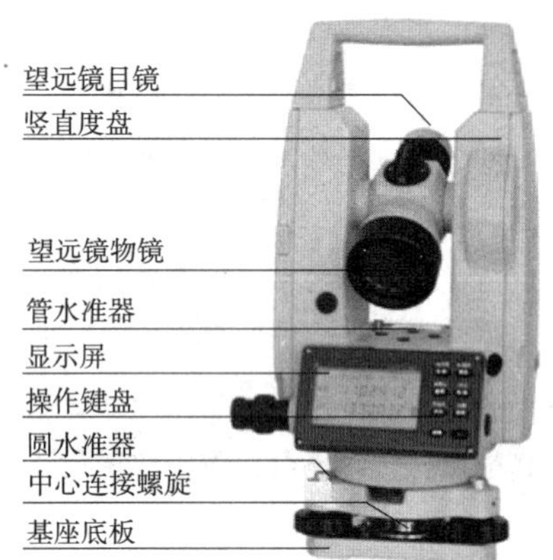

图3-1 经纬仪构造

表3-1 电子经纬仪主要部件的名称及作用

序号	主要部件名称	作用
1	提把	提起、安放仪器
2	望远镜调焦(对光)螺旋	使物像落在十字丝分划板上，清晰成像
3	粗瞄准器	初步锁定目标
4	电池	提供电源
5	望远镜制动螺旋	拧紧该螺旋后，仪器不能在竖直方向自由转动
6	望远镜微动螺旋	拧紧望远镜制动螺旋，再调节该螺旋，仪器在竖直方向会微动，精确照准竖直方向
7	水平微动螺旋	拧紧水平制动螺旋，再调节该螺旋，仪器在水平方向会微动，精确照准水平方向
8	水平制动螺旋	拧紧该螺旋后，仪器不能在水平方向自由转动
9	脚螺旋	整平仪器
10	目镜及其对光螺旋	使十字丝清晰，照准目标

（续）

序号	主要部件名称	作　用
11	竖直度盘	观测竖直角
12	望远镜物镜	看清目标
13	管水准器	精确整平仪器
14	显示屏	显示观测信息
15	操作键盘	通过操作键盘上的按键进行各功能操作
16	圆水准器	粗略整平仪器
17	中心连接螺旋	把仪器和三脚架固定在一起
18	基座底板	支撑仪器并与三脚架固定连接

2. 识读显示屏及经纬仪初始设置

1）经纬仪键盘功能及信息显示

电子经纬仪键盘（图3-2）的按键一般具有双重功能（表3-2），若直接按键，执行该键第一功能，当按“切换”键后，再按其他键，则执行该按键上方注记的第二功能，同时在显示屏上显示不同信息（表3-3）。如按“左/右”键，则执行面板标示的第一功能，“水平$_{右}$”变成“水平$_{左}$”；按“切换”键后，再按“左/右”键，执行键上标示的第二功能存储功能，把当前数据存储到仪器内存中。

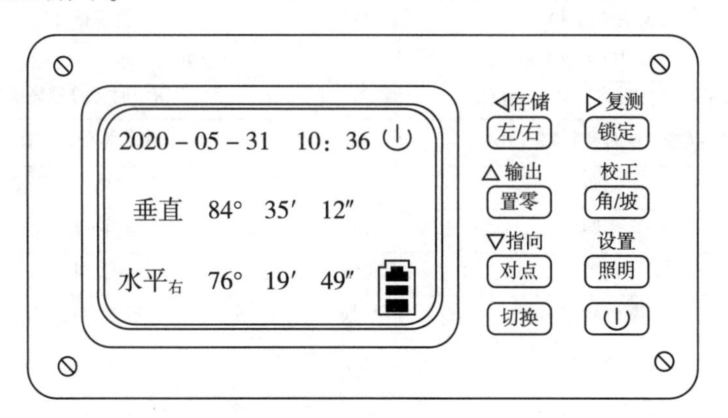

图3-2　电子经纬仪键盘

表3-2　电子经纬仪各按键功能及操作方法

按键	功能	操作方法
◀存储 左/右	左/右 存储（◀）	（1）左旋/右旋水平角增大选择键。 （2）存储键。切换模式下按此键，当前角度闪烁两次，然后当前角度数据存储到内存中。 （3）在特种功能模式中按此键，显示屏中的光标左移

(续)

按键	功能	操作方法
▶复测 锁定	锁定 复测(▶)	(1)水平角锁定键。按此键两次，水平角锁定；再按一次则解除。 (2)复测键。切换模式下按此键进入复测状态。 (3)在特种功能模式中按此键，显示屏中的光标右移
▲输出 置零	置零 输出(▲)	(1)水平角置零键。按此键两次，水平角置零。 (2)输出键。切换模式下按此键，输出当前角度到串口，也可以令电子手簿执行记录。 (3)减量键。在特种功能模式中按此键，显示屏中的光标可向上移动或数字减少
校正 角/坡	角/坡 校正	(1)竖直角和斜率百分比显示转换键。连续按此键交替显示。 (2)切换模式下按此键进入竖盘指标差设置
▼指向 对点	对点 指向(▼)	(1)激光对点键。按一下开，再按一下关。 (2)激光指向键。切换模式下按此键，按一下开，再按一下关。 (3)增量键。在特种功能模式中按此键，显示屏中的光标可向下移动或数字增加
设置 照明	照明设置	(1)望远镜十字丝和显示屏照明键。按一下显示屏照明开启，再按一下照明关闭；长按(3s)十字丝照明开启；再长按(3s)则十字丝照明关。 (2)切换模式下按此键进入初始设置
切换	切换	(1)模式切换键。连续按键，仪器交替进入一种模式，分别执行键盘或面板标示功能。 (2)在特种功能模式中按此键进入初始设置
⏻	电源	电源开关键。按键开机；按键大于2s则关机

表3-3 电子经纬仪信息显示符号

符号	内 容	符号	内 容
垂直	天顶角(ZA)	%	斜率百分比
水平	水平角(HAR或HAL)	G	角度单位：格(gon)(角度采用度及密位时无符号显示)
水平$_{右}$	水平右旋(顺时针)增量(HAR)		
水平$_{左}$	水平左旋(逆时针)增量(HAL)	m	距离单位：米
斜距	斜距	ft	距离单位：英尺
平距	平距	补偿	倾斜补偿功能
高差	高差	锁定	锁定状态
复测	复测状态	切换	第二功能切换
(电池符号)	电池电量	⏻	自动关机标志
(激光对点符号)	激光对点标志	(激光指向符号)	激光指向标志

2)经纬仪初始设置

电子经纬仪具有多项功能，可以满足不同作业的需要。因此，在仪器使用前，应该根据不同工作情况，对仪器采用的功能项目进行初始设置。

(1)设置项目

①角度测量单位 360°、400gon、6400mil(出厂设置为360°)。

②竖直角0°方向的位置 水平方向为0°或天顶方向为0°(出厂设置天顶方向为0°)。

③自动断电关机时间　30min 或 10min(出厂设置为 30min)。

电子经纬仪的初始设置.mp4

④角度最小显示单位　1″或 5″(出厂设置为 1″)。

⑤竖盘指标零点补偿选择　是否自动补偿(出厂设置为自动补偿，无自动补偿的仪器此项无效)。

⑥水平角读数经过 0°、90°、180°、270°象限时是否蜂鸣(出厂设置为蜂鸣)。

⑦激光对中强度等级设置　出厂时设置为 4，强度分为 0、1、2、3、4 共 5 个等级(有激光对中仪器，此项内容有效)。

⑧当前的时间设置　出厂设置为当前时间，时间格式为 YYYY-MM-DD HH：MM，即：年-月-日 小时：分钟。

(2)设置方法

①按“切换”键，使仪器处于切换状态后，再按“照明”键，仪器进入初始设置模式状态，显示器显示设置项目：LASER 0 / 11011110 →闪烁，显示器一行 8 个数字分别表示初始设置的内容(表 3-4)。

表 3-4　电子经纬仪初始设置的内容

数位	数位代码	显示屏上行显示的表示设置内容的字符代码	设置内容
第 1、2 数位	11	359°59′59″	角度单位：360°
	01	399. 99. 99	角度单位：400 格
	00	639. 99	角度单位：6400 密位
	10	359°59′59″	角度单位：360°
第 3 数位	1	$HO_T=0$	竖直角水平为 0°
	0	$HO_T=90$	竖直角天顶为 0°
第 4 数位	1	30　OFF	自动关机时间 30min
	0	10　OFF	自动关机时间 10min
第 5 数位	1	STEP 1	角度最小显示单位 1″
	0	STEP 5	角度最小显示单位 5″
第 6 数位	1	TLT. ON	竖盘自动补偿器打开
	0	TLT. OFF	竖盘自动补偿器关闭
第 7 数位	1	90°BEEP	象限蜂鸣
	0	DIS. BEEP	象限不蜂鸣
第 8 数位*	1~4	LASER 1-4	激光下对点强度等级为 1~4
	0	LASER 0	激光下对点强度等级为 0(无激光)

注：*该设置仅对具有激光下对点功能的经纬仪有效。

②按◀或▶键使闪烁的光标向左或向右移动到要改变的数字位。

③按▲或▼键改变数字，该数字所代表的设置内容在显示器上行以字符代码的形式予以提示。

④重复②和③操作进行其他项目的初始设置，直至全部按需要完成。

⑤设置完成后按“切换”键予以确认，然后仪器进入时间设置界面。

⑥时间格式按“年-月-日-小时：分钟”形式设置。例如，欲设置时间“2020-06-01 00：00”，首先设置年2020，此时时间格式“年”对应的位置光标闪烁，通过按▲或▼键改变数字后，选择确定为2020。再分别按◀或▶键进行月、日、小时、分钟的选择设置，按▲或▼键改变数字减小或增大(注：秒值不用设置)。最后按“切换”键确认，将新的时间存入仪器。

3. 测回法观测水平角

电子经纬仪水平角观测.pdf

在图3-3中，地面点A、1、2、3、A组成一条闭合导线，欲确定各地面点的平面位置，除了要量算各边边长和起始边$A1$的方位角外，还要测算各导线边的内角值β_A、β_1、β_2、β_3。而测回法适用于测量两个方向之间的水平夹角。若要测β_A，就先将电子经纬仪安置在测站点A上，分别照准其后视导线点3和前视导线点1，读取其水平度盘读数，再用前视点1的水平度盘读数减去后视点3的水平度盘读数，即得到该测站点的内角值。

1)测回法测量水平角

电子经纬仪测回法测水平角现场如图3-3所示，包括安置仪器、照准目标、读数、记录、计算等过程，具体操作步骤如下：

(1)明确地面点位置

到实地找地面测角的点标志，如A、1、2、3等，在A点安置仪器，同时在3点和1点竖立标杆。

(2)对中整平(经纬仪对中整平操作规范，可参照全站仪对中整平操作规范)

经纬仪对中整平.pdf

对中是使仪器中心与测站点位于同一铅垂线上；对中允许误差小于3mm。整平是使经纬仪的竖轴竖直，同时水平度盘处于水平位置；整平允许气泡偏离误差小于1格。

①粗对中　在测站点上，如A，打开三脚架伸到适当高度(一般在观测者胸高处)，脚架中心大致对准测站点。打开仪器箱，先仔细观察仪器安放情况，然后一只手持仪器提把，另一只手托基座，将仪器从箱中取出，小心放置到三脚架架头上，一只手稍微倾斜提把，另一只手将三脚架处的中心连接螺旋旋入基座底板的连接孔内，适度拧紧中心连接螺旋，将经纬仪安装到三脚架上。调整光学对中器，使十字丝成像清晰。固定一只架腿，双手握住另外两条架腿，通过光学对中器

的观察孔（或激光对中器的激光下对点）观察测站点的情况，同时调整两条脚架腿的位置（图3-4）。当光学对中器（或激光对中器）的中心点对准测站点时，操作三脚架三条腿都固定到地面上，然后将脚架尖在土中踩实或立稳。

②粗整平　稍微松开脚架螺旋，手卡在脚架伸缩位置，控制脚架伸缩情况，避免仪器损伤。按照圆水准器气泡总处于高处的原则，边观察圆水准器气泡移动方向，边反复调整三条架腿的高度，直到圆水准器气泡大致居中。在操作过程中，一定让脚架尖始终固定在原地，不得移动。

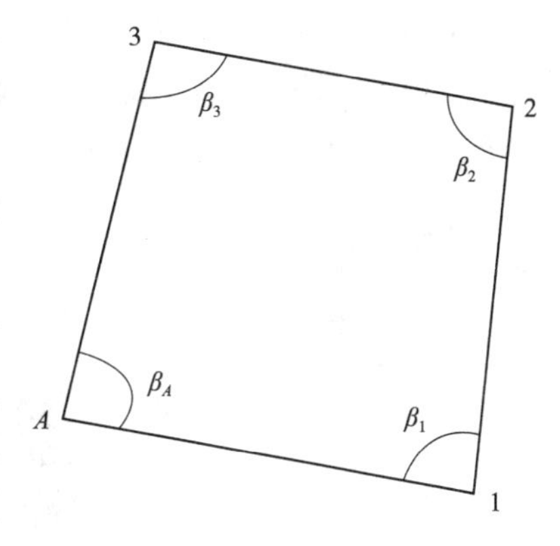

图3-3　闭合导线示意图

③精整平　松开水平制动螺旋，转动仪器，使管水准器平行于任意一对脚螺旋B、C的连线（图3-5A），按照气泡移动方向和左手大拇指运动方向一致的规则，同时向外或向内旋转脚螺旋B与C，使管水准器气泡居中。然后将仪器旋转90°，使其垂直于脚螺旋B、C的连线。向内或向外旋转脚螺旋A，使管水准器气泡居中（图3-5B）。

④精对中　通过光学（或激光）对中器观察光学对中器内十字丝交点（或激光点）与测站点重合情况，若有偏离，则稍微松开中心连接螺旋，平移仪器。移动过程中，不可以旋转仪器，使仪器精确对准测站点。再次拧紧中心连接螺旋，精确对中仪器。

对中和整平过程互相影响，需要反复操作上述步骤至仪器精确对中整平为止。

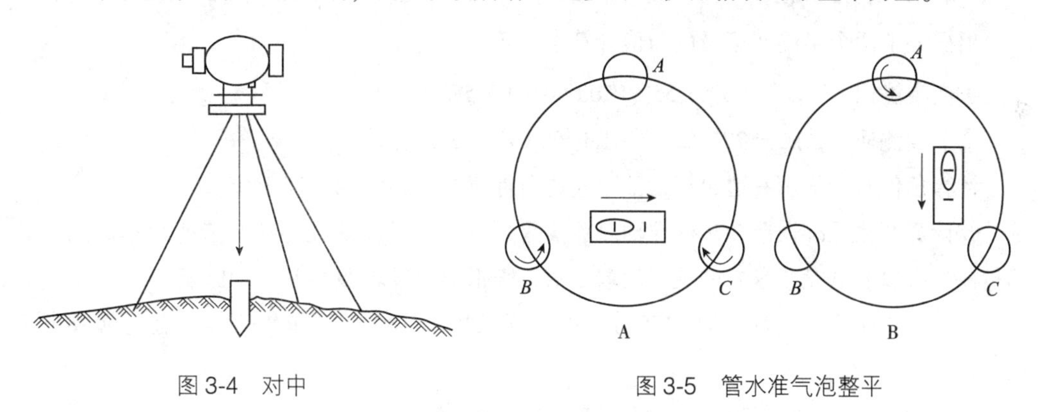

图3-4　对中

图3-5　管水准气泡整平

（3）**照准目标，读数记录**

①照准目标　松开水平制动螺旋和望远镜制动螺旋，将望远镜朝向明亮的背景，转动望远镜目镜调焦螺旋，使十字丝清晰；转动仪器到盘左位置，竖盘在望远镜视线方向的左侧，称为盘左，或正镜；先瞄准左边目标3点，通过望远镜上的粗瞄准器粗略对准目标，拧紧水平制动螺旋及望远镜制动螺旋；转动望远镜调焦螺旋，使目标成像清晰，消除视差；转动水平微动螺旋和望远镜微动螺旋，使十字丝精确对准目标，这时标杆要处于十字丝纵丝中间位置，并且尽可能用十字丝交点瞄准标杆底部（图3-6）。

②记录测站第1个读数　开启电源后，如果在显示屏“垂直”位置显示“b”(图3-7)，则提示仪器的竖轴不垂直。将仪器精确整平后“b”消失，直接显示竖直度盘读数(图3-8)；按“置零”键，显示屏显示0°00′00″，记录读数(表3-5)。

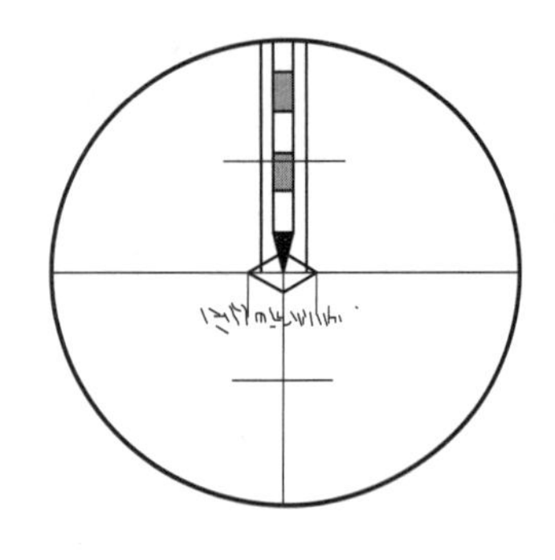

图3-6　照准目标

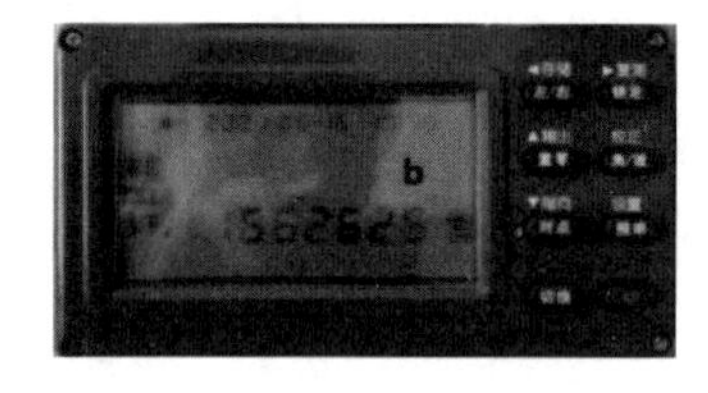

图3-7　仪器不平时的显示屏

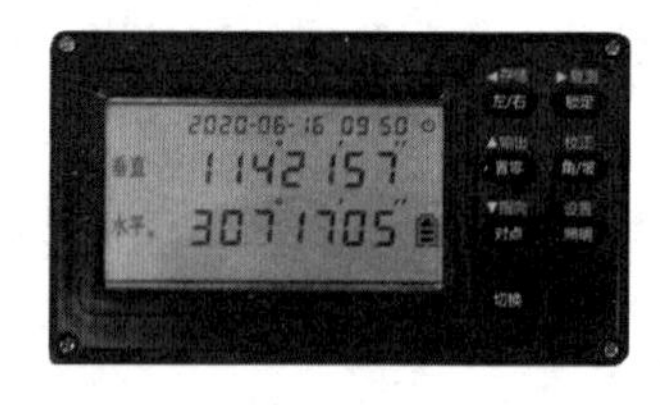

图3-8　显示屏读取水平角

③记录测站第2个读数　顺时针转动仪器照准右边目标1点处竖立的标杆，记录读数，如93°57′55″(表3-5)。以上3个步骤称为上半测回。

④记录测站第3个读数　转动仪器到盘右位置，竖盘在望远镜视线方向的右侧，称为盘右，或倒镜；照准右边目标1点，记录读数，如273°57′42″(表3-5)。

⑤记录测站第4个读数　逆时针转动仪器照准左边目标3点处竖立的标杆，记录读数(表3-5)，如180°00′07″。以上两个步骤称下半测回。

（4）计算水平角

根据上下两个半测回记录的角值计算水平角β_A。

①上半测回　$\angle\beta_{A_{左}}=93°57'55''-0°00'00''=93°57'55''$；

②下半测回　$\angle\beta_{A_{右}}=273°57'42''-180°00'07''=93°57'35''$；

计算角值时，均用右边目标读数减左边目标读数，不够减时加360°。

③计算两倍照准误差$2C$(视准轴照准偏差)值　$2C$是反映经纬仪制造质量和观测质量的指标。可以通过盘左盘右的观测值取中数，来抵消视准轴照准差C的影响。

$2C$=盘左读数-(盘右读数±180°)，盘左读数大于180°时，取“+”号，盘左读数小于180°时，取“-”号。

左目标3：$2C=0°00'00''-(180°00'07''-180°)=-7''$。

右目标1：$2C=93°57'55''-(273°57'42''-180°)=13''$。

若一测回$2C$较差小于30″，则观测结果有效，否则重新观测。

④若$|\beta_{A_{左}}-\beta_{A_{右}}|=|93°57'55''-93°57'35''|=20''\leq24''$，则取平均值作为最后结果。即$\angle\beta_A=(\beta_{A_{左}}+\beta_{A_{右}})\div2=(93°57'55''+93°57'35'')\div2=93°57'45''$。

⑤若$|\beta_{A_{左}}-\beta_{A_{右}}|>24''$，则需要查明原因，重新观测。

2)完成其余角观测

同法完成$\angle\beta_1$、$\angle\beta_2$和$\angle\beta_3$的观测、计算。

表 3-5　水平角(测回法)观测记录计算表

仪器：　　　　　　　　　　　　　　　　　　日期：

测站	目标	竖直度盘位置	水平度盘读数	半测回角值	测角误差	一测回平均角值	备注
			° ′ ″	° ′ ″	″	° ′ ″	
A	3	左	00 00 00	93 57 55	20	93 57 45	合格
	1		93 57 55				
	3	右	180 00 07	93 57 35			
	1		273 57 42				
1	A	左	00 00 00	84 23 36	18	84 23 27	合格
	2		84 23 36				
	A	右	180 00 05	84 23 18			
	2		264 23 23				
2	1	左	00 00 00	78 51 20	10	78 51 15	合格
	3		78 51 20				
	1	右	180 00 15	78 51 10			
	3		258 51 24				
3	2	左	00 00 00	102 48 06	−40		不合格重测
	A		102 48 06				
	2	右	180 00 12	102 48 46			
	A		282 48 58				
3	2	左	00 00 00	102 48 06	−6	102 48 09	合格
	A		102 48 06				
	2	右	180 00 12	102 48 12			
	A		282 48 24				

观测员：　　　　　　　　　记录计算员：　　　　　　　　　校核员：

3) 测量成果

经过外业观测，内角$\angle\beta_A$、$\angle\beta_1$、$\angle\beta_2$、$\angle\beta_3$值记录、计算(表3-5)。

注意事项

(1)作业前应仔细、全面检查仪器，确定电源、仪器各项指标符合观测要求。

(2)阳光下测量时应避免将物镜直接瞄准太阳。若在太阳下作业应安装滤光器。

(3)避免在高温和低温下存放和使用仪器，还应避免温度骤变(使用中气温变化除外)时使用。若仪器工作处的温度与存放处的温度差异太大，应先将仪器留在箱内，直到仪器适应所处工作环境温度后再使用。

(4)不使用时，应将仪器装入箱内，置于干燥处，注意防震、防尘和防潮；若长期不使用，应将仪器的电池卸下分开存放，电池应每月充电一次。

(5)应将仪器装于箱内运输，小心避免挤压、碰撞和剧烈震动，长途运输时最好在箱子周围使用软垫类物品固定。

(6)仪器安装或拆卸时，要一只手先握住仪器提把，以防仪器跌落。

(7)仪器使用完毕后，应用绒布或毛刷清理仪器表面灰尘；仪器被雨水淋湿后，切勿通电开机，应及时用干净软布擦干并在通风处放一段时间；外露光学零部件需要清洁时，应用脱脂棉或镜头纸轻轻擦净。

(8)发现仪器功能异常，非专业维修人员不得擅自拆开仪器，以免发生不必要的损坏。

考核评价

(1)规范性考核：按以上要求、方法、步骤，对学生的操作进行规范性考核。

(2)熟练性考核：在规定时间内完成经纬仪对中整平、照准、读数、记录并计算水平角。

(3)准确性考核：经纬仪一测回观测水平角，2C较差小于30″，上、下半测回较差小于24″。

作业成果

每组上交一份水平角观测记录计算表。

水平角(测回法)观测记录计算表

测站	目标	竖直度盘位置	水平度盘读数	半测回角值	测角误差	一测回平均角值	备注
			° ′ ″	° ′ ″	″	° ′ ″	

仪器：　　　　　　　　　　　　　　　　　　日期：

观测员：　　　　　　　记录计算员：　　　　　　　校核员：

知识链接

水平角测量原理与电子经纬仪主要轴线

1. 水平角

地面上有高度不同的A、B、C点，把这三点沿铅垂线方向投影到同一水平面P上，得到相应的投影点A_1、B_1、C_1，则A_1B_1与B_1C_1的夹角β就是地面上AB与BC两条相交直线的水平角。因此，地面上相交的两条直线投影到水平面上所形成的夹角称为水平角(图3-9)，用β表示，角值范围为0°~360°。

2. 水平角测量原理

为测出水平角β的大小，假设在过B点的铅垂线上任意点B_2处，放置一个按顺时针注记的全圆量角器(相当于水平度盘)，使其中心与 B_2 重合，并放置成水平状态，则度盘与过 BA、BC 的两竖直面相交，交线分别为 B_2A_2 和 B_2C_2，B_2A_2、B_2C_2 在水平度盘上得到的读数，分别设为 a、b，则圆心角 $\beta=b-a$，就是水平角的值(图 3-9)。

角度概念与经纬仪主要轴线 . mp4

3. 电子经纬仪主要轴线

电子经纬仪主要轴线有：横轴、竖轴、水准管轴、视准轴等(图 3-10)。

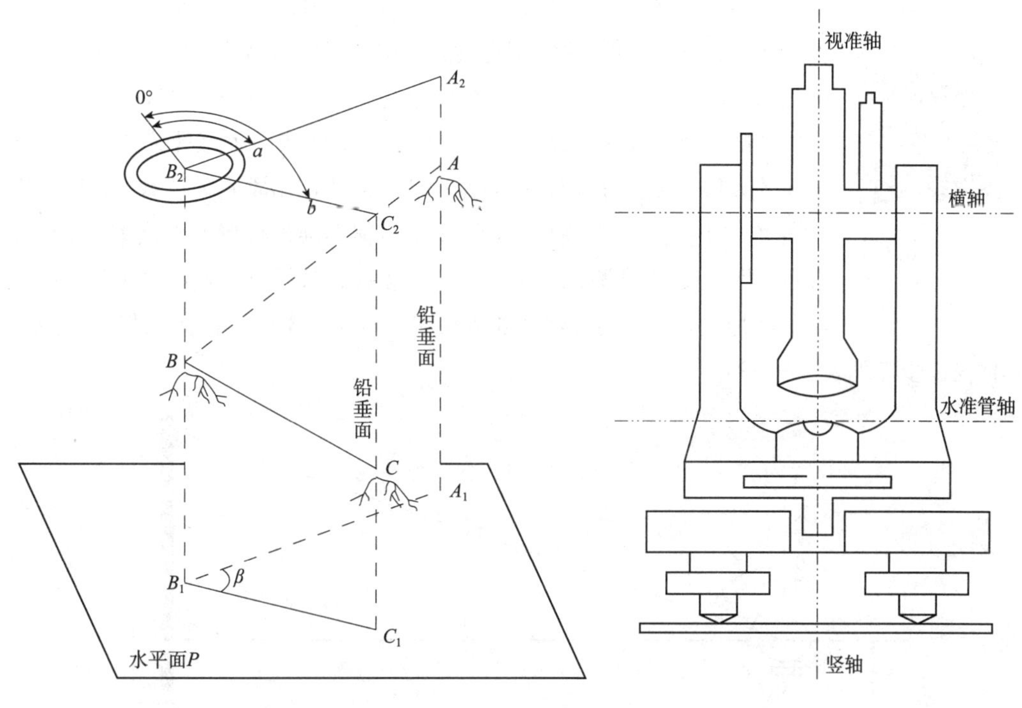

图 3-9　水平角

图 3-10　电子经纬仪主要轴线

①横轴　望远镜旋转的几何中心线称为横轴。

②竖轴　照准部旋转轴的几何中心线称为竖轴。

③水准管轴　在管水准器上刻有间隔为 2mm 的分划线，分划的中点称为水准管零点，通过水准管零点与管水准器内壁圆弧相切的纵向切线称为水准管轴。

④视准轴　十字丝交点和物镜光心的连线称为视准轴。

4 条轴线的关系为：水准管轴垂直于竖轴，视准轴垂直于横轴，横轴垂直于竖轴，十字丝纵丝垂直于横轴。

任务 3-2　观测天顶角

任务目标

熟悉电子经纬仪构造，能准确读取水准尺读数，熟练操作电子经纬仪观测天顶角。

准备工作

(1)测量实训场设置多条直线，能同时满足若干个实习小组的要求。

(2)4~6人为一个实训小组，每小组配备电子经纬仪1台，配套三脚架1套，水准尺1根，记录板1块，记录表1份，计算器1个，记录笔1支等。

操作流程

电子经纬仪天顶角观测.doc

欲测某一直线的天顶角，需在直线一端安置仪器，同时在另一端竖立水准尺。经过对中整平后，先量取仪器高(望远镜旋转中心到地面测站点的垂直距离，简称仪高，用 i 表示)，然后以经纬仪盘左位置照准另一端水准尺，使十字丝中丝准确对准等仪高处，此时在显示屏上读取的垂直处读数 L 就是该直线的天顶角 $Z_{左}$；仪器转动到盘右位，同法测出垂直处读数 R，即为天顶角 $Z_{右}$；用竖直度盘指标差(竖盘指标偏离准确位置的角度差值，用 x 表示)大小反映观测结果的精度。地面上 A 点到 B 点的天顶角 Z_{AB}(图3-11)的观测，需要经过安置仪器、照准、读数、记录、计算等过程，具体操作步骤见表3-6所列。

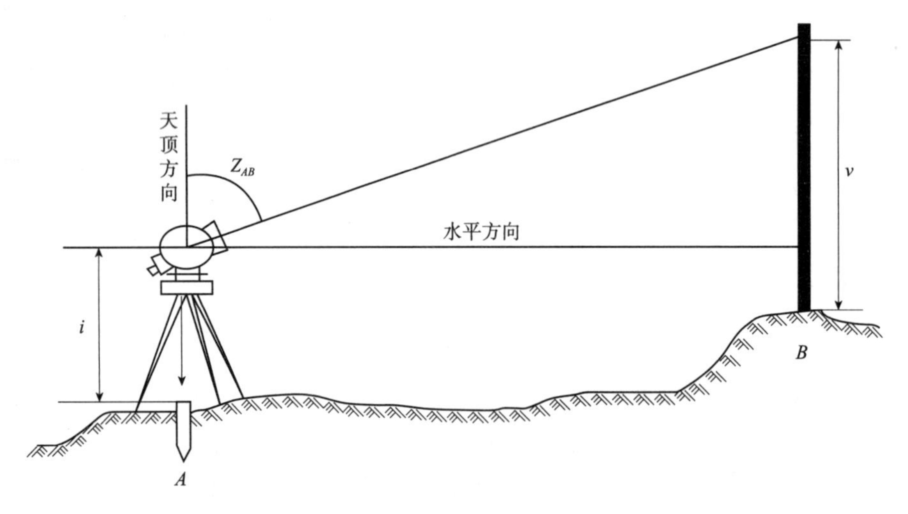

图3-11　天顶角观测

表3-6　电子经纬仪测天顶角步骤

序号	步骤	操作规范及注意事项
1	明确测站点 A、目标点 B	根据点号，找到地面点标志 A、B。在 A 点安置仪器，同时在 B 点竖立水准尺
2	安置仪器	(1)在 A 点安置三脚架，使架头大致水平，3条架腿固定在地面上； (2)从箱中小心取出仪器，用中心连接螺旋将仪器拧紧在三脚架上； (3)对中整平后，量取仪器高 i(从竖直度盘外的仪器中心到地面点标志处)

（续）

序号	步骤	操作规范及注意事项
3	瞄准目标读数记录	(1)转动仪器到盘左位置； (2)瞄准目标 B 点处水准尺上等仪高处； (3)在仪器显示屏上读取盘左竖盘读数 L，如 91°12′38″，填写到表3-7中； (4)用盘右位置照准 B 点水准尺同一位置，同法读取盘右竖盘读数 R，如268°47′29″，填写到表3-7中
4	计算天顶角和竖直度盘指标差	盘左时竖直角：$Z_{左}=L$； 盘右时竖直角：$Z_{右}=360°-R$； 竖直度盘指标差：$x=(R+L-360°)/2$； 若$\lvert x \rvert \leq 10''$，则 $Z=(Z_{左}+Z_{右})/2$；否则，竖盘指标差重新设置后重测
5	计算竖直角和竖直度盘指标差	盘左时竖直角：$\theta_{左}=90°-L$； 盘右时竖直角：$\theta_{右}=R-270°$； 竖直度盘指标差：$x=(R+L-360°)/2$； 若$\lvert x \rvert \leq 10''$，则 $\theta=(\theta_{左}+\theta_{右})/2$，否则，竖盘指标差重新设置后重测

［例3-1］ 根据表3-7中天顶角观测记录，计算天顶角和竖直角(表3-8)。

表3-7 天顶角观测记录计算表

测站	目标	竖直度盘位置	竖盘读数	指标差	一测回天顶角值 Z	备注
			° ′ ″	″	° ′ ″	
A	B	左(L)	91 12 38	+3.5	91 12 34	
		右(R)	268 47 29			

注：角度“秒”取整数，小数点后一位为“5”时，遵循奇进偶退原则。

竖直度盘指标差 $x=(R+L-360°)/2=(91°12'38''+268°47'29''-360°)\div 2=+3.5''$

因为$\lvert x \rvert=3.5''<10''$，则：

$Z=(Z_{左}+Z_{右})/2=(L_{左}+360°-R)/2=(91°12'38''+360°-268°47'29'')\div 2=91°12'34''$

表3-8 竖直角观测记录表

测站	目标	竖直度盘位置	竖盘读数	半测回竖直角	指标差	一测回竖直角值 θ	备注
			° ′ ″	° ′ ″	″	° ′ ″	
A	B	左(L)	91 12 38	−1 12 38	+3.5	−1 12 34	
		右(R)	268 47 29	−1 12 31			

$\theta_{左}=90°-L=90°-91°12'38''=-1°12'38''$

$\theta_{右}=R-270°=R-270°=268°47'29''-270°=-1°12'31''$

$\theta=(\theta_{左}+\theta_{右})/2=[(-1°12'38'')+(-1°12'31'')]\div 2=-1°12'34''$

若$\lvert x \rvert \geq 10''$，则需对竖盘指标差重新设置后重测。

注意事项

(1)作业前应仔细、全面检查仪器，确定电源、仪器各项指标、功能、初始设置均符合要求后，再进行测量。

(2)当激光亮起时，不要用眼睛直视激光光源，以免伤害人的眼睛。

(3)仪器安置的高度要适中，三脚架要踩实，仪器与脚架连接牢固。观测时，不要单眼观测，不要手扶仪器或脚架。转动照准部和使用各个螺旋时，用力要轻。

(4)观测天顶角时，盘左和盘右位一定照准水准尺的同一位置。在照准目标时，水准尺要保持竖直稳定，消除视差。

(5)读数前，目标与十字丝须同时清晰，读数从小往大读，保留3位小数。

考核评价

(1)规范性考核：按以上要求、方法、步骤，对学生的操作进行规范性考核。

(2)熟练性考核：在规定时间内完成经纬仪天顶角观测、记录并计算竖直角。

(3)准确性考核：整平误差小于1格；对中误差小于3mm；竖直度盘指标差小于10″。

作业成果

天顶角观测记录计算表

仪器：　　　　　　　　　　　　　　　　日期：

测站	目标	竖直度盘位置	竖盘读数	指标差	一测回天顶角值 Z	备注
			° ′ ″	″	° ′ ″	
		左				
		右				

观测员：　　　　　　　　记录计算员：　　　　　　　　校核员：

竖直角观测记录表

仪器：　　　　　　　　　　　　　　　　日期：

测站	目标	竖直度盘位置	竖盘读数	半测回竖直角	指标差	一测回竖直角值 θ	备注
			° ′ ″	° ′ ″	″	° ′ ″	
		左					
		右					

观测员：　　　　　　　　记录计算员：　　　　　　　　校核员：

知识链接

天顶角测量原理

在同一竖直面内，某一倾斜视线与天顶方向之间的夹角称为天顶角，用 Z 表示，角值范围为0°~180°(图3-12)。如倾斜视线 OA 的天顶角 $Z=65°13'$。

在同一竖直面内，某一倾斜视线与水平方向之间的夹角称为竖直角，用 θ 表示，角值范围为0°~±90°(图3-12)。视线 OA 向上倾斜，称为仰角，竖直角值 $\theta_1=+24°47'$，为正值；视线 OB 向下倾斜，称为俯角，竖直角值 $\theta_2=-40°12'$，为负值。

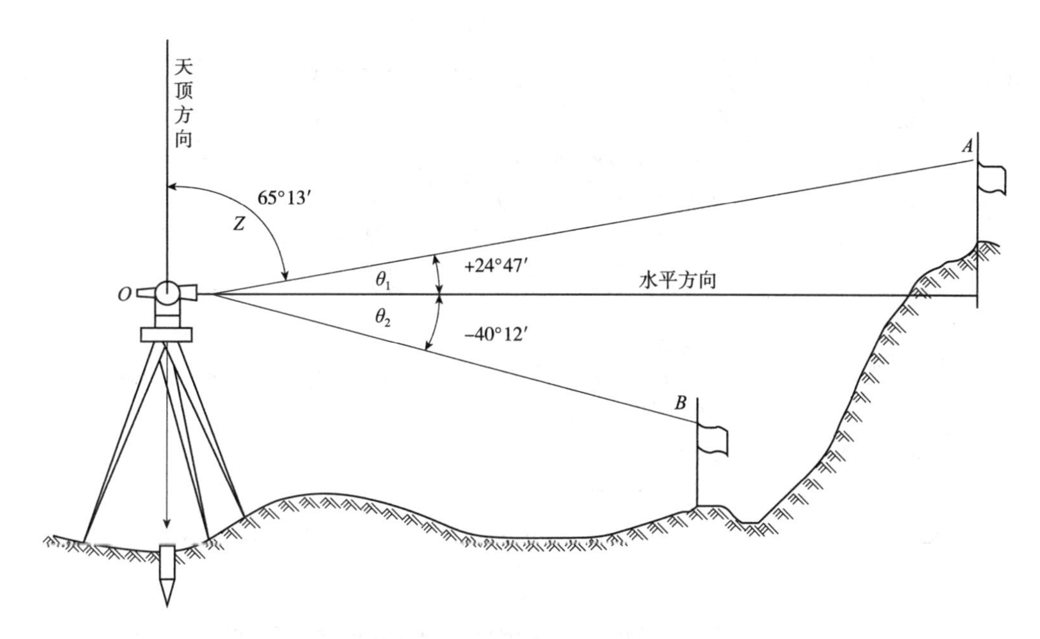

图 3-12　天顶角和竖直角

竖直角 θ 与天顶角 Z 的关系为：$\theta=90°-Z$。

为测出天顶角 Z 的大小(图 3-12)，假设在 O 点所在的竖直面内放置一个具有刻度分划的全圆量角器(相当于竖直度盘)，若其中心通过 O 点，零刻度线与天顶方向重合，则倾斜视线在竖直度盘上的读数就是天顶角。

任务 3-3　观测距离和高差

任务目标

掌握电子经纬仪构造，能准确读取水准尺读数，熟练操作电子经纬仪观测距离和高差。

准备工作

(1)研读《经纬仪水平角观测操作规范》《电子经纬仪天顶角观测操作规范》《经纬仪视距测量操作规范》等文件操作。

(2)测量实训场设置多条具有坡度的直线，能同时满足若干个实习小组的要求。

(3)4~6 人为一个实训小组，每小组配备电子经纬仪 1 台，配套三脚架 1 套，水准尺 1 根，记录板 1 块，记录表 1 份，计算器 1 个，记录笔 1 支等。

经纬仪视距测量观测 . doc

操作流程

测量地面上两点 A、B 之间的水平距离和高差，需要经过安置仪器、照准目标、读数、记录、计算等过程，详见表 3-9。

表 3-9　视距测量步骤

序号	步骤	操作规范及注意事项
1	明确地面点位置	找到地面点 A、B 标志
2	设置测量点	在 A 点安置仪器，同时在 B 点竖立水准尺
3	安置仪器	(1)安置三脚架，使架头大致水平，架头约与胸同高； (2)从箱中小心取出仪器，用中心连接螺旋将仪器拧紧在三脚架上； (3)对中整平，量取仪器高 i(精确到厘米)
4	瞄准目标，读数记录	(1)转动仪器到盘左位置； (2)瞄准目标 B 点处的水准尺； (3)读取上丝读数 m、下丝读数 n(精确到毫米)和横丝读数 v(精确到厘米)；同时读取竖直度盘读数 Z。将观测数据记录到表 3-10 中
5	根据视距测量公式，计算水平距离和高差	水平距 $D=100\times(m-n)\times\sin^2 Z$ 高差 $h=50\times(m-n)\times\sin(2Z)+i-v$
6	计算精度	(1)仪器搬至 B 点，在 A 点处安置水准尺，同时观测 B 点到 A 点的距离和高差。 (2)计算 AB 边往返测水平距离的精度。 $K=\mid D_{AB}-D_{BA}\mid/=1/N$ 若 $K\leqslant 1/200$，则取平均值作为结果，否则应查明原因重测

［例 3-2］　根据表 3-10 中视距测量记录，计算 A、B 两点间水平距离和高差。

表 3-10　视距测量记录计算表

仪器：　　　　　　　　　　　　日期：

测站	测点	仪高	水准尺读数(m)			竖直度盘读数			测算值		水平距离(m)		高差(m)
			上丝	中丝	下丝	°	′	″	水平距	高差	精度 1 : M	平均值	平均值
横序号		①	②	③	④	⑤			⑥	⑦	⑧	⑨	⑩
A	B	1.480	1.833	1.484	1.136	90	13	45	69.699	-0.283	697	69.649	-0.280
B	A	1.501	1.848	1.501	1.152	89	46	20	69.599	0.277			

观测员：　　　　　　　　记录计算员：　　　　　　　　校核员：

视距测量观测记录计算表.xlsx

解：

$$D=100\times(m-n)\times\sin^2 Z=100\times(1.833-1.136)\times(\sin 90°13'45'')^2$$

$$=69.699(\mathrm{m})$$

$$h=50\times(m-n)\times\sin(2Z)+i-v=50\times(1.833-1.136)\times\sin(2\times 90°13'45'')+1.480-1.484$$

$$=-0.283(\mathrm{m})$$

也可利用 Excel 软件将视距测量公式编程，把外业观测的数据依次输入 Excel 表格中，即可自动计算地面上任意两点间的水平距离和高差。

注意事项

(1)需严格参照规范操作仪器。

(2)观测天顶角时，仪器必须整平，否则在经纬仪显示屏上垂直角位置只显示“b”。

(3)照准水准尺时，若调整望远镜微动螺旋，使十字丝横丝准确对准等仪高处，可简化计算步骤。

(4)读取上丝、下丝、横丝读数时，水准尺要保持竖直稳定，消除视差。

(5)整平要准确，测角精度要求越高或边长越短，对中要求越严格；如果观测的目标之间高差大，更要注意仪器的整平。

(6)读数前，目标与十字丝须同时清晰，读数从小往大读，保留3位小数。

考核评价

(1)规范性考核：按以上方法、步骤，对学生的操作进行规范性考核。

(2)熟练性考核：在规定时间内获得正确的仪器高 i、上丝 m、中丝 v、下丝 n、盘左天顶角 Z 5个观测数据，并用三角函数计算器计算出一条边往返测水平距离与高差。

(3)准确性考核：同一条边往返观测水平距离相对误差 $K \leq 1/200$。

作业成果

每组上交一份视距测量观测记录表，包括组内每人测算结果。

视距测量记录表

仪器：　　　　　　　　　　　　　　日期：

测站	测点	仪高(m)	水准尺读数(m)			竖直度盘读数	水平距离(m)			高差(m)		备注
			上丝	中丝	下丝	° ′ ″	测算值	精度	平均值	测算值	平均值	

观测员：　　　　　　　　记录计算员：　　　　　　　　校核员：

知识链接

视距测量原理

视距测量是根据光学和三角测量原理，利用望远镜内十字丝分划板上的视距丝，配合水准尺，间接测算两点间水平距离和高差的方法。普通视距测量精度只有1/300~1/200，但是由于这种方法简便迅速、受地势起伏影响小，因此在碎部测量中应用广泛。

1. 视线水平时视距测量原理

要测地面上 A、B 两点之间的水平距离和高差，先在 A 点安置电子经纬仪，同时在 B 点竖立水准尺，操作仪器使望远镜视线处于水平位置，同时照准 B 点水准尺，此时水平视线与水准尺垂直，如图 3-13 所示。

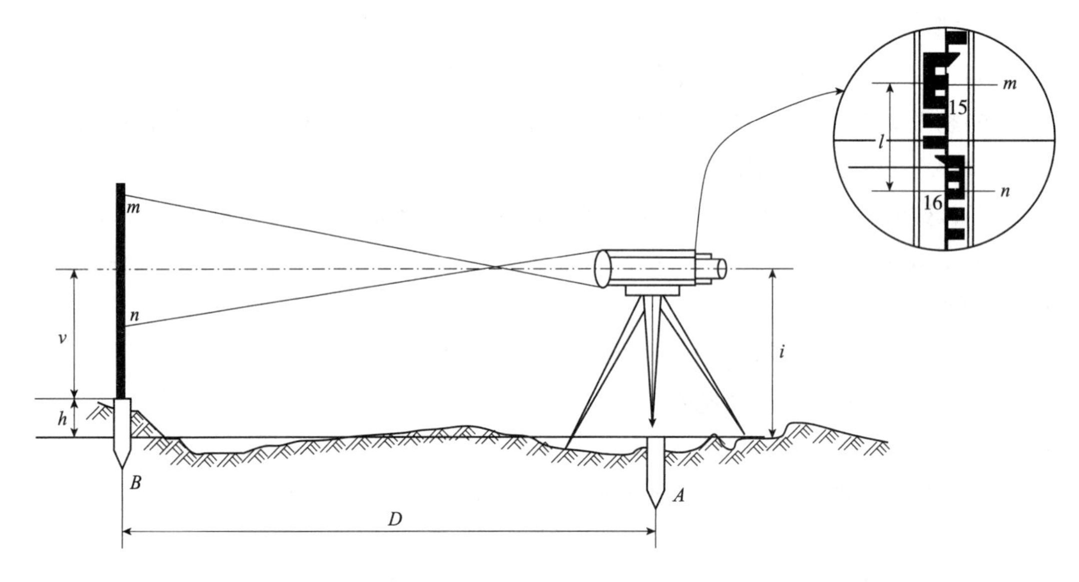

图 3-13 视线水平时的视距测量

根据成像原理，推算出 A、B 两点间的水平距离(D)和高差(h)：

$$D=K\times(m-n) \tag{3-1}$$

$$h=i-v \tag{3-2}$$

式中 D——水平距离；

K——视距乘常数，通常为 100；

m——上丝读数(m)；

n——下丝读数(m)；

h——高差(m)；

i——仪器高(m)；

v——十字丝横丝读数(m)。

图 3-13 中，l 称尺间隔，是 m 和 n 的差。

利用水准仪十字丝分划板上的视距丝测算两点间水平距离，与电子经纬仪视线水平时的视距测量原理、方法相同。

2. 视线倾斜时视距测量原理

欲测算地面上具有一定坡度 A、B 两点之间的水平距离和高差(图 3-14)，将电子经纬仪安置于 A 点，水准尺安置于 B 点。经纬仪对中整平，盘左位照准立在 B 点的水准尺；先读上、下丝读数，再读横丝读数，最后读取竖直度盘读数 Z。将结果代入下列公式：

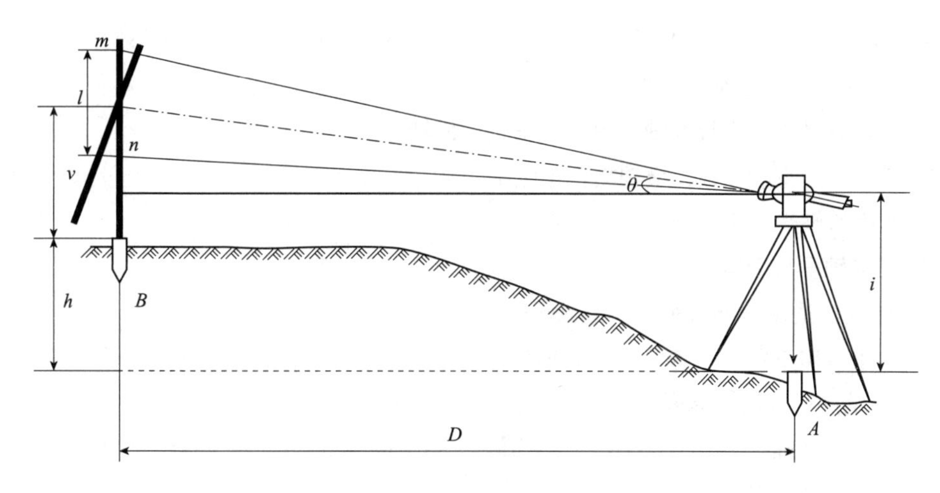

图3-14　视线倾斜时的视距测量

$$D=100\times(m-n)\times\sin^2 Z \quad (3\text{-}3)$$

$$h=50\times(m-n)\times\sin(2Z)+i-v \quad (3\text{-}4)$$

式中　Z——天顶角。

习　题

1. 填空题

（1）地面上相交的两条直线投影到水平面上的夹角称为______，用β表示，角值范围为____________。

（2）在同一竖直面内，倾斜视线与天顶方向之间的夹角称为______，用Z表示，角值范围为____________。

（3）在同一竖直面内，倾斜视线与水平线之间的夹角称为_________，简称竖角，用θ表示，角值范围为__________，视线向上倾斜的竖角度数为_______，称_______；视线向下倾斜的竖角度数为_______，称_______。竖直角θ与天顶角Z的关系为：____________。

（4）竖盘在望远镜视线方向的左侧称为_______。

（5）根据光学和三角测量原理，利用望远镜内的视距丝，配合水准尺，间接测算两点间水平距离和高差的方法，称为_______。

2. 选择题（单选或多选）

（1）水平角的取值范围是（　　）。

A. 0°～180°　　B. 0°～360°　　C. 0°～90°　　D. −90°～+90°

（2）下列选项中不属于电子经纬仪的构成零件的是（　　）。

A. 脚螺旋　　B. 圆水准器　　C. 管水准器　　D. 球臼螺旋

（3）一台合格的经纬仪，其望远镜的视准轴与横轴的关系为（　　）。

A. 平行　B. 垂直　C. 任意角度　D. 不确定

(4)表示经纬仪各轴线关系正确的一组为(　　)。

A. 水准管轴平行于视准轴，视准轴垂直于横轴

B. 视准轴垂直于竖轴，横轴垂直于竖轴

C. 水准管轴平行于横轴，横轴垂直于竖轴

D. 视准轴垂直于横轴，横轴垂直于竖轴

(5)测回法适用于下列哪一种情况。(　　)

A. 两个方向单角　B. 三个方向测角　C. 四个方向测角　D. 任意方向测角

(6)要消除照准误差，应调节(　　)。

A. 物镜对光螺旋　B. 目镜对光螺旋　C. 脚螺旋　D. 脚架高度

(7)经纬仪精平应调节(　　)。

A. 脚螺旋　B. 水平微动螺旋　C. 垂直微动螺旋　D. 脚架高度

(8)经纬仪十字丝不清晰应该调节(　　)。

A. 物镜对光螺旋　B. 水平微动螺旋　C. 垂直微动螺旋　D. 目镜对光螺旋

(9)在用测回法测水平角时，完成了上半测回的观测后，发现水准管气泡有偏移，这时应该(　　)。

A. 继续完成下半测回观测　B. 整平后完成下半测回观测

C. 整平后全部重测　D. 忽略不计

(10)盘右仰视观测电视塔顶的竖盘读数为263°46′，则其竖直角为(　　)。

A. 173°46′　B. 83°46′　C. 6°14′　D. −6°14′

3. 判断题

(1)经纬仪的安置包括整平和照准两项工作。(　　)

(2)经纬仪整平的目的是使视线水平。(　　)

(3)经纬仪精确整平的过程中，气泡运动方向与右手拇指运动方向一致。(　　)

(4)整平经纬仪时，先将经纬仪管水准器平行一对脚螺旋的连线，转动脚螺旋使管水准器气泡居中，再把仪器转动180°，调节另一脚螺旋，使管水准器气泡居中。(　　)

(5)经纬仪观测角度时，竖盘有两个盘位，一个是盘左，一个是盘右。(　　)

(6)竖直角的取值范围是0°~±180°(　　)

(7)当经纬仪望远镜上下移动时，竖直度盘读数会发生改变，而水平度盘读数不变。(　　)

(8)当经纬仪没有整平时，显示屏上垂直角处不显示读数。(　　)

(9)竖直角最大值是90°，可正可负。(　　)

(10)在测量水平角时，对同一目标的观测，盘左和盘右位置所测量的值应该相差180°。(　　)

4. 综合分析题

(1)整理天顶角观测计算记录表。

天顶角观测计算记录表

仪器：　　　　　　　　　　　　　　　　　　　日期：

测站	目标	竖直度盘位置	竖盘读数	指标差	一测回天顶值	备注
			° ′ ″	″	° ′ ″	
O	A	左	92 28 12			
		右	267 32 00			

观测员：　　　　　　　　记录计算员：　　　　　　　　校核员：

(2)整理水平角观测记录表。

水平角(测回法)观测计算记录表

仪器：　　　　　　　　　　　　　　　　　　　日期：

测站	目标	竖直度盘位置	水平度盘读数	半测回角值	测角误差	一测回平均角值	备注
			° ′ ″	° ′ ″	″	° ′ ″	
O_1	A_1	左	0 00 00				O_1 A_1 B_1
	B_1		188 18 16				
	B_1	右	8 18 12				
	A_1		180 00 03				
O_2	A_2	左	0 00 00				A_2 O_2 B_2
	B_2		92 13 57				
	B_2	右	272 14 04				
	A_2		179 59 57				

观测员：　　　　　　　　记录计算员：　　　　　　　　校核员：

(3)完成视距测量观测记录计算表。

视距测量记录计算表

仪器：　　　　　　　　　　　　　　　　　　　日期：

测站	测点	仪高	水准尺读数(m)			竖直度盘读数	水平距离(m)	高差(m)
			上丝	中丝	下丝	° ′ ″		
A	B	1. 505	1. 640	1. 505	1. 360	90 15 43		

观测员：　　　　　　　　记录计算员：　　　　　　　　校核员：

项目 4　全站仪测量

项目情景

根据公司要求，小梁实习小组用电子经纬仪已完成了农村生态宜居地域特色工程区内控制网内角测量，边长与高差也进行了视距观测。经运算，发现误差不符合精度要求。公司决定用另外一种仪器——全站仪，对控制网进行角度、距离及高程测量，要求小梁等人尽快学会使用全站仪，并重新测定工程区内控制点内角、边长及高差。

学习目标

【知识目标】

(1) 了解全站仪构造及使用注意事项。

(2) 理解全站仪键盘功能与信息显示。

【技能目标】

(1) 能进行倾斜改正、竖盘指标零点、参数等设置。

(2) 能操作全站仪观测水平角。

(3) 能操作全站仪观测天顶角、竖直角、水平距离及高差。

(4) 能熟练操作全站仪进行点三维坐标测量。

全站型电子速测仪简称全站仪，它由光电测距仪、电子经纬仪和数据处理系统组成(图 4-1)。全站仪除能自动测距、测角外，还能快速完成一个测站所需完成的其他工作，包括平距、高差、高程、坐标以及放样等方面数据的测量和计算。可以代替电子经纬仪，但不能代替水准仪。

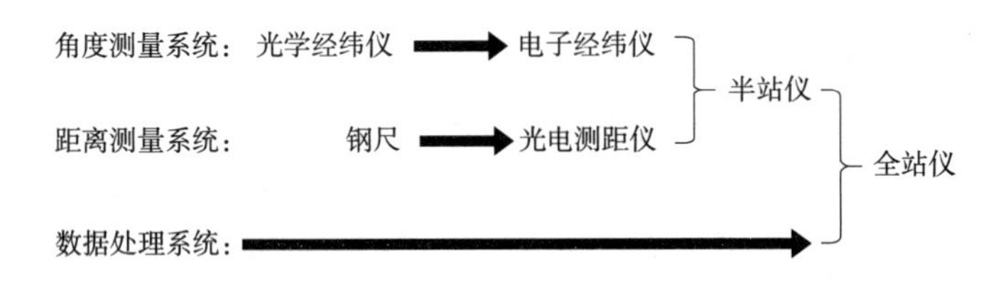

图 4-1　全站仪发展及组成

任务 4-1　角度测量

任务目标

了解全站仪构造，理解全站仪键盘功能与信息显示；熟练掌握全站仪的使用方法，能采用测回法进行水平角观测记录与计算，每个队员至少观测一个内角(图 4-2)，了解闭合导线角度闭合差。

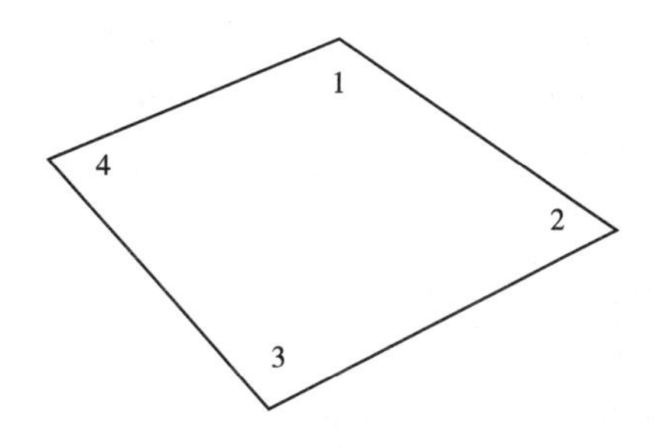

图 4-2　四边形闭合导线

准备工作

(1)测量实训场设置多条闭合导线，同时满足若干个实习小组的要求；

(2)4-6 人为一个实训小组，每小组配备全站仪 1 台、棱镜 2 只、记录表 1 张等。

操作流程

全站仪及其配件 . mp4

1. 认识全站仪部件

(1)全站仪的主要部件名称及作用

全站仪的主要部件(图 4-3)有：望远镜、度盘、望远镜制动和微动螺旋、水平制动和微动螺旋、对中器、显示屏和操作键盘、水准器、电池和基座等，主要部件名称及作用详见表 4-1。

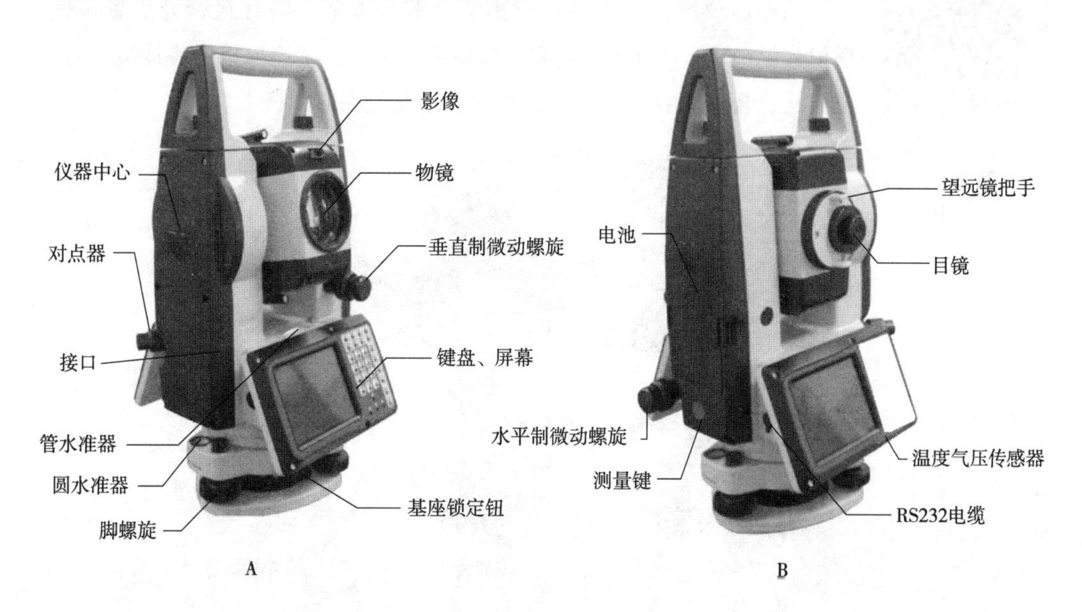

图 4-3　全站仪主要部件名称

表 4-1 主要部件名称及作用

序号	部件名称	组成及作用
1	提手	提拉、安放仪器
2	望远镜	望远镜由物镜、目镜、目镜对光螺旋、内部的调焦透镜和十字丝分划板等组成。用来照准目标
3	粗瞄准器	锁定目标
4	物镜对光螺旋	使物像落在十字丝分划板上
5	目镜对光螺旋	使十字丝清晰
6	水平制动螺旋	拧紧该螺旋后，仪器不能在水平方向自由转动
7	水平微动螺旋	拧紧该螺旋后，再调节该螺旋，仪器在水平方向会微动，准确瞄准水平方向
8	望远镜制动螺旋	拧紧该螺旋后，仪器不能在竖直方向自由转动
9	望远镜微动螺旋	拧紧望远镜制动螺旋后，再调节该螺旋，仪器在竖直方向会微动，准确瞄准目标竖直方向
10	圆水准器	粗平仪器
11	管水准器	精平仪器
12	显示屏	显示信息
13	操作键盘	通过按键进行功能操作
14	对中器	使仪器竖轴的铅垂线与测站点重合，照准测站点
15	脚螺旋	整平仪器
16	中心连接螺旋	把仪器和三脚架固定在一起
17	基座底板	支撑仪器并与三脚架固定连接

全站仪显示屏及操作键盘.mp4

(2)全站仪配件（棱镜）

当全站仪用红外光进行距离测量等作业时，需在目标处放置棱镜。反射棱镜(图4-4)有单棱镜和三棱镜组，可通过基座连接器将棱镜组与基座连接，再安置到三脚架上，也可直接安置在对中杆上。

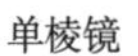

单棱镜

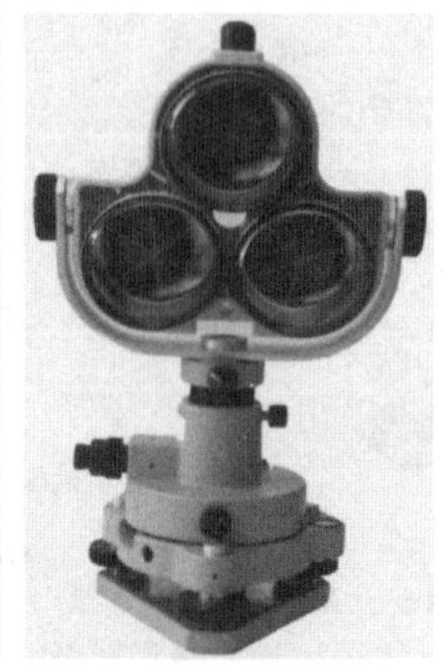

三棱镜组

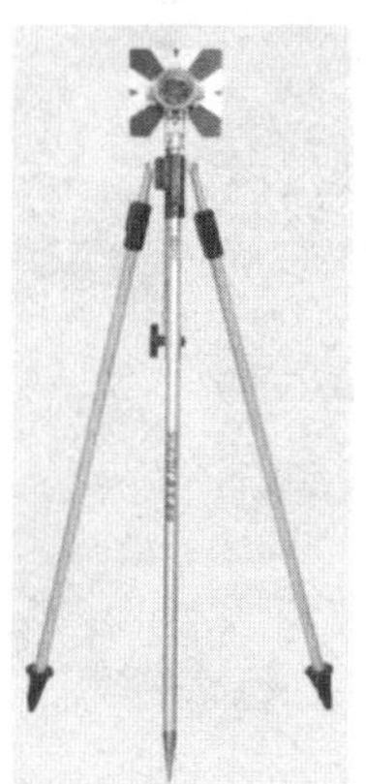

单棱镜组

图 4-4 反射棱镜

2. 认识全站仪的显示屏和面板操作键

显示屏和键盘是全站仪在测量时输入操作指令或数据的硬件(图 4-5)，全站仪的键盘和显示屏均为双面式，便于正、倒镜作业。

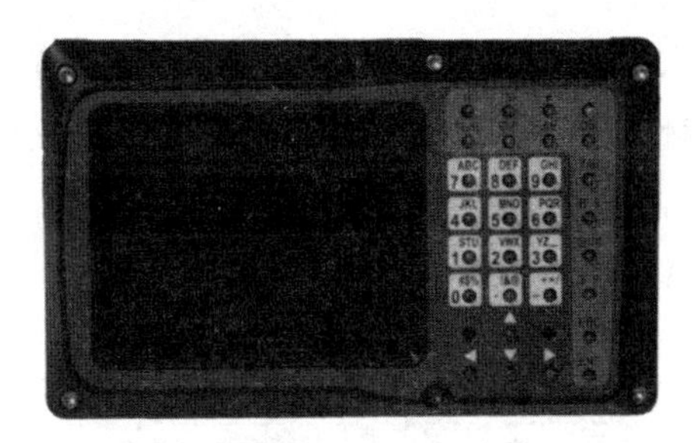

图 4-5　全站仪的显示屏和面板操作键

全站仪的各种螺旋及部件名称与电子经纬仪的基本一致。

（1）面板操作键及其功能（表 4-2）

表 4-2　面板操作键及其功能

按键	功　能
α	输入字符时，在大小写输入之间进行切换
[•]	打开软键盘
★	打开和关闭快捷功能菜单
⏻	电源开关，短按切换不同标签页，长按开关电源
Func	功能键
Ctrl	控制键
Alt	替换键
Del	删除键
Tab	使屏幕的焦点在不同的控件之间切换，按此键可以在屏幕的不同区域之间进行跳转
B. S	退格键
Shift	在输入字符和数字之间进行切换
S. P	空格键
ESC	退出键；此键对应屏幕中的⊗按钮，按下可以返回到上一个页面
ENT	确认键；此键在一些页面下对应✓按钮，保存当前页面的设置及修改
▲▼◀▶	在不同的控件之间进行跳转或者移动光标；按▲▼◀▶键可以在不同的菜单之间进行切换
0—9	输入数字和字母；在主界面下按数字键 1~5 选择对应菜单下的子菜单选项
—	输入负号或者其他字母

(续)

按键	功　能
.	输入小数点
测量键	在特定界面下触发测量功能(此键在仪器侧面)

在输入时先选定要输入的文本框，当看到光标闪烁时开始输入；如果发现触摸屏的点击位置有所偏差，请进行触摸屏的检校；当弹出警告、提示或者错误信息时，请等待1s左右，消息将自动消失，然后可进行下一步的操作。

(2)显示屏显示符号及其含义(表4-3)

表4-3　显示屏显示符号及其含义

显示符号	内　容	显示符号	内　容
V	垂直角	Z	高程
V%	垂直角(坡度显示)	m	以米为距离单位
HR	水平角(右角)	ft	以英尺为距离单位
HL	水平角(左角)	dms	以度分秒为角度单位
HD	水平距离	gon	以格为角度单位
VD	高差	mil	以密位为角度单位
SD	斜距	PSM	棱镜常数(以毫米为单位)
N	北向坐标	PPM	大气改正值
E	东向坐标	PT	点名

(3)角度的显示和输入

除了在常规测量界面下，其他的度数显示格式为(度．分秒)。如12.2345表示12度23分45秒。

当需要输入角度时，输入的格式同上。

(4)显示屏基础功能图标及其含义(表4-4)

表4-4　显示屏功能图标及其含义

功能图标	含　义
SOUTH	点击在图标和当前项目名称之间进行显示切换
	显示电池电量，点击进入电源、背光及声音相关设置
	快捷方式，点击可以快速进行一些常用的设置和操作
	打开或关闭软键盘
19:42	显示当前的时间和日期，点击可以进入时间和日期的设置
	点击显示仪器信息
	不保存当前页面的修改并退回到上一个页面
	保存当前页面所做的修改并退回到上一个页面

3. 安置仪器

在待测角顶点 *O* 安置全站仪，按全站仪对中整平操作规范进行全站仪对中整平，在另外两个待测点 *A*、*B* 分别各安置棱镜或竖立标杆(图 4-6)。

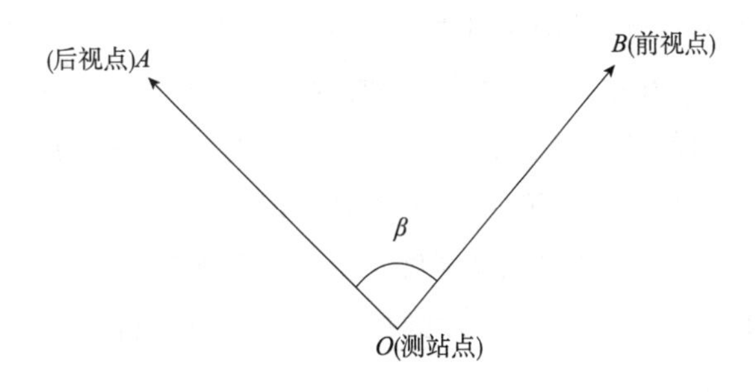

图 4-6　全站仪观测水平角

①安置脚架　松开脚螺旋，将三脚架调到合适高度(一般与胸同高)以便观测，然后拧紧脚架螺旋，目估架头大致水平，中心连接螺旋孔大致对中。

②安置仪器　一手持仪器提把，另一手托基座，安置到三脚架架头中心，将中心连接螺旋旋入基座底板的连接孔内，拧紧中心连接螺旋。

③粗对中　固定三脚架一个脚，双手握住另两个脚，通过对中器找到测站点。

全站仪对中整平 . mp4

④粗整平　升降三脚架使圆水准器气泡大致居中。

⑤准确整平　松开水平制动螺旋，转动仪器，使管水准器平行任意一对脚螺旋①、②的连线(图 4-7)，同时向外或向内旋转脚螺旋①、②(气泡移动方向和左手大拇指运动方向一致)，使管水准器气泡居中。然后将仪器旋转 90°，使管水准器垂直于脚螺旋①、②的连线。仅旋转脚螺旋③，使管水准气泡居中。

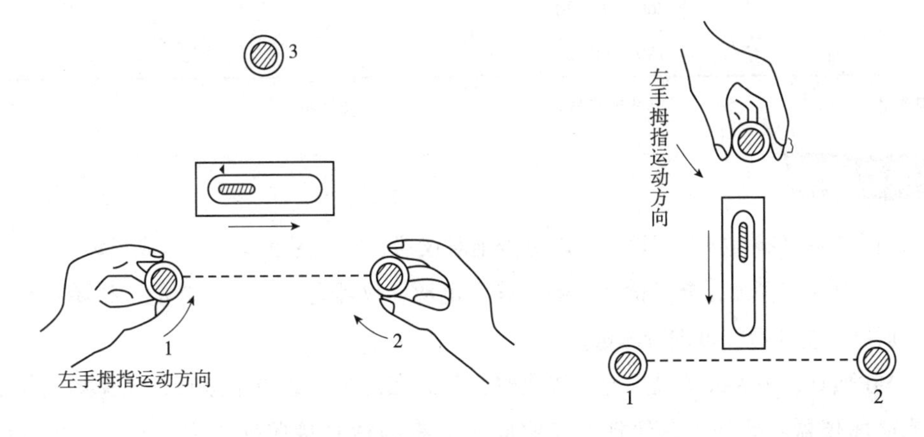

图 4-7　准确整平

⑥准确对中　通过对中器观察测站点和对中器中心点的重合情况，若有偏离，则稍微松开中心连接螺旋，平移仪器，使仪器精确对准测站点，再次拧紧中心连接螺旋。

⑦查校对中整平　重复步骤⑤⑥，直至仪器既精确对中又精确整平为止。

4. 瞄准观测，记录，计算

全站仪水平角观测.mp4

(1)按全站仪瞄准目标操作规范，全站仪以盘左(正镜)瞄准待测角左侧后视点，如图4-6中的A点。

(2)在主菜单按“程序→常规测量→角度测量→R/L”，直至显示HR。再按“设置”，输入角值(如0.0030)，直至显示“HR：0°00′30″”，将读数填写在《水平角(测回法)观测计算记录表》(表4-5)中。

(3)松开水平制动螺旋及望远镜制动螺旋，瞄准待测角右侧前视点，如图4-6中的B点。将此时全站仪水平度盘读数(如80°10′15″)填写在表4-5中。

(4)盘右(倒镜)瞄准待测角右侧前视点，如图4-6中的B点。将此时全站仪水平度盘读数(如260°10′20″)填写在表4-5中。

(5)松开水平制动螺旋及望远镜制动螺旋，瞄准待测角左侧后视点，如图4-6中的A点。将此时全站仪水平度盘读数(如180°00′27″)填写在表4-5中。

(6)计算误差。见表4-5，A方向$2C$较差＝0°00′30″−(180°00′27″−180°)＝3″，小于13″；上、下半测回较差＝80°09′45″−80°09′53″＝−8″，小于9″，观测误差小于允许误差。

表4-5　水平角(测回法)观测记录计算表

仪器：南方NTS342R5A　　　　日期：2019年8月20日

测站	目标	竖直度盘位置	水平度盘读数 ° ′ ″	半测回角值 ° ′ ″	测角误差 ″	一测回平均角值 ° ′ ″	备注
O	A	左	0　00　30	80　09　45	−8	80　09　49	
	B		80　10　15				
	B	右	260　10　20	80　09　53			
	A		180　00　27				

观测员：　　　　记录计算员：　　　　校核员：

注意事项

(1)严禁将仪器直接置于地上，以免沙土对仪器、中心螺旋及螺孔造成损坏。

(2)作业前应仔细、全面检查仪器，确定电源、仪器各项指标、功能、初始设置和改正参数均符合要求后，再进行测量。

(3)在烈日、雨天或潮湿环境下作业时，务必在测伞的遮掩下进行，以免影响仪器的精度或损坏仪器。此外，在烈日下作业应避免将物镜直接照准太阳，若需要可安装滤光镜。

(4)全站仪是精密仪器，务必小心轻放，不使用时应将其装入箱内，置于干燥处，注意防震、防潮、防尘。

(5)若仪器工作处的温度与存放处的温度相差太大，应先将仪器留在箱内，直至它适应环境温度后再使用。

(6)仪器使用完毕，应用绒布或毛刷清除表面灰尘；若被雨淋湿，切勿通电开机，应该用干净的软布轻轻擦干，并放在通风处一段时间。

(7)取下电池前务必关闭电源，否则会造成内部线路的损坏。将仪器放入箱内前，务必把电池取下并按原布局放置，否则可能造成仪器发生故障或电池电能耗尽。关箱时，应确保仪器和箱子内部干燥，如果内部潮湿将会损坏仪器。

(8)若仪器长期不使用，应将电池卸下，并与主机分开存放。电池应每月充电一次。

(9)外露光学件需要清洁时，应用脱脂棉或镜头纸轻轻擦净，切不可使用其他物品擦拭。

(10)仪器运输时应将其置于箱内，运输时应小心，避免挤压、碰撞和剧烈震动。长途运输最好在箱子周围放一些软垫。

(11)若发现仪器功能异常，非专业维修人员不可擅自拆开仪器，以免发生不必要的损坏。

(12)连续直视激光束会有损用眼健康，所以，不要用眼睛盯着激光束看，也不要用激光束指向别人。

考核评价

(1)规范性考核：按以上要求、方法、步骤，对学生的操作进行规范性考核。

(2)熟练性考核：在规定时间内完成全站仪对中整平及一测回观测水平角。

(3)准确性考核：整平误差小于 1 格，对中误差小于 3mm；一测回内 $2C$ 较差小于 13″；同一方向值各测回较差小于 9″。

作业成果

水平角观测计算记录表

仪器：　　　　　　　　　班组：　　　　　　　　　日期：　年　月　日

<table>
<tr><th rowspan="2">测站</th><th rowspan="2">目标</th><th rowspan="2">竖直度盘位置</th><th>水平度盘读数</th><th>半测回角值</th><th>测角误差</th><th>一测回平均角值</th><th rowspan="2">备注</th></tr>
<tr><th>° ′ ″</th><th>° ′ ″</th><th>″</th><th>° ′ ″</th></tr>
<tr><td rowspan="4">1</td><td>2</td><td rowspan="2">左</td><td></td><td rowspan="2"></td><td rowspan="4"></td><td rowspan="4"></td><td rowspan="4"></td></tr>
<tr><td>4</td><td></td></tr>
<tr><td>4</td><td rowspan="2">右</td><td></td><td rowspan="2"></td></tr>
<tr><td>2</td><td></td></tr>
<tr><td rowspan="4">2</td><td>3</td><td rowspan="2">左</td><td></td><td rowspan="2"></td><td rowspan="4"></td><td rowspan="4"></td><td rowspan="4"></td></tr>
<tr><td>1</td><td></td></tr>
<tr><td>1</td><td rowspan="2">右</td><td></td><td rowspan="2"></td></tr>
<tr><td>3</td><td></td></tr>
</table>

（续）

测站	目标	竖直度盘位置	水平度盘读数	半测回角值	测角误差	一测回平均角值	备注
			° ′ ″	° ′ ″	″	° ′ ″	
3	4	左					
	2						
	2	右					
	4						
4	1	左					
	3						
	3	右					
	1						

注：秒保留整数，小数遵守奇进偶不进原则。

观测员：　　　　　　　　记录计算员：　　　　　　　　校核员：

知识链接

1. 全站仪的主要特点

目前工程中所使用的全站仪基本都具备以下主要特点：

①同轴化　全站仪的望远镜实现了视准轴、测距光波的发射、接收光轴同轴化。照准更加快捷、准确。

②倾斜自动补偿　全站仪有双轴（或单轴）倾斜自动补偿系统，可对纵轴的倾斜进行监测，并在度盘读数中对因纵轴倾斜造成的测角误差自动加以改正（个别全站仪纵轴最大倾斜可允许至±6′）。

③控制面板具有人机对话功能　控制面板由键盘和显示屏组成。除照准以外的各种测量功能和参数均可通过键盘来实现。仪器的两侧均有控制面板，操作十分方便。

④机内设有测量应用软件　可以方便地进行三维坐标测量、对边测量、悬高测量、偏心测量、后方交会、放样测量等工作。

⑤具有双路通信功能　可将测量数据传输给电子手簿或外部计算机，也可接受电子手簿和外部计算机的指令和数据。这种传输系统有助于开发专用程序系统，提高数据的可靠性与存储安全性。

2. 全站仪工作原理概述

全站仪是采用电子测角，即电子化、数字化、自动化角度测量，其表现是直接以数字显示角度测量结果，其实质是用一套角码转换系统来代替传统的光学读数系统，也就是采用了光电度盘，将度盘的角值符号变成能被光电器件识别和接收的特定信号，然后再转换成常规的角值，从而实现了读数记录的数字化和自动化。

任务 4-2　距离测量

任务目标

会倾斜改正、竖盘指标零点、相关参数等设置；能操作全站仪观测水平距离及高差，返观测水平距离误差≤5mm。

准备工作

4~6 人为一个实训小组，每个实训小组配备：全站仪(含三脚架)1 台，棱镜 2 只，记录板 1 个，铅笔 1 支，记录表 1 张，计算器 1 个。

操作流程

1. 安置仪器

在待测直线 AB 的起点 A 安置全站仪，对中整平，在 B 点安置棱镜。量出仪器高 x 及棱镜高 v。仪器高 x 是指测站点至仪器横轴的垂直距离，棱镜高 v 是指测点至棱镜中心的垂直距离。

2. 设置仪器

以南方 NTS342R5A 为例，在进行距离测量前，需对全站仪进行如下设置。

1) 天顶角倾斜改正设置

全站仪天顶角倾斜改正设置 . mp4

开机后有 10 个一级菜单，分别是：项目、程序、数据、建站、计算、采集、设置、放样、校准、道路。

天顶角倾斜改正设置具体步骤如下：

①开机，仪器荧屏进入主菜单模式。

②按“设置→角度相关设置”，进入“角度相关设置”对话框。

③按“垂直零位”空格右边下拉键，选择相应设置，如天顶零。

④按“倾斜补偿”空格右边下拉键，选择相应设置，如 XY—开。

⑤按荧屏左下角“√”或键盘右下角“ENT”键，确认以上设置。

2) 竖盘指标零点设置

全站仪竖盘指标零点设置 . mp4

(1) 竖盘指标差的检测

①开机，仪器荧屏进入主菜单模式。

②按“程序→常规测量→角度测量”，盘左瞄准任一清晰目标，如图 4-6中的 A 点，得天顶角盘左读数 $L=70°29'54''$。

③盘右，再次照准 A 点，得天顶角盘右读数 $R=289°26'58''$。

④天顶角方向若为默认设置0°，则竖盘指标差 $i=(L+R-360°)\div2=(70°29'54''+289°26'58''-360°)\div2=-94''$。若 i 的绝对值大于10″，则需对竖盘指标零点重新设置。

(2)竖盘指标零点重新设置步骤

①在主菜单界面按“校准→垂直角基准校正”，进入“垂直零基准”对话框(图4-8)。

②盘左精确照准与仪器同高的远处任一清晰稳定目标。

③固定后，按“盘左”右边的“设置”，出现测角。

④盘右精确照准同一目标 A。

⑤盘左、盘右都完成测量后，按“盘右”右边的“设置”(图4-9)，将显示指标差(图4-10)，按“ENT”键完成检校。

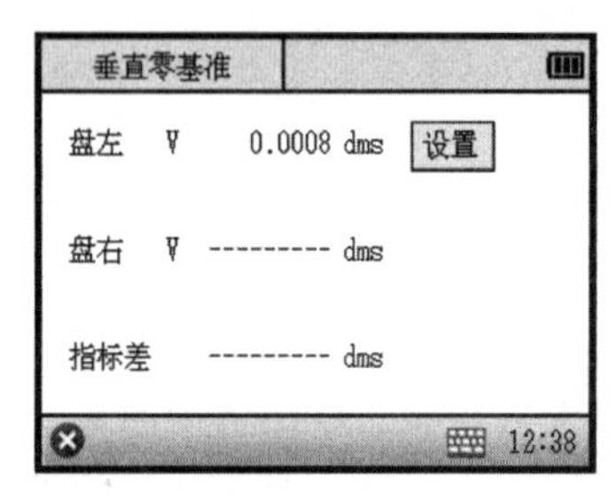

图4-8　垂直零基准重设(盘左)

图4-9　垂直零基准重设(盘右)

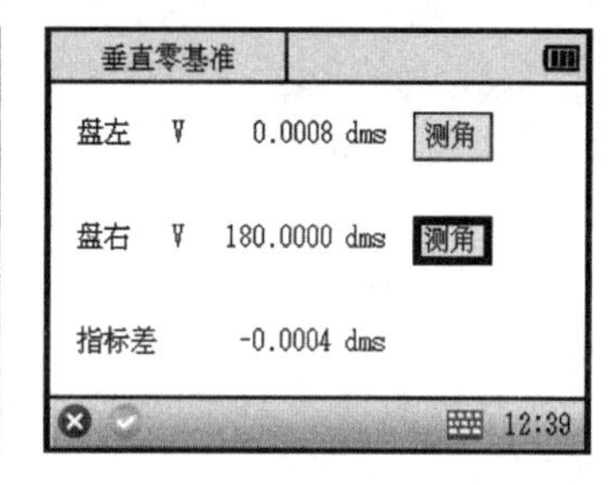

图4-10　垂直零基准重设(指标差)

⑥重新进行竖盘指标差的检测，经反复操作仍不符合要求时，应送厂检修。

零点设置过程中所显示的竖直角是没有经过补偿和修正的值，只供设置中进行参考，不能作他用。

3)距离测量相关参数设置

全站仪距离与高差测量相关参数设置.mp4

进行距离测量之前，应设置好大气改正、棱镜常数改正、测距模式等参数。全站仪所发射的红外光的光速随着大气温度和压力的改变而改变，仪器一旦设置了大气改正值，即可自动对测距结果实施大气改正。距离测量相关参数设置步骤如下：

①开机，仪器荧屏进入主菜单模式。

②按“设置→距离相关设置”，进入“距离相关设置”对话框(图4-11)。

③按“比例尺”右侧空格，设置当前项目比例尺(如1.00000)。

④按“高程”右侧空格，设置当前项目测站位置的高程(如0.000)。

⑤按“T-P改正”空格右边下拉键，选择是否开启温度气压补偿(如选择开)。

⑥按“两差改正”空格右边下拉键，选择相应设置(如选择改正关)。

⑦对测量的模式进行设置，按荧屏中下部“模式”(图4-12)，进入“模式选择”对话框。

⑧按“N次精测”，设置具体的测量次数，例如，设置2，选择“结果平均”。

⑨按屏幕右下方“目标”(图4-13)，进入“目标选择”对话框，根据合作目标选择相应的选项。如果选择“棱镜”为合作目标，则需要设置棱镜常数，如-30mm。

⑩按屏幕左下角选项“√”或键盘右下角“ENT”键，确认以上设置。

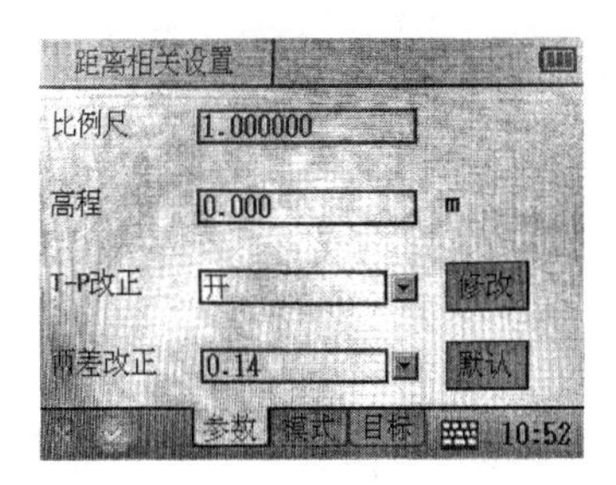

图4-11　距离参数设置

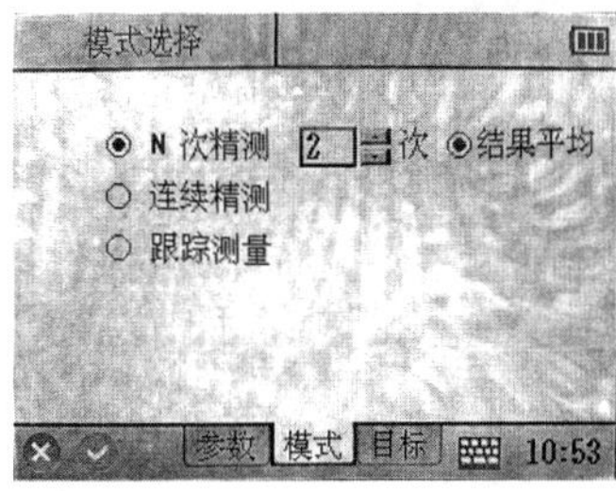

图4-12　距离模式设置

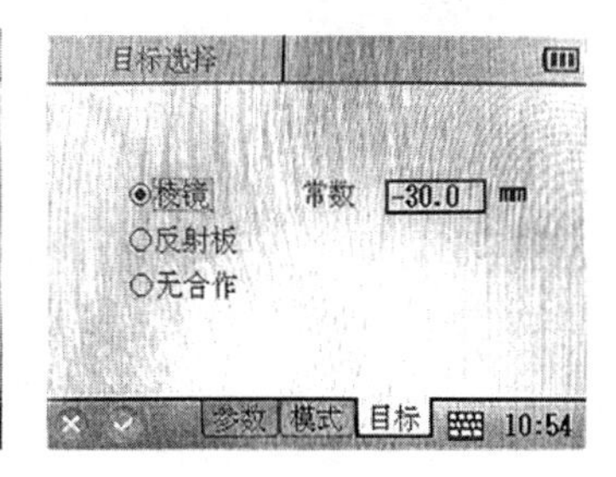

图4-13　距离目标设置

距离与高差测量相关参数及其含义(表4-6)。

表4-6　显示屏功能图标及其含义

功能图标	内　容
显示精度	距离值显示精度(只支持高精度)
比例尺	设置当前项目测站位置的比例尺因子
高程	设置当前项目测站位置的高程
T-P改正	是否开启温度气压补偿
两差改正	设置当前项目对大气折光和地球曲率的影响进行改正的参数
修改	对T-P改正的参数进行修改
默认	将当前设置保存为默认的设置，在新建立项目时将采用当前的设置
N次测量	设置具体的测量次数，可选1~99次
结果平均	是否对N次测量结果进行平差显示
连续精测	进行连续的精测
跟踪测量	进行连续的粗测，速度稍快，精度稍低
棱镜	设置测距合作目标为棱镜
常数	设置棱镜的常数
反射板	设置合作目标为反射板
无合作	设置合作目标为其他物体
长测程	可以棱镜长测程测量

3. 瞄准观测，记录，计算

全站仪距离与高差测量.mp4

1)仪器检查

进行距离测量之前再次检查：仪器已正确地安置在测站点上(如图4-6中的O点)，棱镜安置在目标点上(如图4-6中的A点)，电池已充足电，度盘指标已设置好，大气改正数、棱镜常数改正数和测距模式已正确设置，已准确照准棱镜中心等。

2)测量仪器高及棱镜高

①仪器高x 是指测站点至仪器横轴的垂直距离，如$x=1.390$m。

②棱镜高v 是指目标点至棱镜中心的垂直距离，如$v=1.850$m。

3)瞄准目标观测

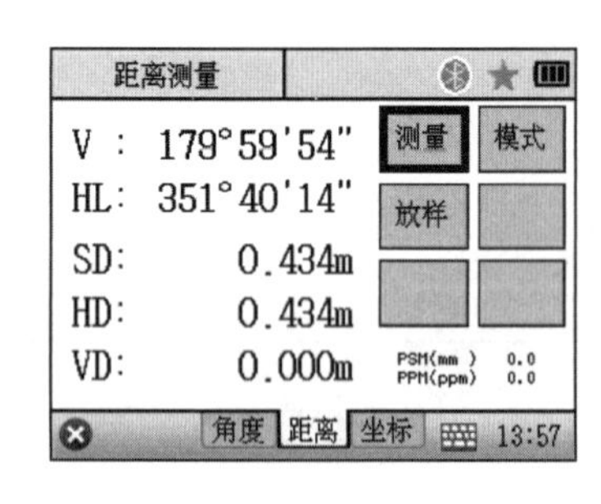

图4-14 距离测量

用盘左瞄准待测点A上的棱镜中心。在主菜单按“程序→常规测量→距离测量→测量”(图4-14)。

“距离测量”界面各参数含义如下：

SD：斜距值；

HD：水平距离值；

VD：垂直距离值；

测量：开始进行距离测量；

模式：进入测量模式设置。

测站点O与目标点A之间的水平距离和高差分别为：

$$D_{OA}=HD=18.347(\text{m})。$$

$$h_{OA}=VD+x-v=0.432+1.390-1.850=-0.028(\text{m})。$$

注意事项

(1)作业前应仔细、全面检查仪器，确定电源、仪器各项指标、功能、初始设置和改正参数均符合要求后，再进行测量。

(2)观测时防止全站仪、棱镜等摔倒落地。

(3)不允许骑在脚架上观测。

考核评价

(1)规范性考核：按以上要求、方法、步骤，对学生的操作进行规范性考核。

(2)熟练性考核：在规定时间内使用全站仪观测、记录、计算一条边水平距离与高差。

(3)准确性考核：同一条边往返观测水平距离较差小于5mm；同一条边往返观测高差

较差小于 $40\times\sqrt{D}$ mm，其中，D 为观测边水平距离，以千米为单位，如 $D=200$m，则允许较差为 $40\times\sqrt{D}=40\times\sqrt{0.2}=18$(mm)。

作业成果

全站仪水平距离及高差观测记录计算表

仪器：　　　　　　　　　　　　班组：　　　　　　　　　　　　日期：　年　月　日

直线	往测(m)				返测(m)				距离平均	平距误差	高差平均	高差误差
	仪器高	棱镜高	平距	高差	仪器高	棱镜高	平距	高差				

观测员：　　　　　　　　　　　　记录计算员：　　　　　　　　　　　　校核员：

知识链接

全站仪的测距有精测、跟踪等模式。精测模式是最常用的测距模式，测量时间约 2.5s，最小显示单位 1mm；跟踪模式常用于跟踪移动目标或放样时连续测距，最小显示一般为 1cm，每次测距时间约 0.3s。在距离测量或坐标测量时，可选择不同的测距模式。

全站仪三维坐标(碎部点)数据采集.mp4

任务 4-3　三维坐标数据采集

任务目标

熟练掌握全站仪安置、建站、测站点校核、点位三维坐标测量，能进行 iData 制图。

准备工作

(1)准备面积约 100m×100m 的观测测图实训场，要求通视条件良好(如小广场)，已知测站点、后视点及校核点 3 个点的二维坐标。

(2)熟悉测图场地范围、地物、地貌。

(3)测图数据采集实训场设置多个测站点、后视点及校核点，同时满足若干个实习小组的要求。

(4)观看《全站仪三维坐标数据采集》视频。

(5)4~6人为一个实训小组，每个实训小组配备：全站仪1套(NTS-342R6A)及配套的棱镜(含基座)1个，2个脚架，2个棱镜，单棱镜杆1根，安装数字测图软件iData的计算机1台，5m钢卷尺1个，计算器2个，外业数据记录夹1个，三角板1副，铅笔4支，削笔刀1个，记号笔1支，橡皮1块。

操作流程

全站仪测量地面点的三维坐标，是通过测站点和后视点的坐标，计算出测站点到后视点的坐标方位角，结合测得的测站点到待测点的坐标方位角和距离，计算出待测点的平面直角坐标；根据输入的测站点高程、仪器高、棱镜高以及测出的平距、天顶角计算出待测点的高程。平面直角坐标和高程，构成待测点的三维坐标。

在进行坐标测量前，须对全站仪进行设置及校准。预先输入仪器高、棱镜高、测站点的坐标及后视方位角或后视点坐标，即可直接测定目标点的三维坐标。

1. 明确测量具体范围

测量小组到现场，明确测区范围，测站点、后视点及校核点3个点的三维坐标值及实地位置。范围内，不能漏测主要地物及主要特征点。

2. 安置仪器

反复校核，确保测站点及后视点无误。安置仪器于控制点，对中、整平，量取仪器高x。将棱镜对中杆竖立于后视点，量取棱镜高v。

3. 新建或打开测量项目

每个项目对应一个文件，必须先建立或打开一个项目才能进行测量和其他操作。每次开机将默认打开上次关机时打开的项目。

具体步骤：项目→新建项目(图4-15)→输入名称、作者、注释(图4-16)→“ENT”键。

每次测量，应先打开文件(图4-17、图4-18)，否则为上次关机时打开的文件。最后，按“ESC”键退回到主菜单。

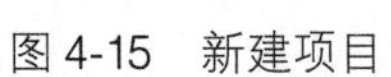
图4-15　新建项目

图4-16　新建项目对话框

图4-17　打开项目

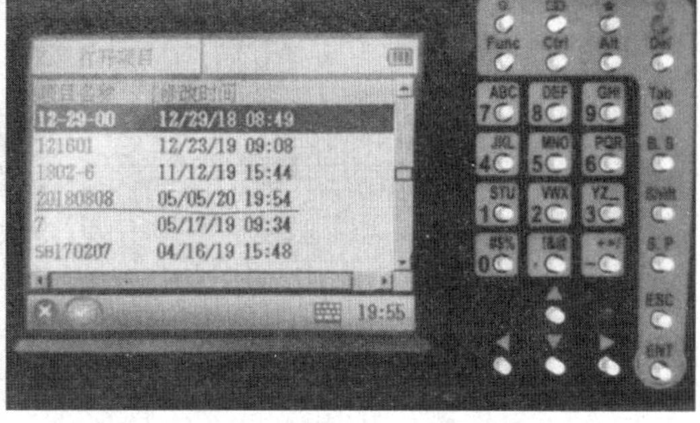

图4-18　选择打开的项目

4. 输入测站点及后视点坐标数据

在全站仪测量中，坐标数据分为测量、输入、计算3种类型。碎部点坐标数据观测前，先输入测站点及后视点坐标数据，并反复校核，确保数据无误。

具体步骤：数据→坐标数据→增加→输入点名(如f001)、坐标(如N36498.381，E49000.651，Z42.769)及后视点坐标数据(如点名814，N36535.697，E48963.210，Z42.746)→“ESC”键(图4-19至图4-26)。

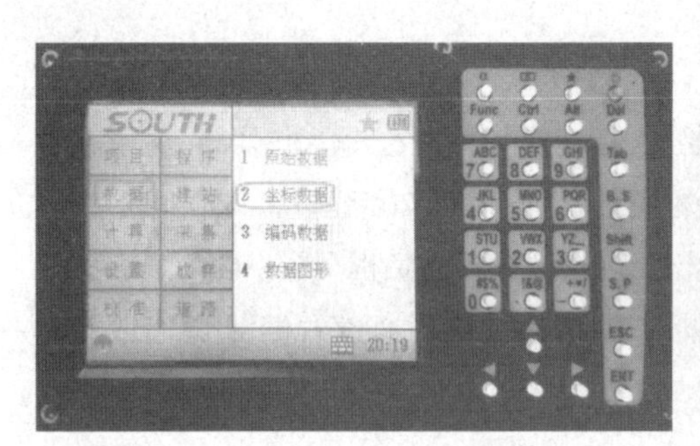

图4-19　打开数据菜单

图4-20　增加坐标数据

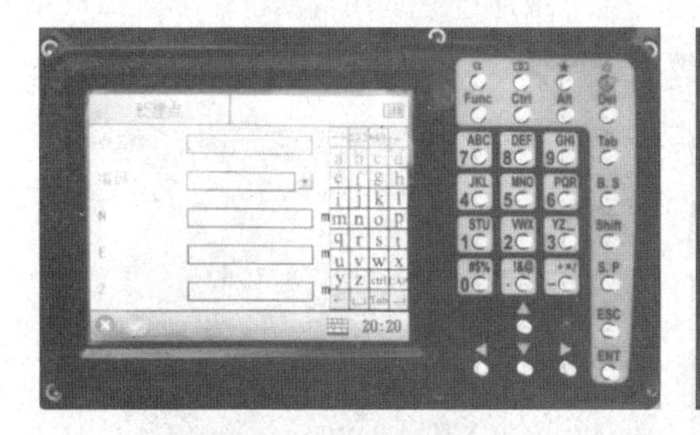

图4-21　新建点

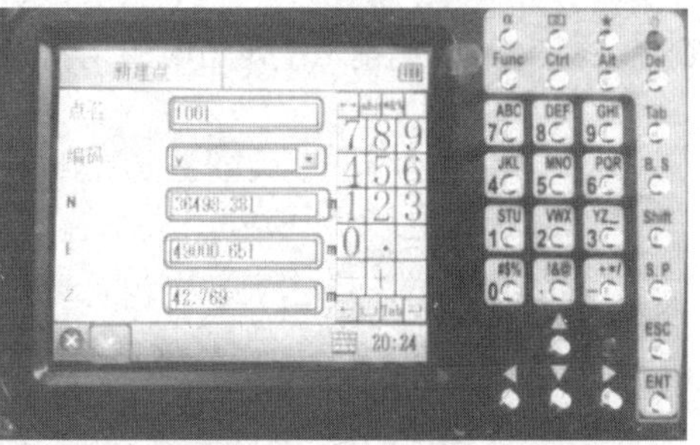

图4-22　输入新建点的坐标数据

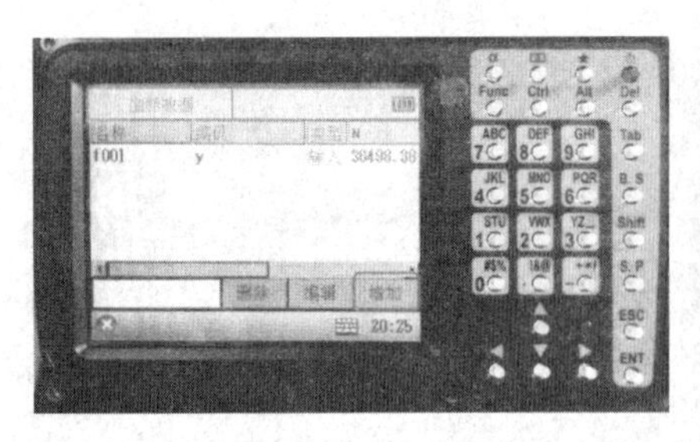

图4-23　增加坐标数据

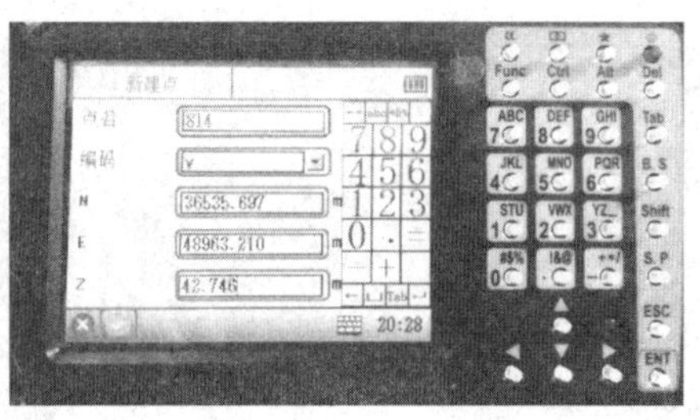

图4-24　输入新建点的坐标数据

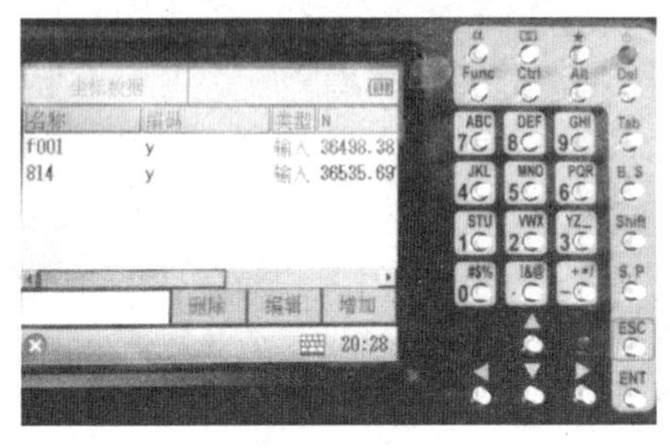

图4-25　坐标数据

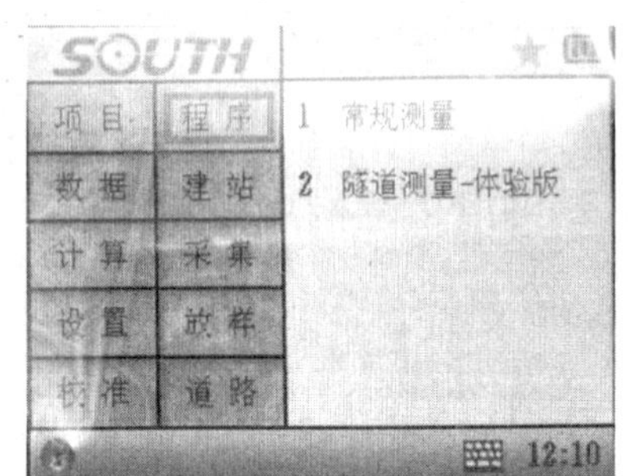

图4-26　主菜单

5. 建站

开始坐标测量之前，需先调用测站点(如f001)、后视点(如814)，输入仪器高x和棱镜高v。仪器高和棱镜高可使用卷尺量取。进行碎部点坐标测量之前，在已知点建站的具体步骤：

①按“建站→已知点建站”(图4-27)，弹出“已知点建站”对话框(图4-28)。

②在“测站”右侧(图4-29)：输入已知测站点的名称，也可通过右侧▼调用或新建一个已知点作为测站点。

③输入仪高：输入当前的仪器高x。

④输入镜高：输入当前的棱镜高v。

⑤在“后视点”右侧输入已知后视点的名称，也可或通过▼调用或新建一个已知点作为后视点(图4-30)。当前HA即当前的水平角度。

图4-27　已知点建站

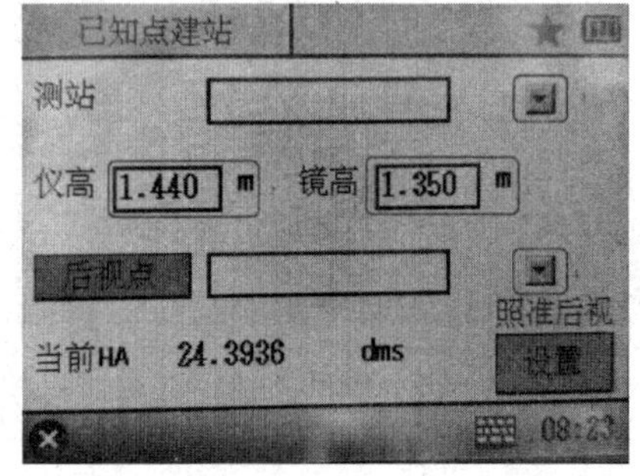

图4-28　已知点建站对话框

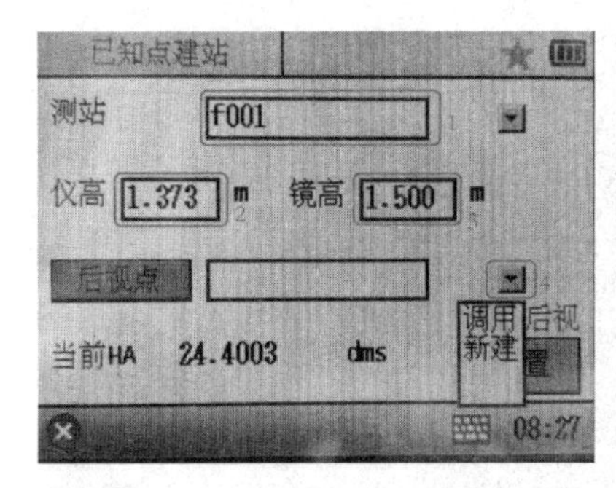

图 4-29　输入测站点数据

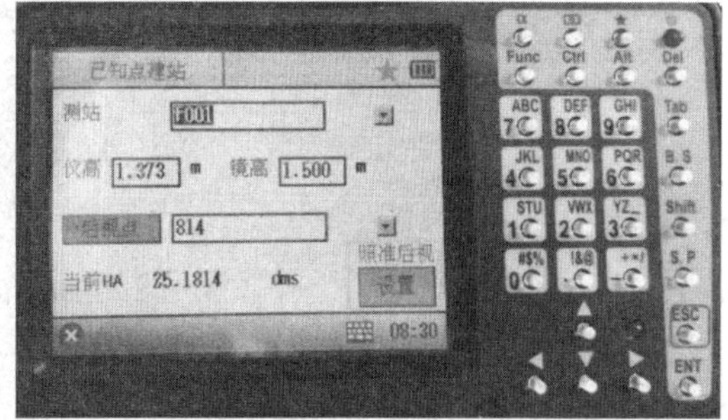

图 4-30　输入后视点、瞄准并设置

⑥瞄准后视点后，按“设置”即完成建站工作。

⑦按“ESC”键退回到主菜单(图 4-31)。

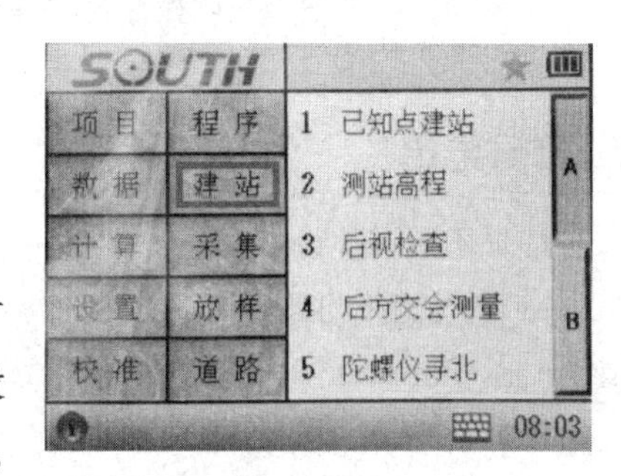

图 4-31　主菜单

6. 特征点三维坐标数据采集

将棱镜按要求立于地物、地貌特征点上，如广场直线转折点，并画出草图。在建立项目文件及设站后，通过数据采集程序可以进行数据采集工作，数据自动保存在现在已打开的文件中。数据采集步骤：项目(新建或打开文件)→建站→采集→点测量。

①将棱镜立于校核坐标点上，按“采集→点测量”(图 4-32)。望远镜瞄准目标后，输入校核点点名，按“测存”。从主菜单，查看“数据”，与校核点已知坐标比较，三维坐标较差均小于 5cm，则可以进行碎部点三维坐标数据采集。

②将棱镜立于地物、地貌特征点上，如广场直线转折点，并画出草图。

③打开显示屏一级菜单，按“采集→点测量”，望远镜瞄准目标后，并输入或更改碎部点点名，输入当前棱镜高，按“测存”(图 4-33)。同法，依次完成其他碎部点三维坐标数据的采集(图 4-34)。按“ESC”键退回主菜单(图 4-35)。

图 4-32　点测量

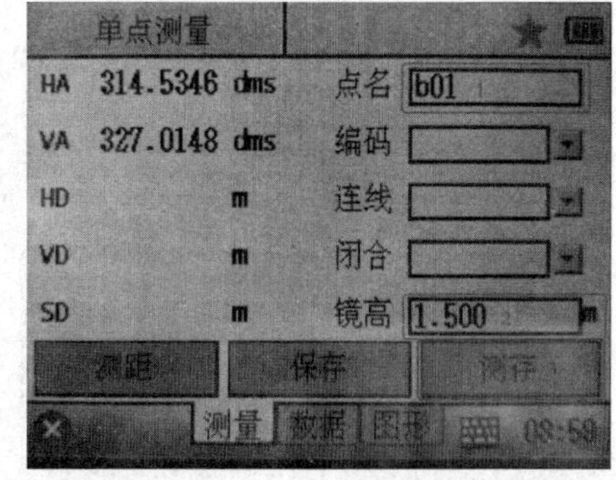

图 4-33　单点测量

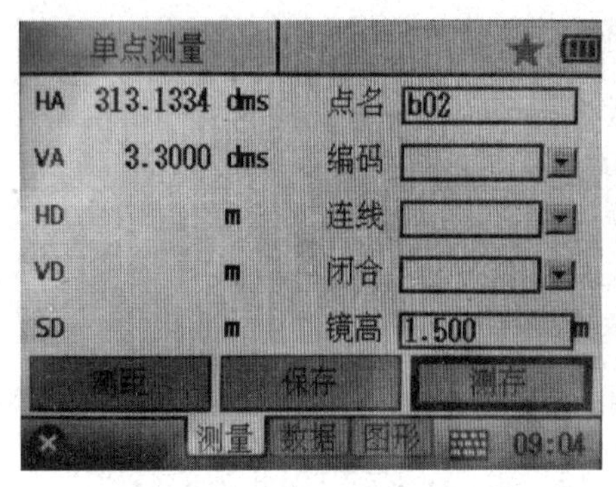

图 4-34 碎部点三维坐标数据的采集

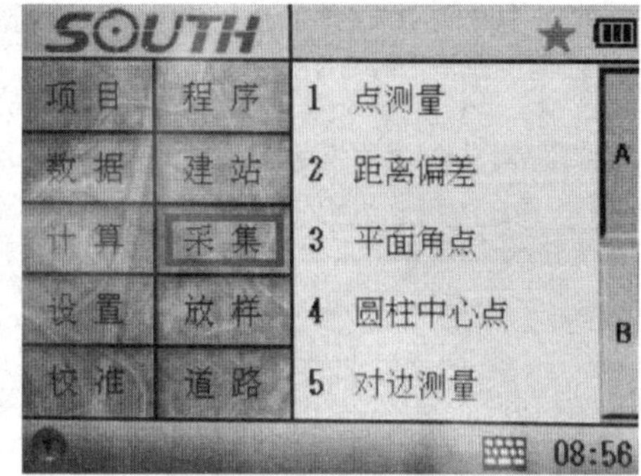

图 4-35 主菜单

7. 数据导出

打开显示屏一级菜单，按“项目→导出”，选择导出位置(如优盘)，选择导出数据类型(如 dxf)，点击“继续”，输入文件名称(如 20180808)，按“导出”，显示“导出成功!”(图 4-36 至图 4-42)。按 ESC 键，退回荧屏一级主菜单，拔出优盘。优盘的数据文件可在 CAD 中打开，并可画图。

根据 iData 菜单及命令绘制广场平面图，详见本任务“拓展延伸”。

图 4-36 数据导出

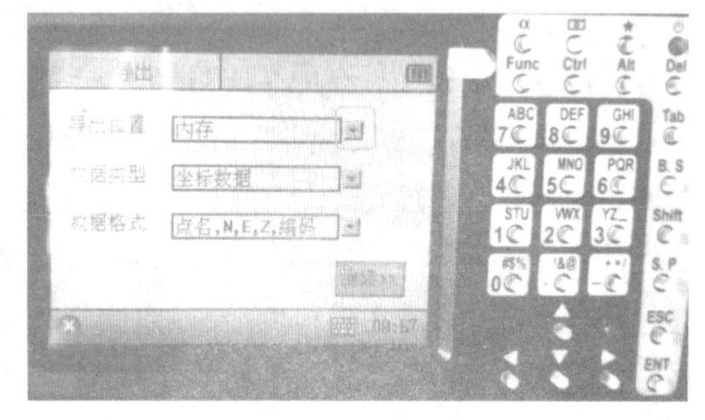

图 4-37 导出对话框

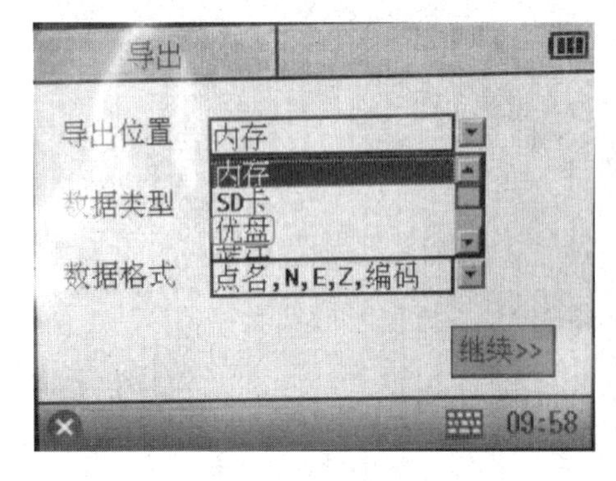

图 4-38 导出位置

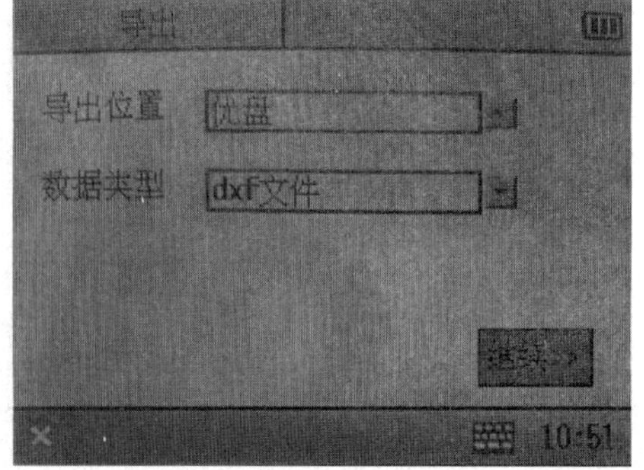

图 4-39 选择出数据类型

图 4-40　输入导出文件名称

图 4-41　导出文件

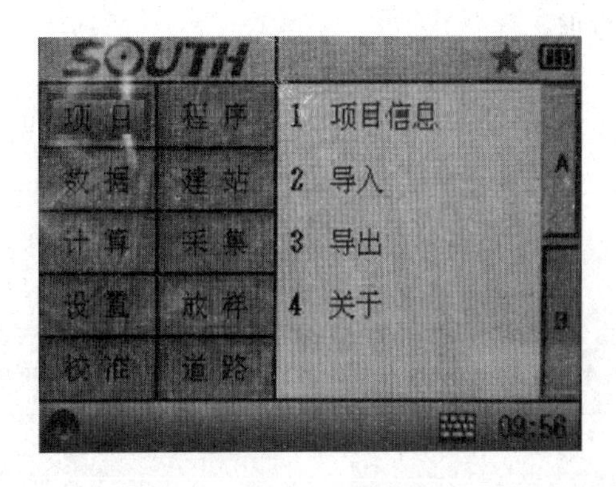

图 4-42　主菜单

注意事项

需严格参照规范操作仪器，切记水平制动螺旋拧紧时，不能大力在水平方向转动全站仪，同样，望远镜制动螺旋拧紧时，不能大力在竖直方向转动望远镜等。

考核评价

(1)规范性考核：按以上要求、方法、步骤，对学生的操作进行规范性考核。

(2)熟练性考核：在规定时间内完成全站仪安置、建站、校核点三维坐标观测、测区外业草图及三维坐标数据采集及测区 iData 制图。

(3)准确性考核：重要地物、地貌点漏测数量；随机抽查 3 个碎部点，要求三维坐标误差小于 5cm。

作业成果

(1)手绘观测碎部点平面图 1 份；

(2)导出数据 dat 格式文件 1 份；

(3)iData 制图文件 1 份。

知识链接

iData制图任务案例

(一)iData绘制地形图

iData绘制地形图.pdf

(二)教学演示示例数据文件

教学演示示例数据——高程点.dat

习 题

1. 填空题

(1)全站仪除能自动测距、测角外,还能快速完成一个测站所需完成的其他工作,包括________、________、________、________以及________等方面数据的测量和计算。

(2)全站仪的望远镜实现了________与测距光波的发射、接收光轴同轴化。

(3)全站仪有倾斜自动补偿系统,可对纵轴的倾斜进行监测,并在度盘读数中对因纵轴倾斜造成的________自动加以改正。

(4)预先输入仪器高、棱镜高、测站点的坐标及后视方位角或后视点坐标,直接测定目标点的三维坐标,称为________。

(5)测站点至仪器横轴的垂直距离,称为________。

2. 选择题(单选或多选)

(1)全站仪由光电测距仪、(　　)和数据处理系统组成。

A. 电子经纬仪　B. 水准仪　C. 罗盘仪　D. 全站仪

(2)全站仪测水平角是读取显示屏上(　　)的数据。

A. V　B. HAR　C. 最上面　D. 最下面

(3)全站仪仪器高是量取到(　　)。

A. 目镜处　B. 物镜处　C. 竖盘旁十字交叉点处　D. 最下面

(4)全站仪测坐标时，当输入测站点和后视点坐标数据后，仪器(　　)算出测点到后视点的坐标方位角。

A. 不能　　B. 不可能　　C. 不一定能　　D. 能

(5)设置方位角时，若想输入33°43′53″，应用数字键输入(　　)。

A. 33. 43. 53　　B. 33. 4353　　C. 33 43 53　　D. 33°43′53″

(6)全站仪可以代替(　　)。

A. 光学经纬仪　　B. 电子经纬仪　　C. 微倾水准仪　　D. 自动安平水准仪

(7)全站仪可以测量(　　)。

A. 平距　　B. 高程　　C. 曲线距离　　D. 直线距离

(8)全站仪的螺旋有(　　)。

A. 水平制动螺旋　　B. 水平微动螺旋　　C. 望远镜制动螺旋　　D. 对光螺旋

(9)用全站仪测两点间水平距离和高差时，需(　　)。

A. 量取仪器高　　B. 量取棱镜高　　C. 输入测站点坐标　　D. 输入后视点坐标

(10)全站仪由(　　)等组成。

A. 测角系统　　B. 测距系统　　C. 数据处理系统　　D. 自动安平水准仪

3. 判断题

(1)全站仪是一种集光、机、电为一体的新型测角测距仪器。(　　)

(2)全站仪测量时，N、E、Z分别表示地面点纵坐标、横坐标和高程。(　　)

(3)全站仪有自动补偿装置，所以安置仪器时，只需要对中，不需要整平。(　　)

(4)全站仪测量时，望远镜十字丝中心应对准棱镜中心。(　　)

(5)竖盘指标零点设置，盘左与盘右瞄准的目标不一定是同一目标。(　　)

(6)测距模式有N次精测、连续精测、跟踪测量等。(　　)

项目 5　点位测量

项目情景

小梁所在实习公司，接到一个面积较大的乡村振兴生态宜居建设项目，区内地物地貌图纸、已知点基本没有，公司决定先对区内关键点位的平面位置及高程进行精确测量，再用全球导航卫星系统配合全站仪测绘区内地物地貌，在保留乡村特色风貌、传统民居、古树名木和历史文化古迹的基础上，按照县乡两级国土空间规划中确定的用途管制和建设管理要求编制规划与建设。

学习目标

【知识目标】

(1)了解地物地貌特征点、平面控制测量与高程控制测量等概念。

(2)理解导线边方位角推算、导线角度闭合差计算与调整、坐标增量闭合差计算与调整等内业工作。

(3)了解 RTK 测量系统构成。

(4)掌握 RTK 主机工作模式设置、参数转换。

(5)掌握 RTK 采集数据步骤。

(6)了解 CASS 制图。

【技能目标】

(1)能熟练进行一级导线测量。

(2)能熟练操作 RTK 进行碎部点三维坐标数据采集，会 CASS 制图。

根据测量工作原则，可将点位测量分为控制点测量与碎部点测量。控制点测量可分为平面控制测量与高程控制测量；碎部点测量根据使用仪器不同，可采用经纬仪、全站仪、三维激光扫描仪和全球卫星导航定位等技术方法。本项目学习用导线测量的方法进行平面控制测量，用全球卫星导航(Global Navigation Satellite System，GNSS)实时动态测量技术(Real Time Kinematic，RTK)进行碎部点三维坐标测量。

任务 5-1　导线测量

任务目标

理解一级导线测量基本技术要求，掌握一级导线外业观测，能进行一级导线业内计算。

准备工作

(1)测量实训场设置多条一级导线，可设计为附合路线(图 5-1)，导线路线经过 2 个指定未知点(如 P_1、P_2)，为每队提供两个互相通视的平面控制点(如 A、B)，作为附合导线的起、闭点，并互相作为定向点，导线边长 100~200m。要求各队在规定的时间内，完成路线测量，计算出待定点(如 P_1、P_2)的坐标。观测记录及坐标计算均在《导线测量记录计算成果》上进行，现场完成所有计算，实训结束上交《导线测量记录计算成果》。同时满足若干个实习小组的要求。

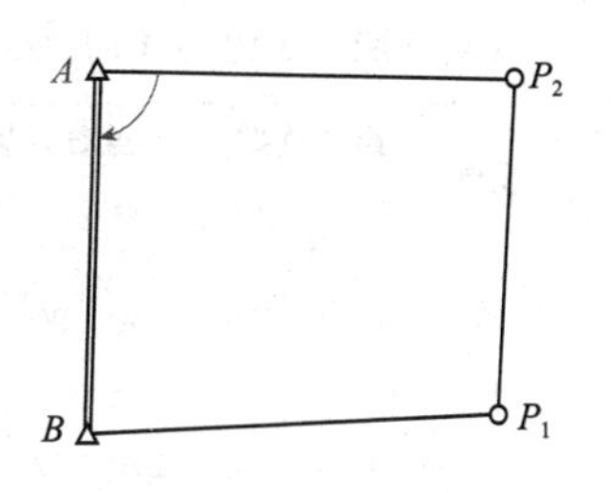

图 5-1 一级导线测量

(2)4~6 人为一个实训组，每小组配备 2″级全站仪(如南方测绘全站仪 NTS-342R6A)及配套的棱镜(含基座)2 个、三脚架 3 个，安装 Excel 软件的计算机 1 台，计算器 2 个，外业数据记录夹 1 个，三角板 1 副，铅笔 4 支，削笔刀 1 个，记号笔 1 支，橡皮 1 块。

操作流程

1. 理解规范

表 5-1 一级导线测量基本技术要求

水平角测量(2″级仪器)		距离测量			
测回数	同一方向值各测回较差	一测回内 2C 较差	测回数	读数	读数差
2	9″	13″	1	4	5mm
闭合差					
方位角闭合差		$\pm 10''\sqrt{n}$			
导线相对闭合差		≤1/15 000			

注：表中 n 为测站数。

2. 一级导线外业观测

一级导线外业包括测量导线转折角和测量导线边长。导线两相邻边构成转折角，一般用 β 表示，分为左角和右角，在导线前进方向左侧的称为左角，右侧称为右角(图 5-2)。

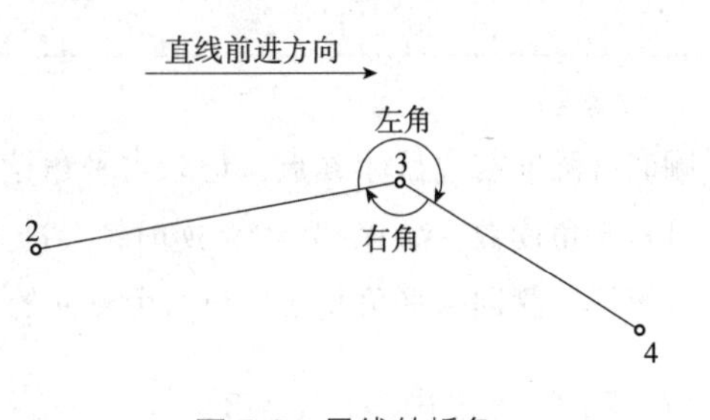

图 5-2 导线转折角

1) 观测 A 内角及 AP_2 边长(表 5-2)

①在已知点 A 安置仪器，未知点 P_2 点及已知点 B 安置棱镜。

②盘左瞄准左边目标 P_2 点，置水平角读数为 0°00′30″(左右)并记录，连续测量 AP_2 水平距离 4 次并记录，顺时针瞄准右边目标 B 点，记录水平角读数，如90°42′05″；盘右瞄准右边目标 B 点，记录水平角读数，如 270°42′02″,逆时针瞄准左边目标 P_2 点,记录水平角读数，如180°00′26″；计算第一测回水平角及 AP_2 边水平距离平均数。

一级导线测量记录计算表及示例 . pdf

③盘左瞄准左边目标P_2点,置水平角读数为90°01′34″(左右)并记录，

表 5-2 一级导线测量记录计算成果(一级导线转折角及边长观测)

观测日期：2018 年 10 月 28 日 测站：*A*

	觇点	盘左读数 (° ′ ″)	盘右读数 (° ′ ″)	2*C*	半测回方向 (° ′ ″)	一测回方向 (° ′ ″)	各测回平均方向 (° ′ ″)	附注
水平角观测	P_2	0 00 30	180 00 26	+4	0 00 00 00	0 00 00	0 00 00	
	B	90 42 05	270 42 02	+3	90 41 35 36	90 41 36	90 41 34	
	P_2	90 01 34	270 01 29	+5	0 00 00 00	0 00 00		
	B	180 43 07	0 43 01	+6	90 41 33 32	90 41 32		
		①	②	①-②	盘左零方向 盘右零方向	归零方向		
		③	④	③-④	⑤=③-① ⑥=④-②	(⑤+⑥)/2		

边长		平距观测值	平距中数		边长		平距观测值	平距中数	附注
A	1	299.634	299.633			1			
	2	299.633				2			
	3	299.632				3			
	4	299.633				4			
P_2									

观测员： 记录员：

顺时针瞄准右边目标 *B* 点，记录水平角读数，如 180°43′07″；盘右瞄准右边目标 *B* 点，记录水平角读数，如 0°43′01″，逆时针瞄准左边目标 P_2 点，记录水平角读数，如 270°01′29″；计算第二测回水平角及水平角两个测回的平均数。

2) 观测 *B* 内角(表 5-3)

①在已知点 *B* 安置仪器，已知点 *A* 及未知点 P_1 安置棱镜。

②盘左瞄准左边目标 *A* 点，置水平角读数为 0°00′30″(左右)并记录，顺时针瞄准右边目标 P_1 点，记录水平角读数，如 84°31′44″；盘右瞄准右边目标 P_1 点，记录水平角读数，如 264°31′41″，逆时针瞄准左边目标 *A* 点，记录水平角读数，如 180°00′27″；计算第一测回水平角。

③盘左瞄准左边目标 *A* 点，置水平角读数为 90°01′28″(左右)并记录，顺时针瞄准右边目标 P_1 点，记录水平角读数，如 174°32′39″；盘右瞄准右边目标 P_1 点，记录水平角读数，如 354°32′36″，逆时针瞄准左边目标 *A* 点，记录水平角读数，如 270°01′24″；计算第二测回水平角及水平角两个测回的平均数。

表 5-3　一级导线测量记录计算成果(一级导线转折角及边长观测)

观测日期：　2018　年　10　月　28　日　　　　　　　　测站：B

	觇点	盘左读数 (°　′　″)	盘右读数 (°　′　″)	2C	半测回方向 (°　′　″)	一测回方向 (°　′　″)	各测回平均方向 (°　′　″)	附注
水平角观测	A	0　00　30	180　00　27	+3	0　00　00 00	0　00　00	0　00　00	
	P_1	84　31　44	264　31　41	+3	84　31　14 14	84　13　14	84　31　13	
	A	90　01　28	270　01　24	+4	0　00　00 00	0　00　00		
	P_1	174　32　39	354　32　36	+3	84　31　11 12	84　13　12		
		①	②	①-②	盘左零方向 盘右零方向	归零方向		
		③	④	③-④	⑤=③-① ⑥=④-②	(⑤+⑥)/2		

边长		平距观测值	平距中数		边长		平距观测值	平距中数	附注
A	1					1			
	2					2			
	3					3			
	4					4			
P_2									

观测员：　　　　　　　　　　　　　　　　记录员：

3) 观测 P_1 内角、P_1B 与 P_1P_2 边长(表 5-4)

①在未知点 P_1 安置仪器，已知点 B 及未知点 P_2 安置棱镜。

②盘左瞄准左边目标 B 点，置水平角读数为 0°00′35″(左右)并记录，连续测量 P_1B 水平距离 4 次并记录，顺时针瞄准右边目标 P_2 点，记录水平角读数，如 95°50′44″，连续测量 P_1P_2 水平距离 4 次并记录；盘右瞄准右边目标 P_2 点，记录水平角读数，如 275°50′39″，逆时针瞄准左边目标 B 点，记录水平角读数，如 180°00′31″；计算第一测回水平角、P_1B 与 P_1P_2 水平距离平均数。

③盘左瞄准左边目标 B 点，置水平角读数为 90°01′27″(左右)并记录，顺时针瞄准右边目标 P_2 点，记录水平角读数，如 185°51′33″；盘右瞄准右边目标 P_2 点，记录水平角读数，

如5°51′30″，逆时针瞄准左边目标B点，记录水平角读数，如270°01′23″；计算第二测回水平角及水平角两个测回的平均数。

表5-4 一级导线测量记录计算成果(一级导线转折角及边长观测)

观测日期： 2018 年 10 月 28 日 测站：P_1

	觇点	盘左读数 (° ′ ″)	盘右读数 (° ′ ″)	2C	半测回方向 (° ′ ″)	一测回方向 (° ′ ″)	各测回平均方向 (° ′ ″)	附注
水平角观测	B	0 00 35	180 00 31	+4	0 00 00	0 00 00	0 00 00	
					00			
	P_2	95 50 44	275 50 39	+5	95 50 09	95 50 08	95 50 07	
					08			
	B	90 01 27	270 01 23	+4	0 00 00	0 00 00		
					00			
	P_2	185 51 33	5 51 30	+3	95 50 06	95 50 06		
					07			
		①	②	①-②	盘左零方向	归零方向		
					盘右零方向			
		③	④	③-④	⑤=③-①	(⑤+⑥)/2		
					⑥=④-②			

边长		平距观测值	平距中数		边长		平距观测值	平距中数	附注
P_1	1	299.217	299.218		P_1	1	283.476	283.476	
	2	299.218				2	283.475		
	3	299.218				3	283.477		
	4	299.219				4	283.476		
B					P_2				

观测员： 记录员：

4)观测P_2内角(表5-5)

①在未知点P_2安置仪器，未知点P_1及已知点A安置棱镜。

②盘左瞄准左边目标P_1点，置水平角读数为0°00′33″(左右)并记录，顺时针瞄准右边目标A点，记录水平角读数，如88°57′54″；盘右瞄准右边目标A点，记录水平角读数，如268°57′48″，逆时针瞄准左边目标P_1点，记录水平角读数，如180°00′28″；计算第一测回水平角。

③盘左瞄准左边目标P_1点，置水平角读数为90°01′37″(左右)并记录，顺时针瞄准右

边目标 A 点，记录水平角读数，如 178°58′56″；盘右瞄准右边目标 A 点，记录水平角读数，如 358°58′50″，逆时针瞄准左边目标 P_1 点，记录水平角读数，如 270°01′31″；计算第二测回水平角及水平角两个测回的平均数。

表 5-5　一级导线测量记录计算成果(一级导线转折角及边长观测)

观测日期：　2018　年　10　月　28　日　　　　　　　　　测站：P_2

	觇点	盘左读数 (° ′ ″)	盘右读数 (° ′ ″)	2C	半测回方向 (° ′ ″)	一测回方向 (° ′ ″)	各测回平均方向 (° ′ ″)	附注
水平角观测	P_1	0　00　33	180　00　28	+5	0　00　00	0　00　00	0　00　00	
					00			
	A	88　57　54	268　57　48	+7	88　57　21	88　57　20	88　57　20	
					20			
	P_1	90　01　37	270　01　31	+6	0　00　00	0　00　00		
					00			
	A	178　58　56	358　58　50	+6	88　57　19	88　57　20		
					21			
		①	②	①-②	盘左零方向	归零方向		
					盘右零方向			
		③	④	③-④	⑤=③-①	(⑤+⑥)/2		
					⑥=④-②			

边长		平距观测值	平距中数		边长		平距观测值	平距中数	附注
A	1					1			
	2					2			
	3					3			
	4					4			
P_2									

观测员：　　　　　　　　　　　　　　　　记录员：

3. 一级导线内业计算

1) 填入已知点坐标值(表 5-6)

如 A(3 854 995. 215，8 451 305. 920)、B(3 854 687. 016，8 451 293. 665)；

2)起始边坐标方位角计算

若1、2两点坐标已知，如图5-3所示，1点坐标为(x_1, y_1)，2点坐标为(x_2, y_2)。则12边长(D_{12})计算公式为：

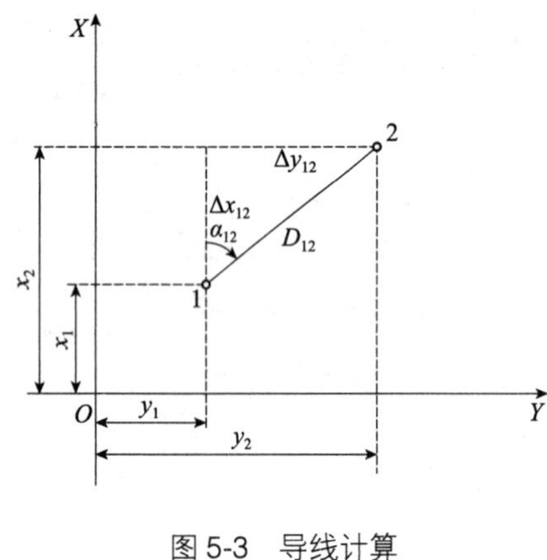

图5-3 导线计算

$$D_{12}=\sqrt{(x_2-x_1)^2+(y_2-y_1)^2}=\sqrt{(\Delta x_{12})^2+(\Delta y_{12})^2} \tag{5-1}$$

12边坐标方位角(α_{12})：可用式(5-2)～式(5-6)计算：

$$R=\arctan\frac{|y_2-y_1|}{|x_2-x_1|}=\arctan\frac{|\Delta y_{12}|}{|\Delta x_{12}|} \tag{5-2}$$

式中 R——直线象限角。

当$\Delta x_{12}>0$，$\Delta y_{12}>0$，即第一象限时，则：

$$\alpha_{12}=R \tag{5-3}$$

当$\Delta x_{12}<0$，$\Delta y_{12}>0$，即第二象限时，则：

$$\alpha_{12}=180°-R \tag{5-4}$$

当$\Delta x_{12}<0$，$\Delta y_{12}<0$，即第三象限时，则：

$$\alpha_{12}=180°+R \tag{5-5}$$

当$\Delta x_{12}>0$，$\Delta y_{12}<0$，即第四象限时，则：

$$\alpha_{12}=360°-R \tag{5-6}$$

将表5-6中的数据代入公式，则：

$\because\ \Delta x_{AB}=x_B-x_A=3\,854\,687.016-3\,854\,995.215=-308.199<0$

$\Delta y_{AB}=y_B-y_A=8\,451\,293.665-8\,451\,305.920=-12.255<0$

$\therefore$ 方位角在第三象限，则：

$$R=\arctan\frac{|y_B-y_A|}{|x_B-x_A|}=\arctan\frac{|\Delta y_{AB}|}{|\Delta x_{AB}|}=\arctan\frac{12.255}{308.199}=2°16'37''$$

$$\alpha_{AB}=180°+2°16'37''=182°16'37''$$

3)角度闭合差的计算及其调整

多边形理论上的内角总和应为：

$$\sum\beta_{理}=(n-2)\times180° \tag{5-7}$$

其与实测导线多边形内角总和$\sum\beta_{测}$之差称为角度闭合差f_β，即：

$$f_\beta=\sum\beta_{测}-\sum\beta_{理}=\sum\beta_{测}-(n-2)\times180° \tag{5-8}$$

一级导线容许闭合差为：

$$f_{\beta_{容}}=\pm10''\sqrt{n} \tag{5-9}$$

式中 n——导线边数或角数。

如不超过容许闭合差，可将闭合差按相反符号平均分配到各观测角中，即$v_\beta=-f_\beta/n$；

如闭合差较小，也可按凑整的方法重点分配在较短边的夹角上。调整后的内角总和应严格等于$(n-2)\times180°$，具体计算见表5-6第2栏。

4) 坐标方位角的推算

(1) 根据观测右角的推算

根据后一条边的方位角(如α_{12})及导线右转折角(如β_2)，推算前一条边的方位角(α_{23})，如图5-4所示。

$$\left.\begin{aligned}\alpha_{23}&=\alpha_{12}+180°-\beta_2\\ \alpha_{前}&=\alpha_{后}+180°-\beta_{右}\end{aligned}\right\}\tag{5-10}$$

(2) 根据观测左角的推算

根据后一条边的方位角(如α_{12})及导线左转折角(如β_2)，推算前一条边的方位角(α_{23})，如图5-5所示。

$$\left.\begin{aligned}\alpha_{23}&=\alpha_{12}-180°+\beta_2\\ \alpha_{前}&=\alpha_{后}-180°+\beta_{左}\end{aligned}\right\}\tag{5-11}$$

若推算结果出现超过360°，则减去360°，出现负值时，则加上360°。

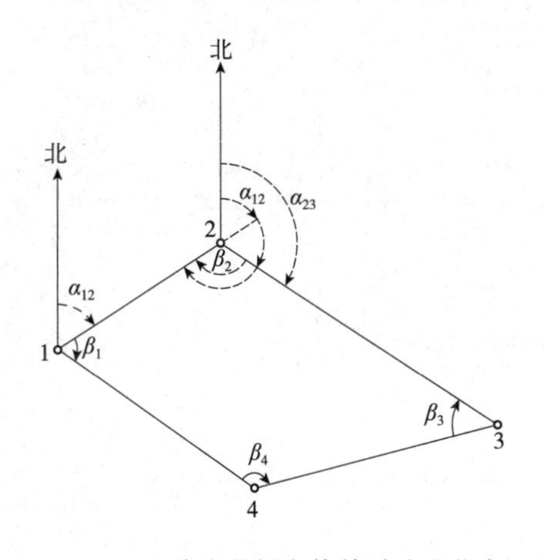

图5-4 导线右转折角推算前边方位角

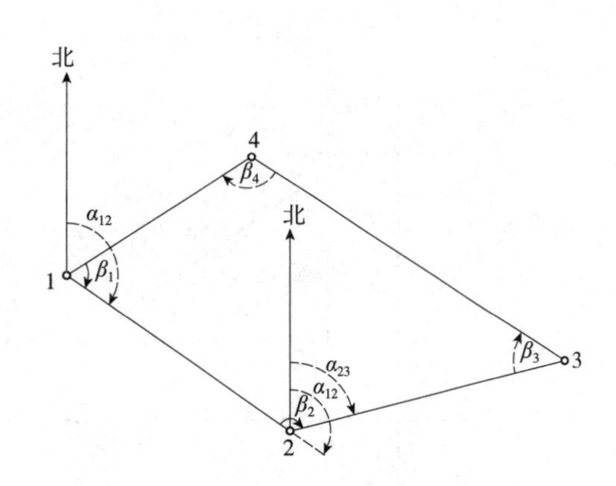

图5-5 导线左转折角推算前边方位角

(3) 各导线边方位角的计算

根据已知的起始边坐标方位角和改正后的转折角。表5-6观测角为左转角，按式(5-11)推算各导线边坐标方位角，方位角的取值范围是0°～360°。若按式(5-10)或式(5-11)推算出来的$\alpha_{前}>360°$，则应减去360°，若$\alpha_{前}<0°$，则应加上360°。最后，校核已知边推算的方位角应与已知方位角，两者应相等，具体见计算表5-6第3栏。

5) 坐标增量闭合差计算

(1) 导线边坐标增量计算

若已测算导线边长(如D_{12})、坐标方位角(如α_{12})，如图5-3所示，则导线边纵、横坐

标增量 Δx_{12}和 Δy_{12}计算式为：

$$\left.\begin{aligned}\Delta x_{12}=D_{12}\times\cos\alpha_{12}\\ \Delta y_{12}=D_{12}\times\sin\alpha_{12}\end{aligned}\right\}\tag{5-12}$$

（2）坐标增量闭合差的计算及其调整

①闭合导线坐标增量闭合差　闭合导线各边纵、横坐标增量的代数和的理论值分别等于0，如图5-6所示，即：

$$\left.\begin{aligned}\sum\Delta x_{理}=0\\ \sum\Delta y_{理}=0\end{aligned}\right\}\tag{5-13}$$

按式(5-12)计算导线各边纵、横坐标增量($\Delta x_i'$，$\Delta y_i'$，具体见表5-6中的第5、7栏。由于测量的导线边长存在误差，坐标方位角虽然由改正后的转折角推算得到，但转折角的改正不可能完全消除误差，所以坐标方位角中仍存在误差，从而导致坐标增量带有误差，即产生坐标增量闭合差。

$$\left.\begin{aligned}f_x=\sum\Delta x_i'-\sum\Delta x_{理}=\sum\Delta x_i'\\ f_y=\sum\Delta y_i'-\sum\Delta y_{理}=\sum\Delta y_i'\end{aligned}\right\}\tag{5-14}$$

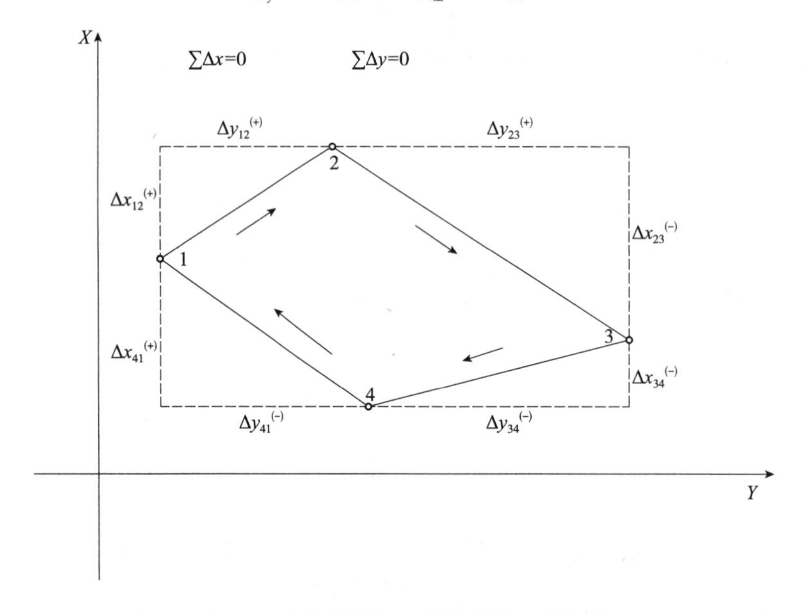

图5-6　坐标增量闭合差的计算及其调整

②附合导线坐标增量闭合差

$$\left.\begin{aligned}\sum\Delta x_{理}=x_{终}-x_{起}\\ \sum\Delta y_{理}=y_{终}-y_{起}\end{aligned}\right\}\tag{5-15}$$

$$\left.\begin{aligned}f_x=\sum\Delta x_i'-\sum\Delta x_{理}=\sum\Delta x_i'-x_{终}-x_{起}\\ f_y=\sum\Delta y_i'-\sum\Delta y_{理}=\sum\Delta y_i'-y_{终}-y_{起}\end{aligned}\right\}\tag{5-16}$$

③导线全长绝对闭合差与相对闭合差　坐标增量闭合差使导线不闭(附)合，如图5-7所示，11′两点间之长度f_D称为导线全长绝对闭合差，其值为：

$$f_D=\sqrt{f_x^{\ 2}+f_y^{\ 2}}\tag{5-17}$$

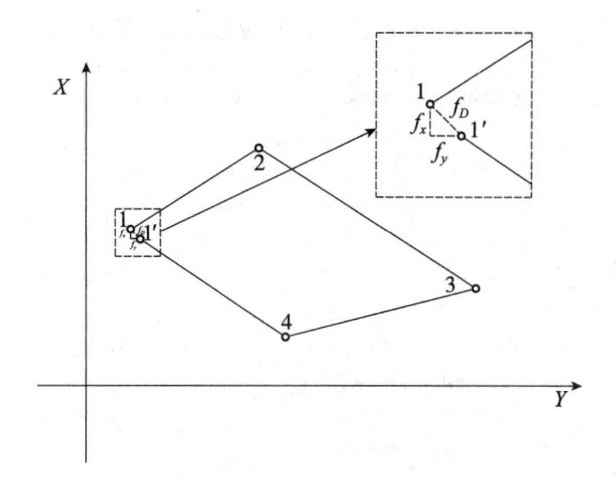

图5-7　导线全长绝对闭合差

导线全长绝对闭合差f_D的大小与导线长度成正比，因此，导线测量的精度采用导线全长相对闭合差K来衡量，其值为：

$$K=\frac{f_D}{\sum D}=\frac{1}{\sum D/f_D} \tag{5-18}$$

一级导线的相对误差容许值$K_{容}=1/15\,000$。若$K>K_{容}$，应首先检查记录和计算，无误则进一步检查导线的边长与转折角，找出问题，以便有目的地进行返工。

若$K\leqslant K_{容}$，说明导线测量结果满足精度要求，可进行坐标增量闭合差调整，调整方法是将f_x、f_y以相反的符号按与各边长度成正比分配到各边的纵、横坐标增量中去。以v_{xi}、v_{yi}分别表示第i边的纵横坐标增量改正数($i=1$，2，3…)，即：

$$\left.\begin{aligned} v_{xi}&=-\frac{f_x}{\sum D}\times D_i \\ v_{yi}&=-\frac{f_y}{\sum D}\times D_i \end{aligned}\right\} \tag{5-19}$$

依上式计算出各边坐标增量改正数后，可能会出现由于计算取舍的原因使得$\sum v_{xi}\neq -f_x$，$\sum v_{yi}\neq -f_y$的情况，其差值一般在尾数有微小的差异，此时应将此差值再对某一改正数进行修正，从而使得$\sum v_{xi}=-f_x$，$\sum v_{yi}=-f_y$，具体见计算表5-6第5、7栏。改正后的坐标增量Δx和Δy等于坐标增量计算值加上改正数，具体见计算表5-6第5、7栏，即：

$$\left.\begin{aligned} \Delta x_i&=\Delta x_i'+v_{x_i} \\ \Delta y_i&=\Delta y_i'+v_{y_i} \end{aligned}\right\} \tag{5-20}$$

6) 各导线点坐标计算

根据导线点的已知坐标及改正后的坐标增量，依次推算各导线点的坐标，推算的终点坐标值与已知值应完全一致，具体见计算表5-6第6、8栏，即：

$$\left.\begin{aligned} x_{P_1}&=x_{B_{已知}}+\Delta x_{BP_1} & y_{P_1}&=y_{B_{已知}}+\Delta y_{BP_1} \\ x_{P_2}&=x_{P_1}+\Delta x_{P_1P_2} & y_{P_2}&=y_{P_1}+\Delta y_{P_1P_2} \\ x_{A_{推算}}&=x_{P_2}+\Delta x_{P_2A} & y_{A_{推算}}&=y_{P_2}+\Delta y_{P_2A} \\ x_{A_{推算}}&=x_{A_{已知}} & y_{A_{推算}}&=y_{A_{已知}} \end{aligned}\right\} \tag{5-21}$$

表 5-6 一级导线测量记录计算成果(导线近似平差表)

	点名	观测角	方位角	边长	$v_x \Delta x_i'$	x_i	$v_y \Delta y_i'$	y_i
	1	2	3	4	5	6	7	8
1	A							
			182 16 37					
2	B	−03 84 31 13				3 854 687.016		8 451 293.665
			86 47 47	299.218	+0.004 +16.722		+0.004 +298.750	
3	P_1	−04 95 50 07				3 854 703.742		8 451 592.419
			2 37 50	283.476	+0.004 +283.177		+0.004 +13.010	
4	P_2	−04 88 57 20				3 854 986.923		8 451 605.433
			271 35 06	299.633	+0.004 +8.288		+0.005 −299.518	
5	A	−03 90 41 34				3 854 995.215		8 451 305.920
			182 16 37					
6	B							
	$\Sigma\beta$	360 00 14	Σ	882.327	+308.187		+12.242	
$K=1/49018$		$f_\beta=+14''$	$f_x=-0.012$			$f_y=-0.013$		$f_s=0.018$
$f_{\beta容}=\pm10''\sqrt{4}=\pm20''$			导线略图	A、P_2、示例、B、P_1				

7) 导线点成果

将表 5-7 中观测计算的未知点 P_1、P_2 坐标转录至表 5-7。

表 5-7 一级导线测量记录计算成果(导线点成果表)

点号	坐标		点号	坐标	
	x	y		x	y
P_1	3 854 703.742	8 451 592.419			
P_2	3 854 986.923	8 451 605.433			

注：本表不填写已知点。

注意事项

(1)观测时每小组只能使用 3 个三脚架，可以不用三联脚架法施测，但所有点位都必须使用脚架，不得采用其他对中装置。

(2)组员轮流完成导线的全部观测，每人观测 1 测站、记录 1 测站。

(3)观测过程中，搬站时全站仪必须装箱扣好。

(4)按方向观测法观测，第1测回起点角度置0°00′30″左右，第2测回起点角度置90°00′30″左右。

(5)测量距离时，温度及气压等气象改正由仪器自动设置，观测者可不记录气象数据，也不必在仪器中设置。

(6)角度及距离测量成果使用铅笔记录计算，应记录完整，记录的数字与文字清晰，整洁，不得潦草；按测量顺序记录，不空栏；不空页、不撕页；不得转抄；不得涂改、就字改字；不得连环涂改；不得用橡皮擦、刀片刮。

(7)错误成果与文字应用单横线划去，在其上方写上正确的数字与文字，并在备考栏注明原因("测错"或"记错")，计算错误不必注明原因。

(8)角度记录手簿中秒值读记错误应重新观测，度、分读记错误可在现场更正，但同一方向盘左、盘右不得同时更改相关数字，即不得连环涂改。

(9)距离测量的厘米和毫米读记错误应重新观测，分米以上(含)数值的读记错误可在现场更正。

(10)测站超限可以重测，重测必须变换起始度盘位置，新的起始度盘位置与原起始度盘位置至少相差30″以上，但不得相差整分。错误成果应当划去，并应在备考栏注明"超限"。

(11)坐标计算：角度及角度改正数取位至整秒，边长、坐标增量及其改正数、坐标计算结果均取位至0.001m。

(12)导线近似平差计算格式见表5-6，表中必须写出方位角闭合差、相对闭合差。相对闭合差必须化为分子为1的分数。计算表可以用橡皮擦，但必须保持整洁，字迹清晰。

考核评价

(1)规范性考核：按以上方法、步骤，对学生的操作进行规范性考核。

(2)熟练性考核：在规定时间内完成一级导线一个测站点观测记录及计算。

(3)准确性考核：同一方向值各测回较差小于9″；一测回内2C较差小于13″；方位角闭合差≤$\pm 10''\sqrt{n}$；边长观测误差≤5mm；导线相对闭合差≤1/15 000。

作业成果

完成《一级导线测量记录计算成果》。

知识链接

点位概述与导线测量

地面高低起伏的形态称为地貌，包括山地、丘陵和平原等，地面上具有明显轮廓的固定物体称为地物，可分为自然地物和人工地物，自然地物如湖泊、河流、池塘、森林、草地等，人工地物如房屋、道路、桥梁等。地物地貌是由一系列连续的特征点构成的，其中，在投影面上方向的转折点和坡度变化点称为特征点，这些点对测绘工作具有重要意义，如果将特征点的相对位置准确测定出来，那么，测区范围内的地物地貌就能准确反映出来。

1. 控制测量概述

点位测定若从某特征点开始，依次逐点测定，会使误差积累，以致测量误差超限，因此，测量工作确定了“从整体到局部、先控制后碎部”的工作原则。碎部就是指地物地貌特征点；控制是指在整个测区范围内，选定若干对测区整体能起到控制作用的点，以较为精确的测量仪器和方法测定出它们的相对位置，然后在这些控制点上测定周围的碎部点，从而达到保证测绘结果应具有的精度。控制测量分为平面控制测量和高程控制测量，测定控制点平面位置的工作称为平面控制测量，测定控制点高程的工作称为高程控制测量。

1) 测量控制网

在全国范围内按统一的标准建立的控制网，称为国家控制网。它是采用精密的测量仪器和方法，依照国家统一的相应测量规范施测，依其精度可分为若干个等级。按照由高级到低级逐级加密的原则建立。在城市范围内，在国家控制网的基础上，为满足城市建设工程的需要而建立的控制网称为城市控制网。为大中型工程建设而建立的控制网称为工程控制网。为满足不同目的的要求，城市控制网和工程控制网也可分级建立。面积一般在 $15km^2$ 以下的小范围内建立的控制网称为小区域控制网，直接以测图为目的建立的小区域控制网称为图根控制网。图根控制网应尽可能与附近的国家或城市控制网联测。

2) 平面控制测量

建立平面控制网的方法有三角测量、GPS 控制测量和导线测量等。三角测量是按要求在地面上选择一系列具有控制作用的点，组成相互联结的三角形，用精密仪器观测所有三角形中的内角，并精确测定起始边的边长和方位角，按三角形的边角关系逐一推算其余边长和方位角，最后解算出各控制点的坐标。GPS 控制测量是利用多台接收机同时接收多颗定位卫星信号，确定地面点三维坐标的方法。导线测量是将选定的控制点连成一条折线，依次观测各转折角和各边长，然后根据起始点坐标和起始边方位角，推算各导线点的坐标。

3) 高程控制测量

高程控制点的高程基本都是用水准测量方法测定，所以高程控制网也称为水准网，高程控制点也称为水准点。在园林工程中进行高程控制测量时，一般采用等外水准测量或图根水准测量，本教材项目2中所述的方法有等外水准测量及等级水准测量，这里不再赘述。当地面起伏较大，很难进行水准测量时，也可以用全站仪或 GPS 直接测定地面点的高程。

2. 碎部测量

碎部测量是指测定地面上地物或地貌特征点的平面位置及高程。根据使用的仪器的不同，施测方法也有差异，有电子经纬仪观测法、全站仪观测法、RTK 观测法等，也可以用全站仪配合 RTK 进行碎部点三维坐标数据采集。

3. 导线测量

将地面上相邻控制点用直线连接而形成的折线，称为导线，这些控制点称为导线点，每条直线称为导线边，相邻导线边之间的水平角称为转折角。通过观测导线边的边长和转折角，根据起算数据可计算出各导线点的平面坐标。

1) 导线测量布设形式

用经纬仪测量导线的转折角，用钢尺丈量导线边长的导线，称为经纬仪导线；若用光电测距仪测定导线边长，称为电磁波测距导线；用全站仪测量导线的转折角及导线边长的导线，称为全站仪导线；在建筑物密集的建筑区和平坦而通视条件较差的隐蔽区，平面控制测量常采用导线测量。在局部地区的地形测量和一般工程测量中，根据测区范围精度要求，导线测量分为一级导线、二级导线、三级导线和图根级导线 4 个等级，各等级导线测量的主要技术指标见表 5-8。根据测区的不同情况和要求，导线可以布设成闭合导线、附合导线和支导线。

表 5-8 各级导线测量的主要技术指标

等级	导线长度(km)	平均边长(km)	测角中误差(″)	测回数		角度闭合差(″)	相对闭合差
				D_{J6}	D_{J2}		
一级导线	4	0.5	5	4	2	$\pm10\sqrt{n}$	1/15 000
二级导线	2.4	0.25	8	3	1	$\pm16\sqrt{n}$	1/10 000
三级导线	1.2	0.1	12	2	1	$\pm24\sqrt{n}$	1/5000
图根导线	≤1.0M	≤0.15 倍测图最大视距	20	1	1	$\pm40\sqrt{n}$(首级) $\pm60\sqrt{n}$(一般)	1/2000

注：表中 n 为测站数；M 为测图比例尺的分母。

(1) 闭合导线

闭合导线是指将某点作为起始点，由该点出发，测定若干点，最后又回到起始点，构成一闭合多边形的导线，如图 5-8 所示 1、2、3、4、5 点组成的多边形。这种导线一般较适于片状的测区。

(2) 附合导线

附合导线是指由某一高级控制点出发，测定若干点，最后连接到另一高级控制点，构成一折线状的导线，如图 5-9 所示 B、1、2、3、C 点组成的折线。这种导线较适于狭长的测区。

（3）支导线

支导线是指由一起始点引出，不闭合、也不附合到另一已知点，构成一折线状的导线，如图5-9所示3、3-1、3-2点组成的折线。支导线点引出的点数不能超过两点。

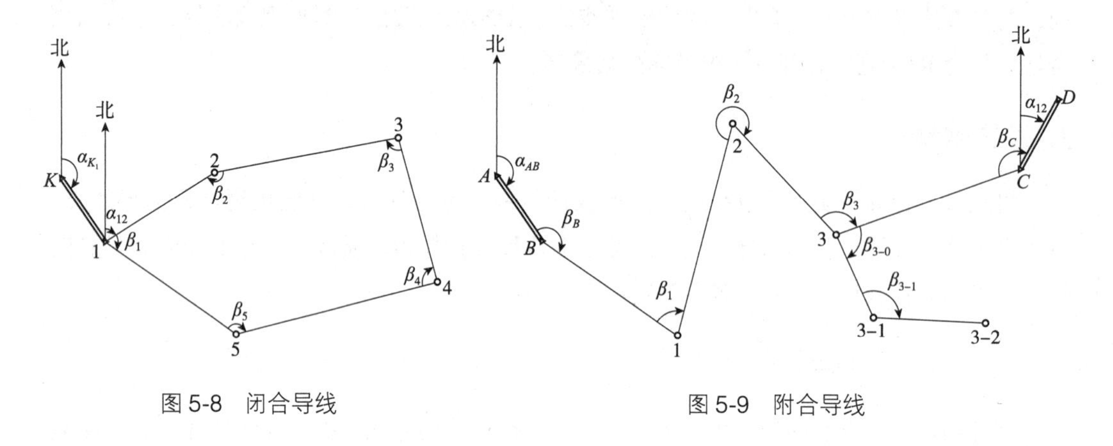

图5-8 闭合导线　　　　图5-9 附合导线

2）导线测量外业工作

导线测量的外业工作包括踏勘选点、建立标志、测角、量边和联测等。

（1）踏勘选点与建立标志

在进行测量之前，先到测区进行踏勘，了解测区范围、地形、周围环境等实地情况，决定导线的形式并选择导线点位。导线点的选定是否恰当，将直接影响测图的速度和质量，为此，选点时应注意以下事项。

①相邻导线点间应通视良好，便于测角及测量边长。

②导线点位应四周视野开阔，便于测绘周围地物和地貌或便于放样，便于安置仪器及保存点位标志。

③导线边长应大致相等，相邻边长不应差距过大，以免影响测角精度。

④确定导线点位置后，应在地上打入木桩，桩顶钉一小钉作为导线点的标志。若导线点需要长期保存，可埋设水泥桩或石桩，桩顶刻凿十字作标志；也可用冲击钻将锯有十字的钢钉等物体嵌入位于水泥或石块等地面上作为导线点标志。导线点选定后，应顺序编号，为了便于寻找，可根据导线点与周围地物的相对关系绘制导线点点位略图。

（2）测角

①导线应统一观测左角或右角，导线转折角通常采用测回法进行观测，如图5-5所示，若闭合导线以逆时针顺序编号，其左角就是闭合多边形的内角。

②当测角精度要求较高，而导线边长比较短时，在目标点应精确对中，减小对中误差和目标偏心误差。

（3）量边

导线边长普遍采用全站仪测定，也可用钢尺往返丈量，当相对误差不超过规定时，取其平均值作为丈量结果。

（4）联测

若所布设的导线附近有高级控制点，应与之联系起来，如图5-10所示，P、Q为已知高级控制点，1、2、3、4、5为选定的导线点，导线联测是指观测连接角β_Q、β和连接边长D_{Q1}，起到传递坐标方位角和坐标的作用，可推算导线起始点1的坐标及12边的方位角。若附近无高级控制点，可用罗盘仪测导线起始边的磁方位角，并假定起始点的坐标作为起算数据。

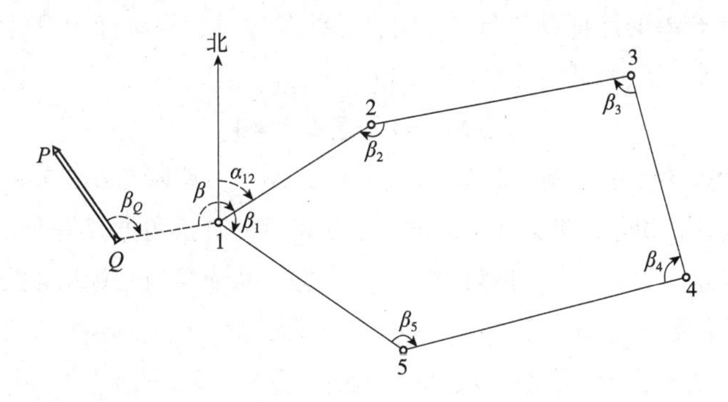

图5-10　导线联测

3) 导线测量的内业工作

导线测量的内业工作是指鉴定外业成果的精度，根据已知点坐标、导线边长及方位角，来推算各导线点坐标。为了确保测图精度，内业计算前应全面认真检查导线测量的外业记录，在确认外业工作成果合格后，绘出导线草图。下面以图根导线为例，介绍导线测量的内业工作。

（1）基本计算

①导线起始边坐标方位角计算　已知某导线边两端点坐标，推算该边坐标方位角按式(5-2)至式(5-6)计算。

②导线边坐标方位的推算　根据后一条边的方位角（如α_{12}）及导线转折角（如β_2），推算前一条边的方位角（如α_{23}）按式(5-10)或式(5-11)计算。

③导线边坐标增加计算　根据导线边长（如D_{12}）、坐标方位角（如α_{12}），推算12边纵横坐标增量Δx_{12}和Δy_{12}，按式(5-12)计算。

（2）闭合导线坐标计算

①角度闭合差的计算及其调整　闭合导线多边形理论上的内角总和应为：

$$\sum\beta_{理}=(n-2)\times180°$$

实测闭合导线多边形内角总和$\sum\beta_{测}$，二者之差称为角度闭合差f_β，即：

$$f_\beta=\sum\beta_{测}-\sum\beta_{理}=\sum\beta_{测}-(n-2)\times180°$$

图根导线容许闭合差：

$$f_{\beta_{容}}=\pm40''\sqrt{n}$$

式中　n——导线边数或角数，适用于J_6级经纬仪。

如不超过容许闭合差，可将闭合差按相反符号平均分配到各观测角中，即$v_\beta=-f_\beta/n$；如闭合差较小，也可按凑整的方法重点分配在较短边的夹角上。调整后的内角总和应严格等于$(n-2)\times180°$，具体计算见表5-9第3栏。

②各导线边方位角的计算　根据已知的起始边坐标方位角和改正后的转折角，按式(5-10)或式(5-11)推算各导线边坐标方位角，方位角的取值范围是0~360°，若推算出来的$\alpha_{前}>360°$，则应减去360°，若$\alpha_{前}<0°$，则应加上360°。最后，校核推算的已知边方位角与该边已知方位角应相等，具体见计算表5-9第5栏。

③坐标增量闭合差的计算及其调整　闭合导线各边纵、横坐标增量的代数和的理论值分别等于0，如图5-6所示，即：

$$\sum\Delta x_{理}=0 \quad \sum\Delta y_{理}=0$$

按式(5-12)计算导线各边纵、横坐标增量($\Delta x_i'$，$\Delta y_i'$)，具体见表5-9中的第7、8栏。由于测量的导线边长存在误差，坐标方位角虽然由改正后的转折角推算得到，但转折角的改正不可能完全消除误差，所以坐标方位角中仍存在误差，从而导致坐标增量带有误差，因此坐标增量的计算值的代数和$\sum\Delta x_i'$及$\sum\Delta y_i'$，一般不等于0，而产生坐标增量闭合差f_x、f_y。

$$f_x=\sum\Delta x_i'-\sum\Delta x_{理}=\sum\Delta x_i', \quad f_y=\sum\Delta y_i'-\sum\Delta y_{理}=\sum\Delta y_i'$$

坐标增量闭合差使导线不闭合，而产生导线全长绝对闭合差f_D以及导线全长相对闭合差K。

$$f_D=\sqrt{f_x^{\,2}+f_y^{\,2}}; \quad K=\frac{f_D}{\sum D}=\frac{1}{\sum D/f_D}$$

图根导线的相对误差应不大于$K_{容}=1/2000$。若$K>K_{容}$，应首先检查记录和计算，无误则进一步检查导线的边长与转折角，找出问题，以便有目的地进行返工。

若$K\leqslant K_{容}$，说明导线测量结果满足精度要求，可用式(5-19)、式(5-20)进行坐标增量闭合差调整，具体见计算表5-9第9、10、11、12栏。

④各导线点坐标计算　根据导线起始点的已知坐标及改正后的坐标增量，依次推算各导线点的坐标，推算的终点(也是起点)坐标值与已知值应完全一致，具体见计算表5-9第13、14栏，即：

$$\begin{aligned} x_2&=x_{1已知}+\Delta x_{12} & y_2&=y_{1已知}+\Delta y_{12}\\ x_3&=x_2+\Delta x_{23} & y_3&=y_2+\Delta y_{23}\\ x_4&=x_3+\Delta x_{34} & y_4&=y_3+\Delta y_{34}\\ x_{1推算}&=x_4+\Delta x_{41} & y_{1推算}&=y_4+\Delta y_{41}\\ x_{1推算}&=x_{1已知} & y_{1推算}&=y_{1已知} \end{aligned}$$

(3)附合导线坐标计算

附合导线的坐标计算除角度闭合差、坐标增量闭合差与闭合导线坐标计算有差别外，其他基本相同。现仅将其不同之处介绍如下。

①角度闭合差的计算　如图5-11所示，按式(5-10)或式(5-11)根据起始边的方位角及观测的转折角，推算各导线边的方位角，以观测左转角为例：

$$\begin{aligned} \alpha_{B1}&=\alpha_{AB}-180°+\beta_B\\ \alpha_{12}&=\alpha_{B_1}-180°+\beta_1\\ \alpha_{2C}&=\alpha_{12}-180°+\beta_2\\ \alpha_{CD}'&=\alpha_{2C}-180°+\beta_C \end{aligned}$$

表 5-9　闭合导线坐标计算表

点号	转折角 β							方位角 α			边长 D	坐标增量		坐标改正		改正后增量		坐标	
	观测值			角改正	改正后值							$\Delta x'$	$\Delta y'$	v_{xi}	v_{yi}	Δx	Δy	x(N)	y(E)
	°	′	″	″	°	′	″	°	′	″	m	m	m	mm	mm	m	m	m	m
1	2			3	4			5			6	7	8	9	10	11	12	13	14
1																		36 425. 130	49 052. 855
								7	55	34	55. 674	55. 142	7. 677	−1	+3	55. 141	7. 680		
2	80	53	37	−11	80	53	26											36 480. 271	49 060. 535
								107	2	8	42. 368	−12. 412	40. 509	0	+2	−12. 412	40. 511		
3	101	57	49	−10	101	57	39											36 467. 859	49 101. 046
								185	4	29	49. 432	−49. 238	−4. 372	−1	+2	−49. 239	−4. 370		
4	86	37	38	−10	86	37	28											36 418. 620	49 096. 676
								278	27	1	44. 304	6. 510	−43. 823	0	+2	6. 510	−43. 821		
1	90	31	37	−10	90	31	27											36 425. 130	49 052. 855
								7	55	34									
2																			
Σ	360	00	41	−41	360	00	00				191. 778	0. 002	−0. 009	−2	+9	0. 000	0. 000		

辅助计算

$f_\beta=\sum\beta_i-n\times180°=360°00'41''-360°=41''$

$f_{\beta_{容}}=\pm40''\sqrt{n}=\pm80''$，$|f_\beta|<|f_{\beta_{容}}|$，符合精度要求

$f_x=\sum\Delta x_i'=+0.002$

$f_y=\sum\Delta y_i'=-0.009$

$f_D=\sqrt{f_x^2+f_y^2}=0.009$，$K=1/(191.778\div0.0090=1/21\ 309$

$K_{容}=1/2000$，$K<K_{容}$，符合精度要求

将以上各式相加，得到：

$$\alpha'_{CD}=\alpha_{AB}-4\times180°+\sum\beta_i$$

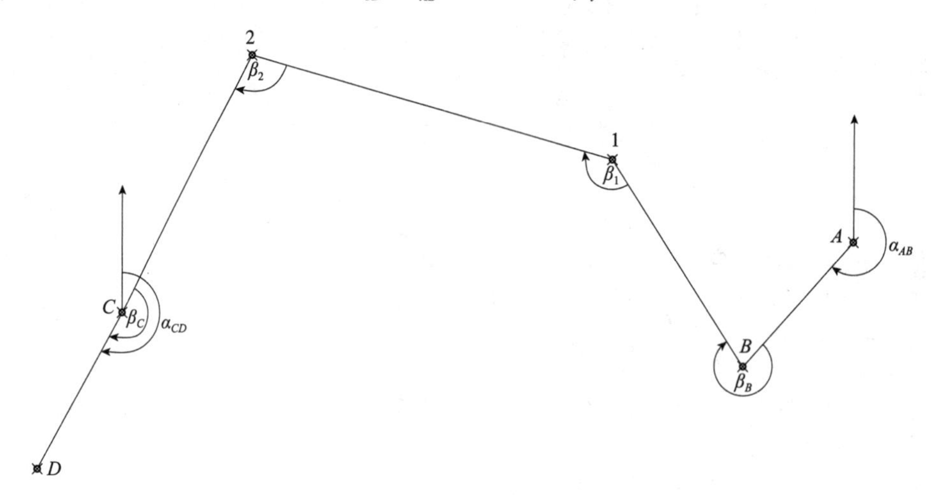

图 5-11　附合导线坐标计算

由于转折角及连接角观测中存在误差，故推算出的与已知不相等，即产生角度闭合差，则：

$$f_\beta=\alpha'_{CD}-\alpha_{CD}=\alpha_{AB}-\alpha_{CD}-4\times180°+\sum\beta_i$$

写成一般表达式为：

$$f_\beta=\alpha_{始}-\alpha_{终}-n\times180°+\sum\beta_i$$

若转折角为右角，则：

$$f_\beta=\alpha_{始}-\alpha_{终}+n\times180°-\sum\beta_i$$

附合导线角度闭合差的容许值及调整方法与闭合导线相同，此处不再赘述。

②坐标增量闭合差的计算　附合导线的两个端点为已知控制点，纵、横坐标增量闭合差理论应等于终点与始点的已知坐标之差，即：

$$\sum\Delta x_{理}=x_{终}-x_{始}$$

$$\sum\Delta y_{理}=y_{终}-y_{始}$$

由于测角及量距包含误差，故坐标增量不能满足理论上的要求，产生坐标增量闭合差，即：

$$f_x=\sum\Delta x'_i-\sum\Delta x_{理}=\sum\Delta x'_i-(x_{终}-x_{始})$$

$$f_y=\sum\Delta y'_i-\sum\Delta y_{理}=\sum\Delta y'_i-(y_{终}-y_{始})$$

求得附合导线的纵、横坐标增量闭合差后，其绝对闭合差f_D、相对闭合差K及其余计算与闭合导线相同。表5-10是附合导线计算示例。

（4）支导线坐标计算

支导线的内业计算与闭合导线、附合导线相比，不进行角度闭合差及坐标增量闭合差的计算与调整。计算步骤如下：

①根据观测的转折角按式(5-10)或式(5-11)推算各导线边方位角。

②根据各导线边方位角及边长，按式(5-12)计算坐标增量。

③根据起点的已知坐标和各边的坐标增量，按 $x_2=x_1+\Delta x_{12}$，$y_2=y_1+\Delta y_{12}$计算各支导线点的坐标，其中x_1、y_1为起点的已知坐标。

表 5-10　附合导线坐标计算表

点号	转折角 β 观测值			角改正	改正后值			方位角 α			边长 D	坐标增量 $\Delta x'$	坐标增量 $\Delta y'$	坐标改正 v_{xi}	坐标改正 v_{yi}	改正后增量 Δx	改正后增量 Δy	坐标 $x(N)$	坐标 $y(E)$
	°	′	″	″	°	′	″	°	′	″	m	m	m	mm	mm	m	m	m	m
1	2			3	4			5			6	7	8	9	10	11	12	13	14
A																		36 683.006	49 399.399
								221	41	33									
B	285	24	33	7	285	24	40											36 649.308	49 369.383
								327	6	13	66.266	55.641	−35.990	1	−10	55.642	−36.000		
1	101	52	0	7	101	52	7											36 704.950	49 333.383
								285	40	6	102.928	27.798	−99.103	2	−16	27.800	−99.119		
2	285	24	33	7	285	24	40											36 732.750	49 234.264
								207	32	13	78.500	−69.607	−36.292	1	−12	−69.606	−36.304		
C	101	52	0	7	101	52	7											36 663.144	49 197.960
								208	51	30						13.836	−171.423		
D																		36 621.043	49 174.759
Σ	707	9	29	28	707	9	57				247.694	13.832	−171.385	+4	−38	13.836	−171.423		

辅助计算

$\alpha_{始}=180°+\arctan|\Delta y_{AB}/\Delta x_{AB}|=221°41'33''$

$\alpha_{终}=180°+\arctan|\Delta y_{CD}/\Delta x_{CD}|=208°51'30''$

$f_\beta=\alpha_{始}-\alpha_{终}-n\times180°+\sum\beta_{左}=221°41'33''-208°51'30''-4\times180°+707°9'29''=-28''$

$f_{\beta容}=\pm40''\sqrt{n}=\pm80''$，$|f_\beta|<|f_{\beta容}|$，符合精度要求

$f_x=\sum\Delta x_i'-\sum\Delta x_{理}=\sum\Delta x_i'-(x_{终}-x_{始})=-0.004$

$f_y=\sum\Delta y_i'-\sum\Delta y_{理}=\sum\Delta y_i'-(y_{终}-y_{始})=+0.038$

$f_D=0.037$，$K=1/(247.694\div0.037)=1/6694$

$K_{容}=1/2000$，$K<K_{容}$，符合精度要求

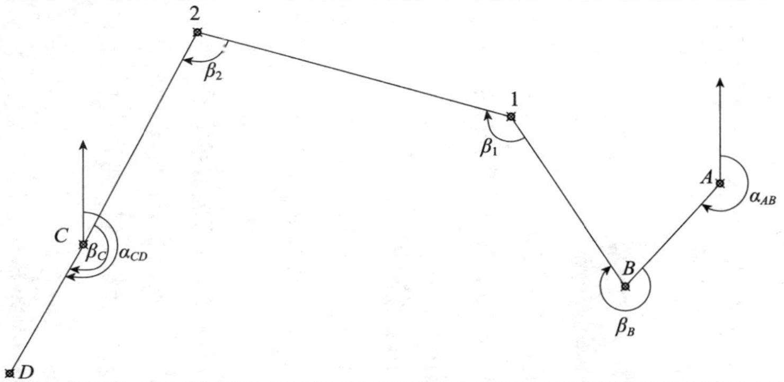

任务5-2 RTK配全站仪CASS数字测图

任务目标

能以GNSS卫星定位仪与全站仪相结合的方式进行碎部点三维坐标数据采集，能在CASS及其配套软件的计算机机房完成编辑成图。

准备工作

(1)准备测图面积大约为200m×200m的数字测图实训场，场内通视条件良好，地物、地貌要素齐全，难度适中，设有多组3个已知三维坐标点，能同时满足多组实习或比赛。

(2)4~6人为一个小组，每个实训小组配备：基准站1个，GNSS接收机移动站1套(银河RTK测量系统)，安装数字测图软件及其配套软件的计算机1台，全站仪1套及配套的棱镜(含基座)1个，脚架2个，棱镜2个，单棱镜杆1根，5m钢卷尺1个，计算器2个，外业数据记录夹1个，三角板1副，铅笔4支，削笔刀1个，记号笔1支，橡皮1块。

操作流程

以南方银河1测量系统为例讲述操作流程。

1. 认识RTK测量系统

银河1测量系统主要由主机、手簿、电台、配件四部分组成，组装及架设如图5-12所示。

RTK测量系统.mp4

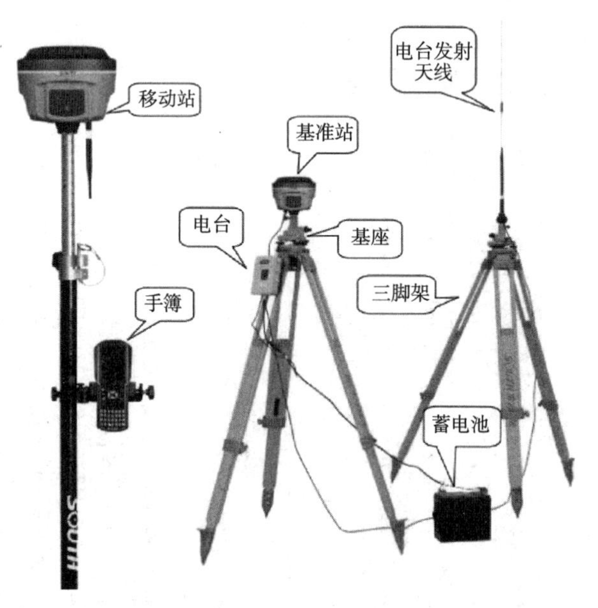

图5-12 银河1测量系统组成

(1)银河1主机

主机呈圆柱状，高112mm，直径129mm，密封橡胶圈到底面高78mm。主机正面

(图 5-13A)有电源开关按键及指示灯面板，面板有蓝牙、信号/数据、卫星、电源 4 个指示灯，其含义见表 5-11。主机背面(图 5-13B)有电池仓和 SIM 卡卡槽。仪器底部(图 5-14)有：五针接口，用于与外部数据链(电台)、外部电源连接；七针接口，用来连接电脑传输数据；天线接口，用于连接网络天线或 UHF 电台天线；连接螺孔，用于固定主机于基座或对中杆。

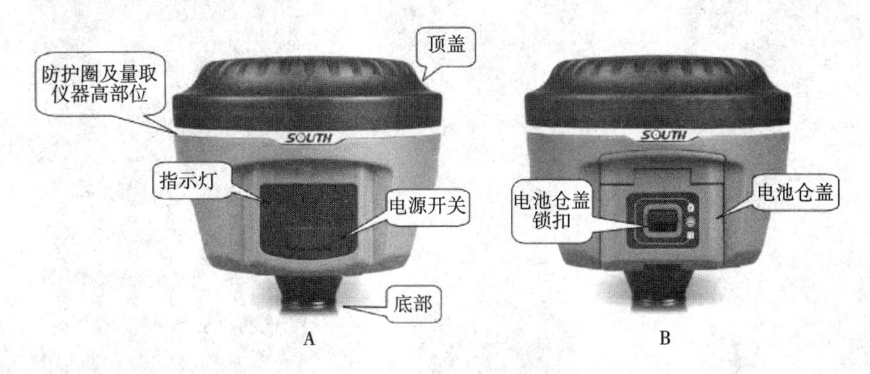

图 5-13　银河 1 主机

表 5-11　银河 1 主机控制面板指示灯其含义

指示灯	状态	含　义
蓝牙	常灭	未连接手簿(在移动站正式开始工作后，基准站的灭)
	常亮	已连接手簿(在移动站正式开始工作后，移动站的常亮)
信号/数据	闪烁	静态模式：记录数据时，按照设定采集间隔闪烁
	常亮	基准站或移动站模式：内置模块收到信号的强度较高
	闪烁	基准站或移动站模式：内置模块收到信号的强度较差
	常灭	基准站或移动站模式：内置模块未能收到信号
卫星	闪烁	表示锁定卫星数量，每隔 5s 循环一次
电源	常亮	正常电压：内置电池 7.4V 以上
	闪烁	电池电量不足

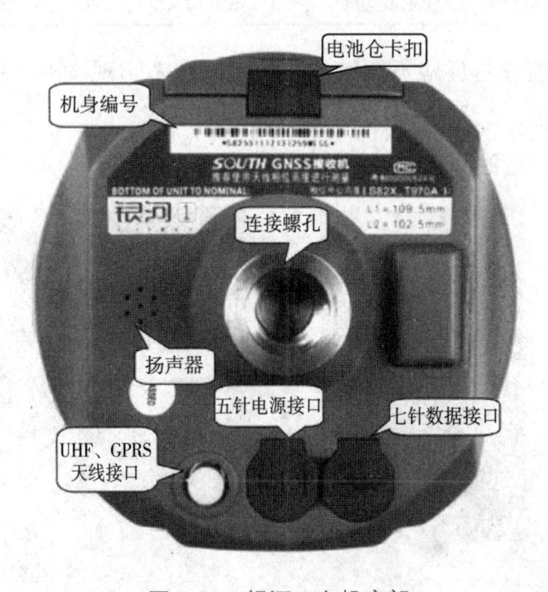

图 5-14　银河 1 主机底部

（2）手簿（以北极星 Polar X3 手簿为例）

正面、背面、键盘及其功能见图 5-15、图 5-16、表 5-12。

图 5-15 北极星 Polar X3 手簿

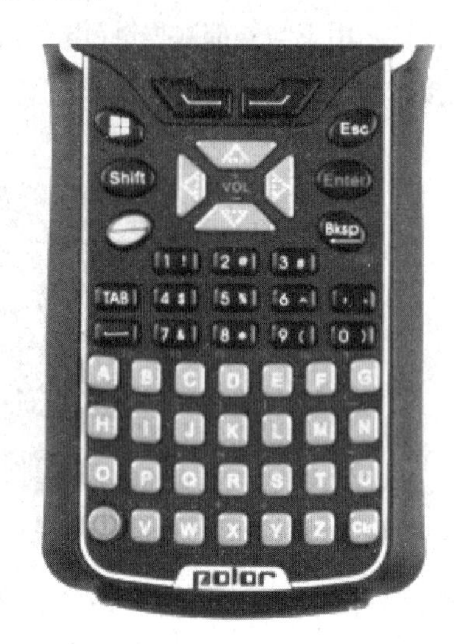

图 5-16 北极星 Polar X3 手簿键盘

表 5-12 北极星 Polar X3 手簿键盘及其功能

按键	功能	按键	功能
电源键	开机/关机	<Enter>	打开文件或字符输入确认键
背光灯键	打开键盘背光灯	<TAB>	光标右移或下移一个字段
光标键	移动光标	<Esc>	关闭或退出(不保存)
<Shift>	同计算机的 Shift 键功能	黄色 Shift	辅助启用字符输入功能
<……>空格键	输入空格	蓝键	辅助启用功能键
<Bksp>	光标向左删除一位	<Ctrl+sp>	切换输入法状态
<Ctrl>	同计算机的 Ctrl 键功能	<Ctrl+Esc>	禁用或启用屏幕键盘

如触摸屏出现问题或是反应不灵敏，可以用键盘来实现。不支持同时按两个或多个键，每次只能按一个键。

手簿配件包括手簿电池、充电器、数据传输线等(图 5-17)。

图 5-17 手簿配件

(3)电台

电台面板、电台接口、电台发射天线如图 5-18 所示。

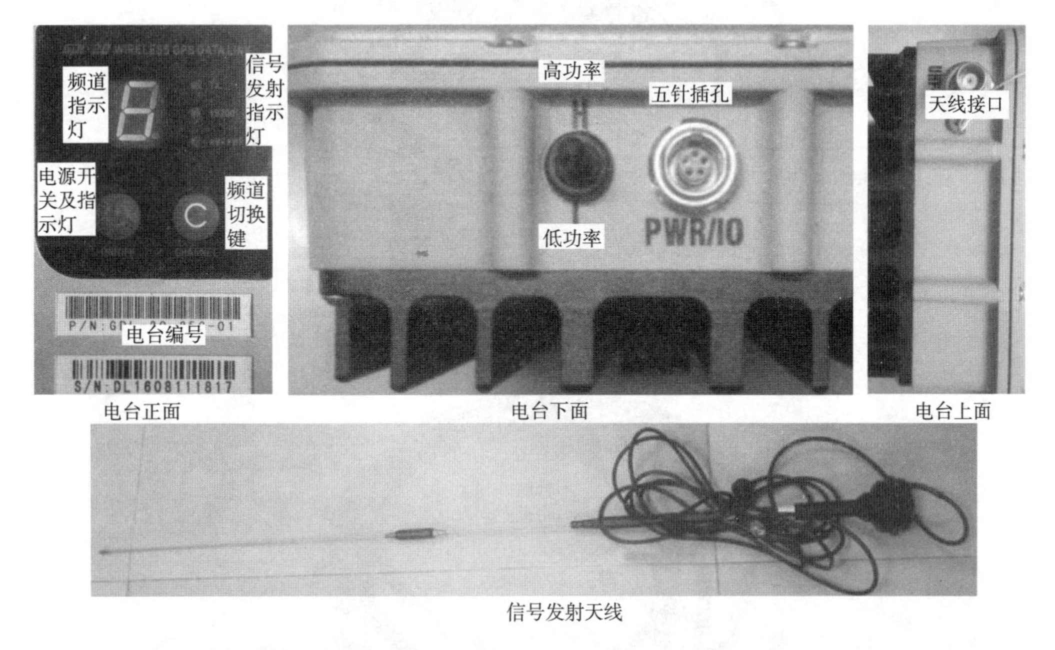

图 5-18 电台

(4)配件

配件包括差分天线(图 5-19)、锂电池及电池充电器(图 5-20)、电台 Y 型数据线(图 5-21)、主机多用途数据线(图 5-22)和附件(图 5-23)。

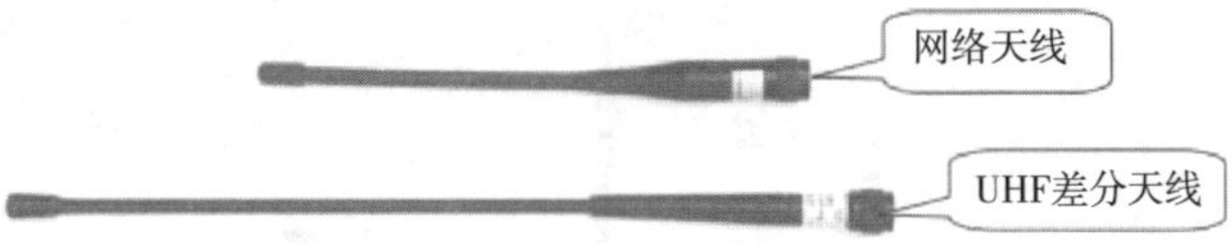

网络天线

UHF差分天线

图 5-19 差分天线

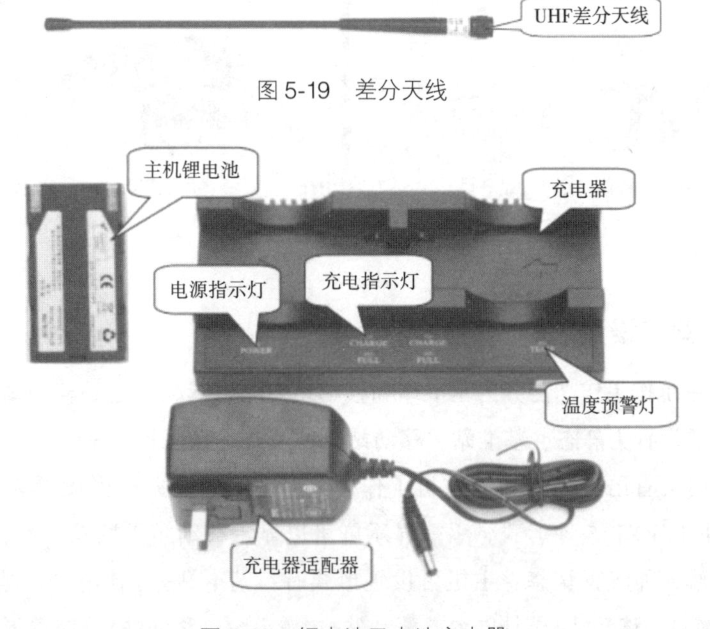

图 5-20 锂电池及电池充电器

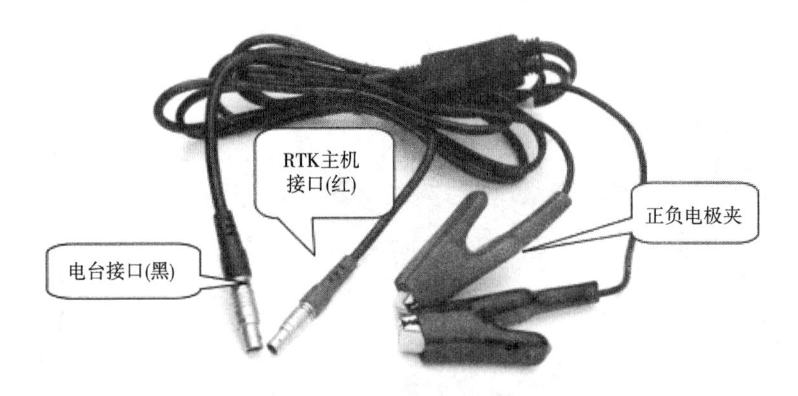

图 5-21　电台 Y 型数据线

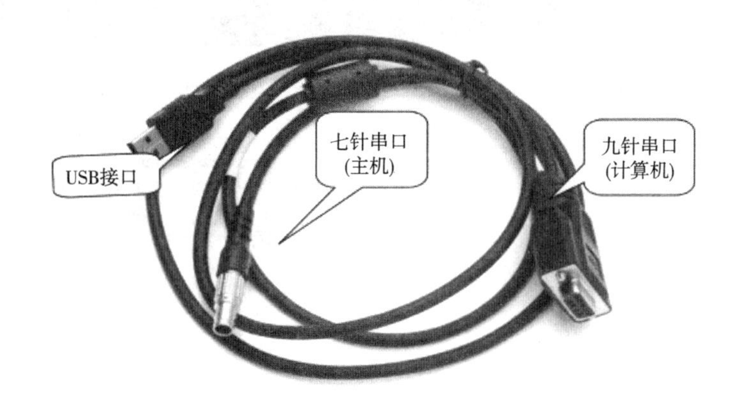

图 5-22　主机多用途数据线

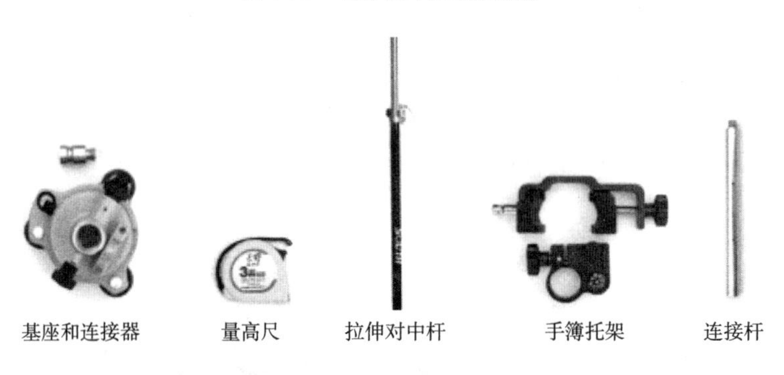

图 5-23　附件

2. RTK 测量模式设置

RTK 测量系统按工作功能分为基准站和移动站。无论基准站还是移动站都有主机，主机可以根据需要设置为静态、基准站、移动站 3 种模式。在主机正常工作时，按一下电源键，松手，这时会有语音播报当前主机工作模式；主机的数据链可设置为网络(GPRS)、电台(DL)、外挂(EXT)3 种形式。手簿显示屏可以显示移动站无数据、差分解、单点解、浮点解、固定解 5 种解算状态。主机可设置形式有：基准站+外挂电台、基准站+内置电台、基准站+网络，移动站+外挂电台、移动站+内置电台、移动站+网络等形式。每次开机后，主机工作模式默认为上一次关机时的工作模式。下面以基准站设置为外挂电台工作模式、移动站设置为内置电台工作模式为例，介绍 RTK 银河 1 测量系统设置。

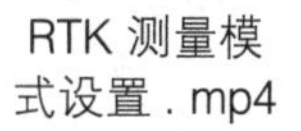

RTK 测量模式设置 . mp4

（1）基准站+外挂电台的设置

①主机与电台连接安装(图 5-12)

a. 将主机拧紧在支撑杆上，把支撑杆安装在基座上，拧紧螺丝。

b. 将电台安装在主机三脚架侧，取出电台发射天线、连接器，将其拧紧，安装到架好的基座上，拧紧螺丝，把发射天线的连接线接到电台上，拧紧接头，注意保护电台与天线。发射天线越高，信号传播得越远。

c. 取出电台 Y 型数据线，将主机差分数据口与 GDL 电台差分数据口相连，红点对红点。再将电台 Y 型数据线红黑两个夹子，分别与蓄电池正负极相连，接好后打开电源开关，电源灯亮起。

d. 按通道更改键可以进行电台通道的切换，如选择 5 通道；电台底部有调功率按键，可以上下拨动，“H”代表高功率，“L”代表低功率。基准站接收到 4 颗卫星后，电台的 TX 灯会闪烁，表示电台已发送差分数据，基准站设置成功。

基准站+外挂电台安装连接 . mp4

e. 安装环境要求：一是应远离大功率的无线电发射台或高压线，避免磁场对卫星信号干扰；二是远离大面积水域等对电磁波反射或吸收强烈的物体，以减弱多路径效应的影响；三是应设在易于安置接收设备、视野开阔、地势较高的地方；四是视场内周围障碍物的高度角一般应大于 10°，以减弱对流层折射的影响。

②打开主机与手簿电源。

③蓝牙连接　具体步骤为：打开“工程之星 3.0”→选中“配置”→选中“蓝牙管理”→选中“断开”→选中“搜索”→选中“搜到的主机编号”→选中“连接”→连接蓝牙成功(显示主机编号)。

④主机基准站外挂模式　具体步骤为：打开工程之星 3.0→选中“配置”→选中“主机设置”→选中“仪器设置”→选中“主机模式设置”→选中“设置主机工作模式”，“下一步”→选中“基站”，“确定”；选中“主机模式设置”→选中“设置主机数据链”，“下一步”→选中“外置”，“确定”。

⑤启动基准站　具体步骤为：打开工程之星 3.0→选中“配置”→选中“主机设置”→选中“仪器设置”→选中“基准站设置”→选择差分格式，如“RTCM32”，选中“启动基站”→确定启动基准站吗？选择“是”→基准站启动成功。按一下主机电源，出现语音播报，确认安装设置操作流程是否成功。

（2）移动站+内置电台的设置

①蓝牙连接　具体步骤为：打开工程之星 3.0→选中“配置”→选中“蓝牙管理”→选中“断开”→选中“搜索”→选中“搜到的主机编号”→选中“连接”→连接蓝牙成功(显示主机编号)→屏幕显示“单点解”。

基准站与外挂电台频道设置.mp4

②主机设置　取出主机安装在拉伸对中杆上。

③主机移动站内置电台模式　具体步骤为：打开工程之星3.0→选中“配置”→选中“主机设置”→选中“仪器设置”→选中“主机模式设置”→选中设置“主机工作模式”→选中“移动站”，确定。

④移动站数据链设置　具体步骤为：打开工程之星3.0→选中“配置”→选中“主机设置”→选中“仪器设置”→选中“主机模式设置”→选中“设置主机数据链”，下一步→选中“电台”，确定。

⑤电台设置　具体步骤为：在工程之星3.0主菜单点击“配置”→选中“主机设置”→选中“电台设置”(图5-24)，将电台通道切换为1~8中任一个→选中“OK”，收取基站差分数据，屏幕显示固定解(图5-25)。按一下主机电源，出现语音播报，确认安装设置操作流程是否成功。

3. 参数计算

要求：检查点实地观测值与已知值三维坐标，误差均小于0.05m。

RTK参数计算.mp4

(1)新建工程

打开工程之星3.0，读取主机信息，显示固定解，读取成功，点击“工程”→选中“新建工程”(图5-26)，弹出“新建工程”对话框(图5-27)，填写工程名称，点击“确定”。

(2)坐标系统建立与编辑

在“工程之星3.0”主菜单点击“配置”，选中“坐标系统设置”(图5-28)，弹出“坐标系统列表”对话框(图5-29)，点击“增加”，弹出“增加参数系统”对话框(图5-30)，填写“参数系统名”(图5-31)，注意中央子午线的填写(如114)，点击“OK”，返回“坐标系统编辑”对话框(图5-32)，点击“确定”，返回“工程设置”对话框(图5-33)，点击“确定”，完成坐标系的建立。

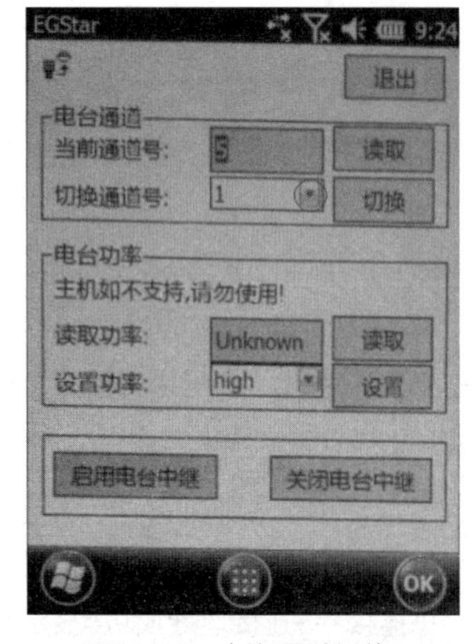

图5-24　电台通道切换

图5-25　工作模式设置成功

图 5-26 新建工程

图 5-27 新建工程命名

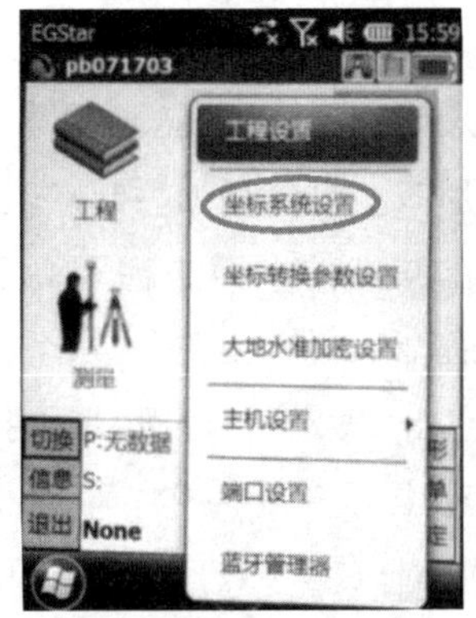

图 5-28 坐标系统设置

图 5-29 坐标系统列表

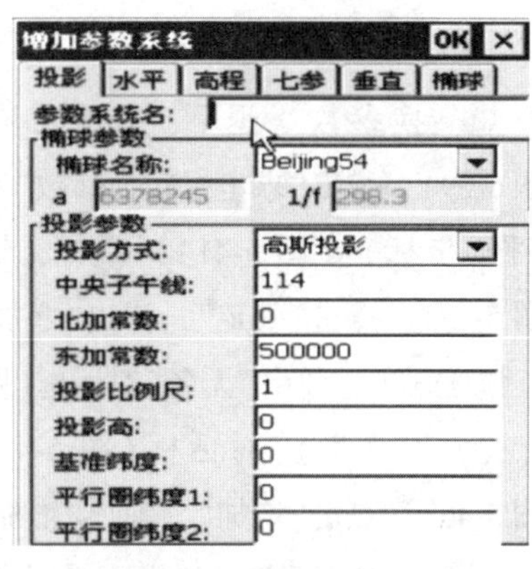

图 5-30 增加参数系统

图 5-31 参数系统

图 5-32 坐标系统编辑

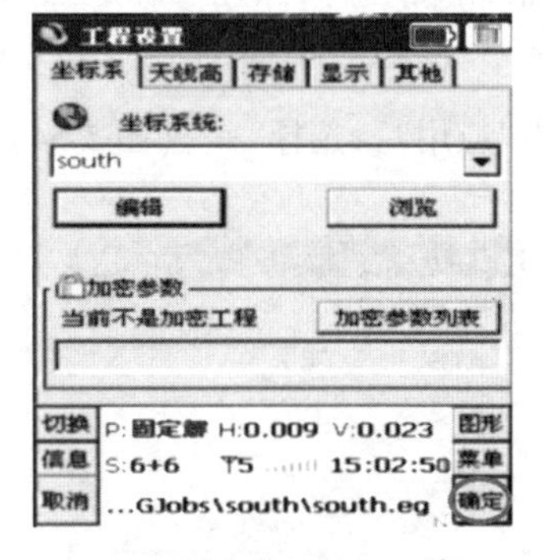

图 5-33 工程设置

(3) 坐标参数转换（四参数法）

①采集 2 个或 2 个以上已知点原始坐标 先去已知点采集原始坐标，然后求参数。先测第一个已知点的原始 84 坐标(图 5-34)，把移动站架立在已知点上，使水准器气泡居中，

测量界面显示固定解，按“A”键采集。更改点名(图5-35)，天线高输入当前的杆高(图5-36)，按“OK”键确认，观测点的坐标就存到坐标管理库里。到下一个已知点，将仪器架立在已知点上，同样的操作完成其余已知原始坐标采集(图5-37)。双击“B”键可以查看已知点的原始坐标数据(图5-38)，并可以进行参数转换的计算。

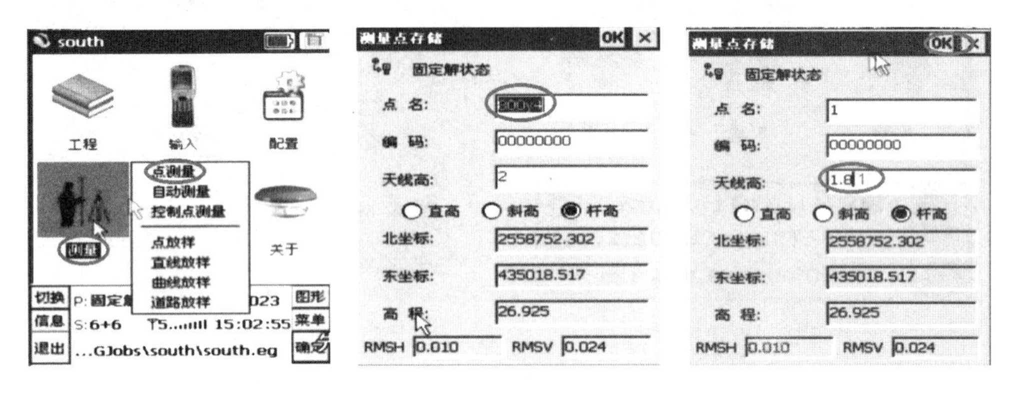

图5-34　点测量　　图5-35　更新点名　　图5-36　更新天线高

②转换参数　退到“工程之星3.0”主界面，选择“输入”，点击“求转换参数”(图5-39)，弹出“求坐标转换参数”对话框(图5-40)，点击“增加”，弹出“增加控制点(已知平面坐标)”(图5-41)对话框，输入由甲方提供的第一个已知点的平面坐标和高程(图5-42)，点击“确定”，弹出“增加控制点(大地坐标)”对话框(图5-43)，点击“从坐标管理库选点”，弹出“无名”对话框(图5-44)，选择第一个点，点击“确定”，返回“增加控制点(大地坐标)”对话框(图5-45)，点击“确认”。返回“求坐标转换参数”对话框(图5-46)，点击“增加”，弹出“增加控制点(已知平面坐标)”对话框(图5-47)，输入由甲方提供的第二个已知点的平面坐标和高程，点击“确定”，弹出“增加控制点(大地坐标)”(图5-48)对话框，点击“从坐标管理库选点”，弹出“无名”(图5-49)对话框，选择第二个点的原始坐标，点击“确定”，返回“增加控制点(大地坐标)”(图5-50)对话框，点击“确认”。做好后点击“保存”(图5-51)，予以命名，如123(图5-52)，点击“OK”(图5-53)，点击“应用”，选择“是”(图5-54)。

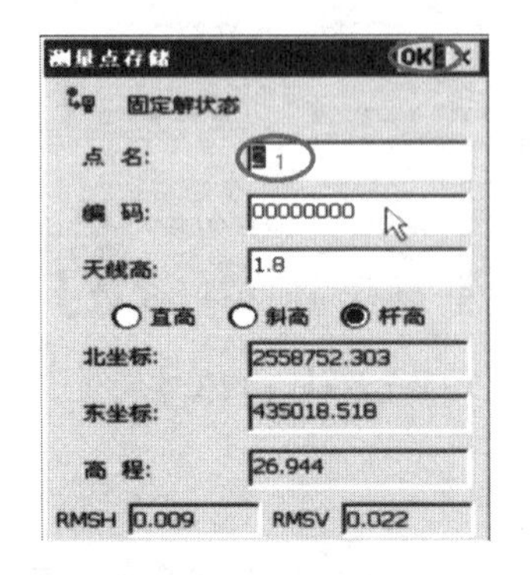

图5-37　点测量

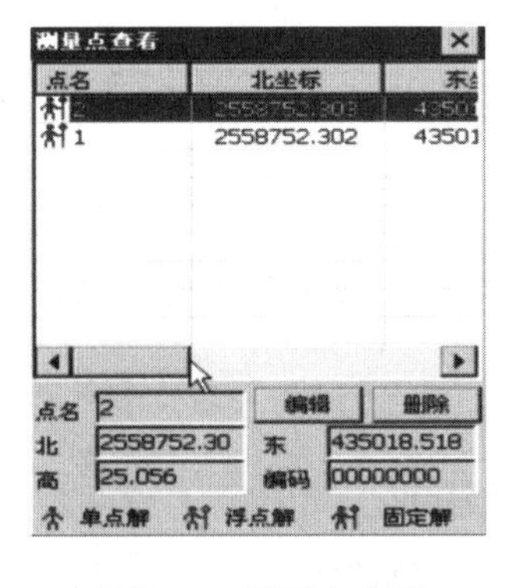

图5-38　测量点查看

图5-39　求转换参数

图 5-40　求坐标转换参数

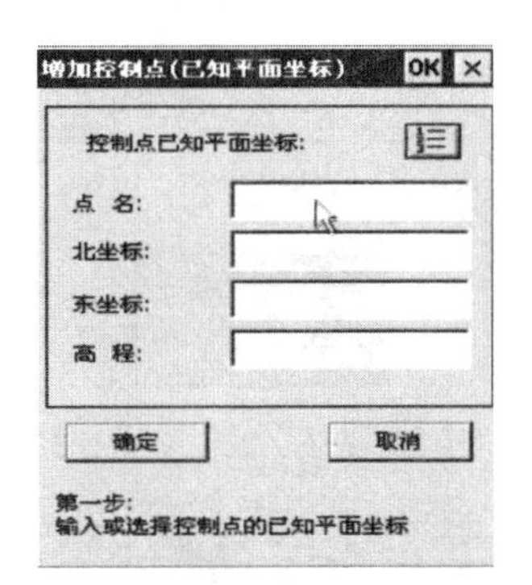

图 5-41　增加控制点(已知)

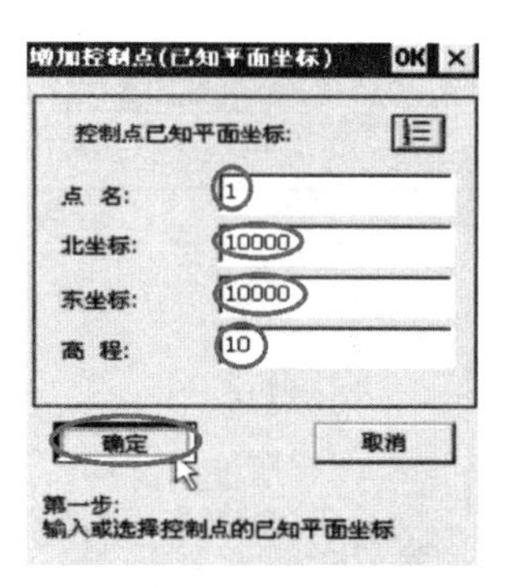

图 5-42　增加控制点坐标

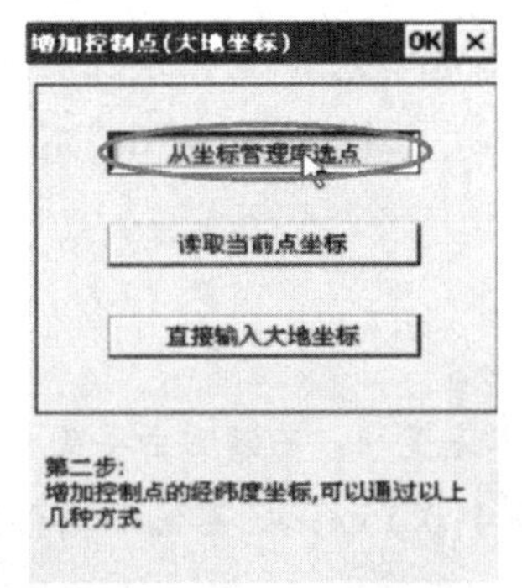

图 5-43　增加控制点(大地坐标)

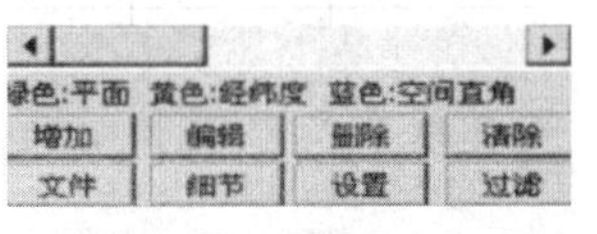

图 5-44　已测量的大地坐标

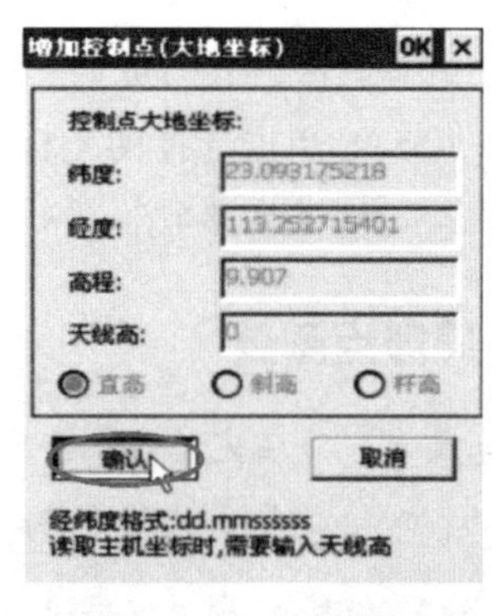

图 5-45　增加控制点(确认)

图 5-46　增加已知坐标控制点

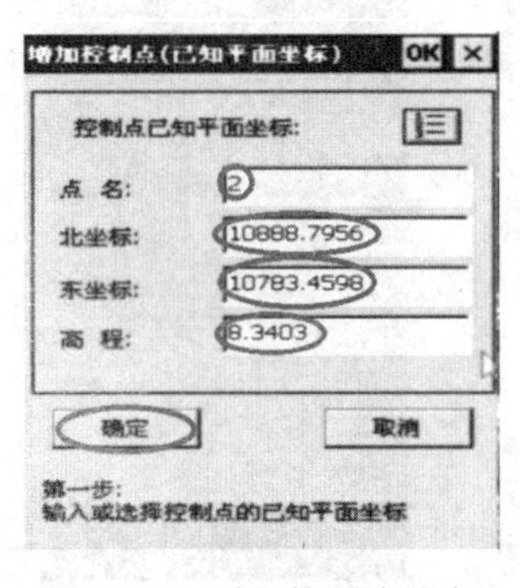

图 5-47　增加控制点坐标

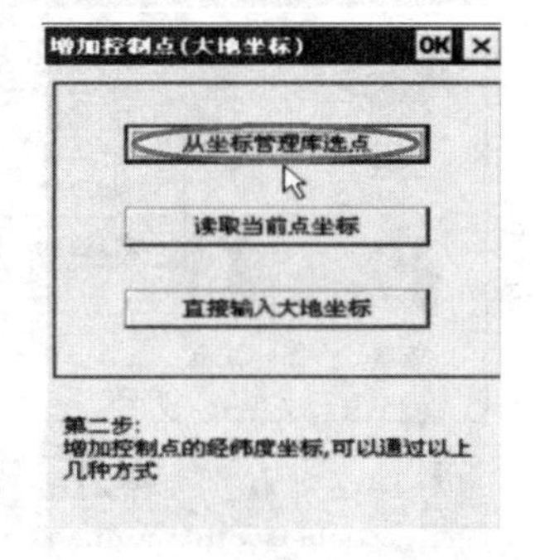

图 5-48　增加控制点(大地坐标)

图 5-49　已测量的大地坐标

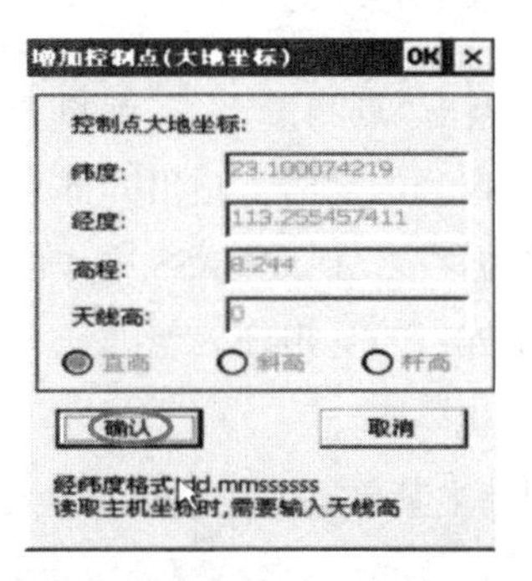

图 5-50　增加控制点(确认)

图 5-51　坐标参数保存

图 5-52 坐标参数命名

图 5-53 坐标转换参数成功

图 5-54 坐标转换参数赋值

③查看四参数 退回“工程之星 3.0”主界面，选择“配置”，点击“坐标系统设置”(图 5-55)，单击选择的坐标系统，如“pb071703”，单击“浏览”(图 5-56)，单击“水平”(图 5-57)查看四参数。

4. 碎部点测量

要求：方法完整性：全站仪测得碎部点不少于 15 点；内容完整性：不漏测主要及次要地物，对地貌等高线进行测绘；点三维坐标与边长精度：小于 0.15m；规范使用地形图图式。

图 5-55 坐标系统设置

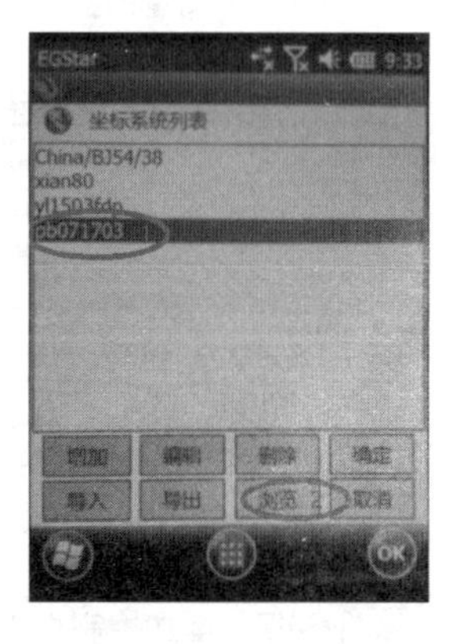

图 5-56 选择坐标系统

图 5-57 浏览水平四参数

退回主界面，选择“测量”，点击“点测量”，在点测量界面完成接收卫星信号碎部点的测量工作。在观测的同时，画出碎部点草图。观测结束后，要将野外点测量采集的数据在 CAD 或 CASS 中作图。应从手簿中将野外采集数据的文件夹(如 20170717)导出到 U 盘。

RTK 碎部点测量 . mp4

(1) RTK 碎部测量文件导出

①文件导出 打开手簿电源→主菜单→工程→文件导入导出→文件导出→导出文件类型，如 AutoCAD(*. dxf)-点名→测量文件(选择测量文件)→成果文件(输入成果文件名)→导出→导出成功!

②将导出的文件从手簿复制至 U 盘 打开手簿电源→主菜单→资源管理器→我的设备→

Storage Card→EGJobs→…在要复制的文件(如 20170717)上长按→弹出子菜单→复制→插上 U 盘→资源管理器→打开“Disk”(U 盘)→手簿屏膜空白处长按，弹出子菜单→粘贴。这时复制的文件(如 20170717)就显示在 U 盘了。数据导出成功后，可在计算机中用 CAD 或 CASS 软件打开 dxf 或 dat 格式的文件。

(2) 全站仪碎部测量文件导出

RTK 接收机安置三脚架上，测定全站仪测站点及后视点坐标。将全站仪安置在测站点上并进行建站等相关工作，按全站仪采集三维坐标方法，测定剩余碎部点。边测量边画草图，将全站仪三维坐标数据导出并在计算机中打开 dxf 或 dat 格式的文件。

RTK 数据导出 . mp4

5. CASS 制图

要求：按规范要求表示高程注记点；按图式要求进行点、线、面状地物绘制和文字、数字、符号注记；图廓整饰采用任意分幅，四角坐标注记坐标单位为千米，取整 50m，注记图名、测图比例尺、内外图廓线、坐标系统、高程系统、等高距 0.5m、图式版本、测图时间、测图单位等信息。

①RTK 及全站仪观测数据导出优盘；

②将两个数据导入安装有数字测图软件 CASS 10.1 及其配套软件的台式计算机；

③按地形图图式等规程制图。

具体流程请参照本任务知识链接中“CASS 制图任务案例”。

注意事项

(1)利用 2 个已知地面控制点进行坐标系转换参数后，用 RTK 实地观测已知地面检查点坐标，对比检查点实地观测值与已知值三维坐标，误差均小于 0.05m 时，才可以进入下一步碎部点数据采集观测。

(2)碎部点数据采集模式只限“草图法”，不得采用其他方式。

(3)用 GNSS 接收机确定全站仪的测站点时必须使用三脚架。

(4)必须采用 GNSS 接收机配合全站仪的测图模式，全站仪测量的碎部点不少于 15 个。

(5)根据规范要表示高程注记点，除指定区域外，其他地区不表示等高线。

(6)按图式要求进行点、线、面状地物绘制和文字、数字、符号注记。注记的文字字体采用绘图软件默认字体；图上表示提供的控制点，表示全站仪测站点、定向点，如 S_1、S_2、S_3…

(7)图廓整饰内容。采用任意分幅(四角坐标注记单位为 km，取整到 50m)、图名、测图比例尺、内图廓线及其四角坐标注记、外图廓线、坐标系统、高程系统、等高距、图式版本和测图时间(图上不注记测图单位、接图表、图号、密级、直线比例尺、附注等内容)。

考核评价

(1)规范性考核：按以上要求、方法、步骤，对学生的操作进行规范性考核。

(2)熟练性考核：在规定时间内完成外业数据采集与内业制图。

(3)准确性考核：点位精度检查10处，要求误差小于0.15m；边长精度检查5处，要求误差小于0.15m；高程精度检查5处，要求误差小于1/3等高距(0.15m)；考核图纸的完整性，图上内容取舍合理，不能漏测主要地物；地形图符号和注记使用正确。

作业成果

dat格式的原始测量数据文件2个(全站仪测点和GNSS测点的数据文件)；野外数据采集草图1份；dwg格式的地形图数据文件1份。

知识链接

1. GNSS工作原理

全球卫星导航实时动态测量技术是以载波相位观测为根据的实时差分技术，由基准站接收机、数据链、移动站接收机等部分组成。在基准站上安置接收机为参考站，对卫星进行连续观测，并将其观测数据和测站信息，通过电台或网络等无线电传输设备，实时地发送给移动站，移动站接收机在接收GNSS卫星信号的同时，通过无线接收设备，接收基准站传输的数据，然后根据相对定位的原理，实时解算出移动站的三维坐标及其精度，即基准站和移动站坐标差Δx、Δy、Δh，加上基准坐标得到的每个点的WGS-84坐标，通过坐标转换参数得出移动站每个点的平面坐标x、y和高程h。

2. CASS制图任务案例

(1) CASS绘制地形图

CASS绘制地形图.pdf

(2) 教学演示示例数据文件

教学演示示例数据-地形.dat

习　题

1. 填空题

(1)测定控制点平面位置的工作，称为______________，测定控制点高程的工作，称为______________。

(2)将地面上相邻控制点用直线连接而形成的折线，称为________，这些控制点称为_________，每条直线称为_________，相邻导线边之间的水平角称为______，通过观测导线边的边长和转折角，根据起算数据可计算出各导线点的________。

2. 单项选择题

(1)闭合导线内业计算中，根据外业观测数据计算角度闭合差。已知外业测得$\sum\beta=360°00'38''$，此闭合导线有 4 个内角，则此闭合导线角度闭合差为(　　)。

A. +38″　　B. −38″　　C. +180°00′38″　　D. −180°00′38″

(2)导线测量内业计算准备工作是先检查，整理外业观测成果，然后(　　)，并把各项数据标注好。

A. 检查成果有无遗漏　　B. 记录计算是否正确

C. 检查成果是否有限差要求　　D. 绘制导线略图

(3)导线的坐标增量闭合差调整后，应使纵、横坐标增量改正数之和等于(　　)。

A. 纵、横坐标增值量闭合差，其符号相同　　B. 导线全长闭合差，其符号相同

C. 纵、横坐标增量闭合差，其符号相反

(4)测量导线角度闭合差的调整方法是将闭合差反符号后(　　)。

A. 按角度大小成正比例分配　　B. 按角度个数平均分配　　C. 按边长成正比例分配

(5)导线坐标增量闭合差的调整方法是将闭合差反符号后(　　)。

A. 按角度个数平均分配；　　B. 按导线边数平均分配　　C. 按边长成正比例分配

3. 判断题

(1)碎部测量就是根据图上控制点的位置，测定碎部点的平面位置和高差，并按图式规定的符号绘成地形图。　(　　)

(2)控制测量分为 x 轴和 y 轴控制。　(　　)

(3)在全国范围内建立起来的控制网称为国家控制网。　(　　)

(4)测定控制点平面 x 和 y 轴位置的工作称为平面控制测量。　(　　)

(5)导线测量是建立小地区平面控制网常用的一种方法，特别是在地物分布复杂的建筑区、平坦而通视条件差的隐蔽区，多采用导线测量的方法。　(　　)

(6)高程控制测量的主要方法是导线测量。　(　　)

(7)小区域平面控制网由高级到低级分级建立。　(　　)

(8)图根点的密度应根据测图比例尺和地形条件而定，对于地形复杂、隐蔽以及城市

建筑区，可适当加大图根点的密度。（　　）

(9)导线测量只能用全站仪进行导线转折角和边长的测量。（　　）

(10)导线测量在测转折角当中，以前进方向的导线点为左目标时，此转折角为右角。（　　）

(11)在进行平面控制测量时，如果导线点的密度不能满足测图和工程的要求，则需要进行控制点的加密。（　　）

(12)碎部测量的方法有很多，其中经纬仪测绘法是将经纬仪安置于碎部点上测得方向和距离。（　　）

(13)坐标正算就是通过已知点 *A*、*B* 的坐标，求出 *AB* 的距离和方位角。（　　）

(14)闭合导线就是由一组已知高级控制点出发，经一系列导线点而终止于另一组的一个高级控制点。（　　）

(15)导线测量内业计算之前，首先要对外业观测成果进行全面检查，应检查观测数据有无遗漏，记录计算是否正确，成果是否符合限差要求。（　　）

4. 综合分析题

如图 5-58 所示，已知直线 12 的坐标方位角 $\alpha_{12}=75°10'25''$，用经纬仪测得水平角 $\beta_2=201°10'10''$，$\beta_3=170°20'30''$，求直线 23、34 的坐标方位角。

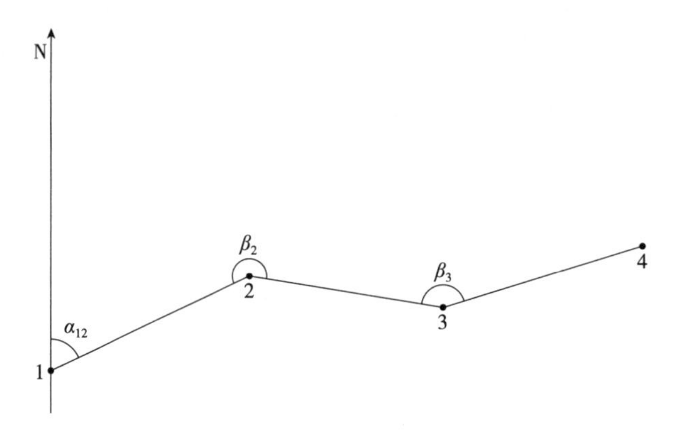

图 5-58　导线坐标方位角计算

项目 6　地形图使用

项目情景

小梁家住在小山村，常常和村里的小伙伴一起爬附近的火炉山，从山顶往下看，火炉山半山水库如一块白玉，镶嵌在绿水青山中，山下尽收眼底，依山而建的广场、顺着山势的小溪、错落有致的庭院、花树点缀的林海，小梁觉得火炉山巨石、山色鬼斧神工，园林造景更是巧夺天工，小梁盼望自己也能构筑与地形地貌和谐共生的美丽景观。

学习目标

【知识目标】

(1)了解比例尺的概念、种类及其精度。

(2)了解常见的地形图图式和注记。

(3)掌握地物和地貌在地形图上的表示方法。

(4)熟悉国家基本比例尺地形图分幅和编号方法。

(5)熟悉地形图图廓外注记及图内阅读要求。

(6)掌握地形图上不规则图形面积计算的常用方法。

(7)熟悉场地平整中方格网的布设方法。

【技能目标】

(1)能正确判读地形图上的地物、地貌。

(2)能根据某点经纬度计算国家基本比例尺地形图的编号。

(3)能计算地形图上某点的坐标与高程，并能求算两点间的距离、方位角和地面坡度。

(4)能在地形图上按限定坡度选线，并能绘制指定方向的断面图。

(5)能对地形图进行实地定向，并能确定站立点在图上的位置，对地类界进行勾绘。

(6)能计算地形图上不规则图形的面积。

(7)能进行场地平整和土方计算。

园林规划设计、施工建设与管理都离不开地形图。地形图的绘制有严格的规范，如地物、地貌、比例尺、等高线、高程等都有规范的表示方法，只有熟悉这些规范，才能读懂地形图，把实地的数据资料注记在对应的地形图上，并能据此计算某区域面积或某平整场地的土方。

任务 6-1　计算图上线段对应的实地距离

任务目标

了解比例尺的概念、种类及其精度；能量算图上线段对应的实地距离。

准备工作

(1)熟悉计算区域的地形图。

(2)每个人配备地形图 1 张，铅笔 1 支，直尺 1 把，计算器 1 个，工作台(桌面需平整)1 张等。

操作流程

如图 6-1 所示，在河西水库及周边的地形图上，测算水库的北端点至库坝南端点间实地水平距离 D_1，并测算库坝南端点至轿顶山山顶的实地直线水平距离 D_2。具体操作步骤详见表 6-1。

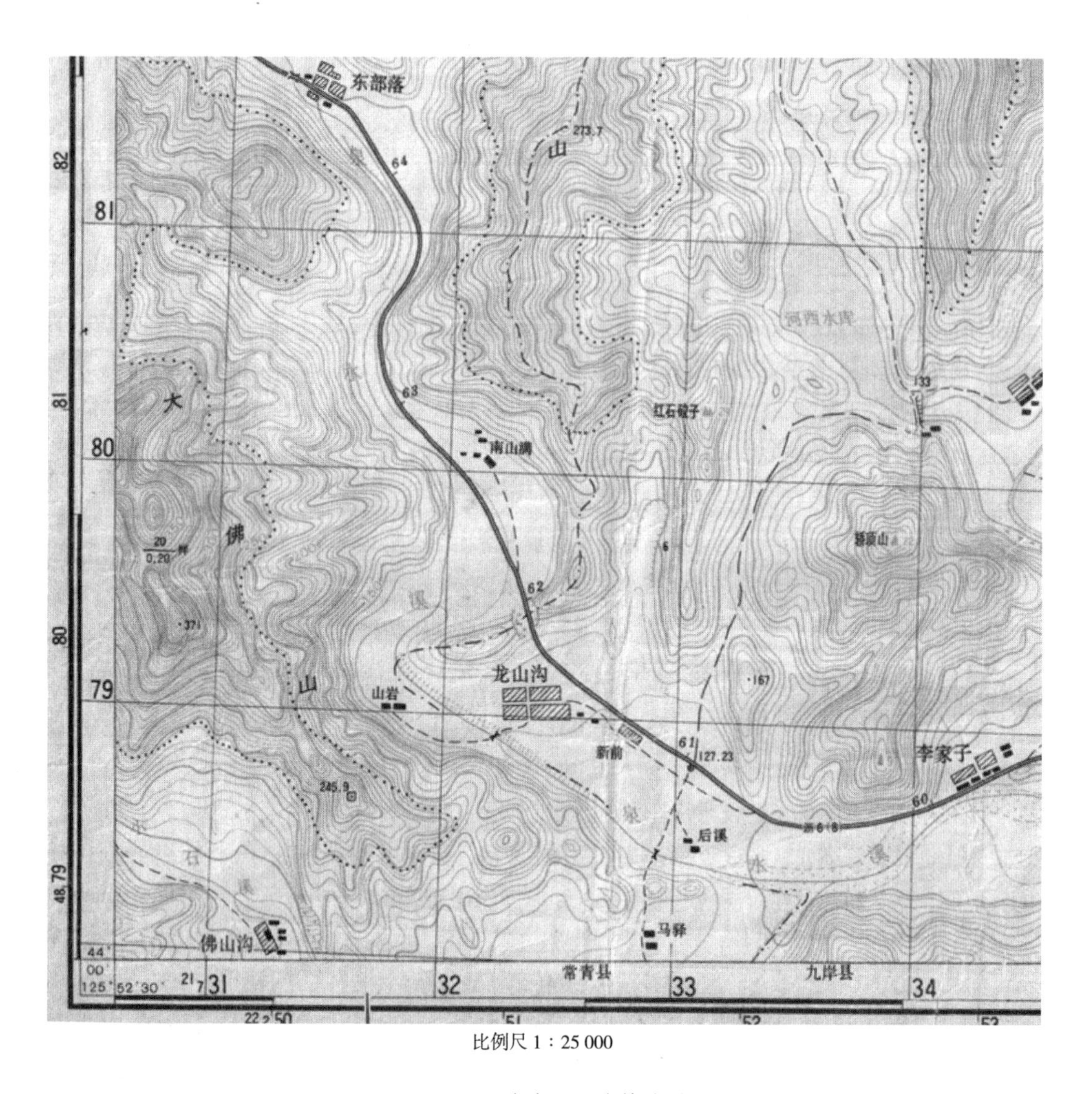

比例尺 1∶25 000

图 6-1　河西水库及周边的地形图

表 6-1　计算图上线段对应的实地距离操作流程

序号	操作步骤	具体操作方法	质量要求
1	图上找点	找出河西水库的北端点和库坝南端点(分别命名为 a、b)以及轿顶山的山顶(记为 c)位置	找标志点要准确，图上点位标志误差≤0.3mm
2	图上距离量取	用直尺量出 a 点至 b 点，b 点至 c 点图上距离分别为 d_1d_2，单位为厘米	保留 2 位小数，估读至 0.1mm；量取图上长度时，需将地形图平放在平整的桌面上，读取直尺在图上的起点及终点的刻划时，眼睛要正视
3	查看比例尺	在南图廓外正中央有该地形图的比例尺，查看该地形图比例尺分母值 M	比例尺查看正确
4	水库的北端点至库坝南端点间实地水平距离的计算	水库的北端点至库坝南端点间实地水平距离 D_1： $D_1=d_1\times M\div100$，单位为米	保留 2 位小数，实地水平距离的计算误差≤0.3×M÷1000 米
5	库坝南端点至轿顶山山顶的实地直线水平距离计算	库坝南端点至轿顶山山顶的实地直线水平距离 D_2： $D_2=d_2\times M\div100$，单位为米	保留 2 位小数，实地水平距离的计算误差≤0.3×M÷1000 米

注意事项

(1)非教学用地形图一般属于国家机密资料，实训完毕后必须如数归还，严禁损坏，不得丢失。

(2)因比例尺精度的问题，要注意有些地物在不同比例尺图上所用符号即依比例符号、半依比例符号和不依比例符号可能不同。

(3)地形图不得缩放；地形图如需复印，不得变形。

考核评价

(1)规范性考核。按以上方法、步骤，经实训小组共商，由指导教师批准的规范进行考核。

(2)熟练性考核。两直线水平距离测算，完成时间比较。

(3)准确性考核。图上点位标志误差≤0.3mm；实地水平距离的计算误差≤0.3×M÷1000 米。

作业成果

量测图上两点对应的实地水平距离记录计算表

点名	图上长度(d)	图的比例尺分母(M)	实地水平距离(D)	备　注
a				图上长度(d)单位为厘米，保留 2 位小数，最后一位小数为估读值；实地水平距离(D)的单位为米，保留两位小数
b				
c				

知识链接

比例尺

地物是地球表面上具有明显轮廓的各种固定物体，如房屋、道路、森林等；地貌则是指地面上高低起伏的形态，如高山、深谷和平原等。按一定的比例尺，用规定的符号表示地物、地貌平面位置和高程的正射投影图称为地形图。

1. 比例尺概念

地球表面的形态和物体不可能按真实大小描绘在图纸上，必须经过一定的比例缩小。比例尺就是图上某一线段的长度与地面上相应线段水平距离之比，用分子为1的分数式表示。比例尺的大小，取决于分数值的大小，即分母越大比例尺越小，分母越小则比例尺越大。

2. 比例尺种类

(1)数字比例尺

数字比例尺是用分子为1，分母为整数的分数表示，如1∶1000、1∶5000等。

(2)直线比例尺

直线比例尺直接画在图纸上，能避免图纸伸缩所引起的误差，并可直接进行图上长度与相应实地水平距离的量算。图6-2所示为1∶1000的直线比例尺，绘制直线比例尺时，需先在图上绘一条直线，把它分成若干个2cm或1cm长的基本单位(一个基本单位为一大格)，再把左端的一个基本单位分成十等份(一等份为一小格)，最后在大格与小格的分界处注上“0”，在其他分格上标注相应的实际水平距离。

应用时，张开两脚规的两个脚尖，对准图上待量的两点，然后移到直线比例尺上，使一脚尖对准直线比例尺右端的某一整分划线，而另一个脚尖落在左端的毫米分格线上，取两脚尖的读数之和，即为图上两点间相应的实地水平距离。在图6-2中，两脚规的两个脚尖间的距离为37.5m。

(3)三棱比例尺

直线比例尺也可刻在三棱尺上，称三棱比例尺，如图6-3所示。三棱比例尺用于图形的缩小或放大，即用来度量尺寸，而不用来画线。三棱比例尺的3个面有6种不同比例的刻度，刻度数字单位是米，使用时要认清各个比例刻度最小格的读数。例如，1∶100的比例尺上每一小格为0.1m，而1∶1000的比例尺上每一小格为1m。因此，用三棱比例尺量取线段时，只要在尺面上找到测图比例，在三棱比例尺上直接读刻度值即可。

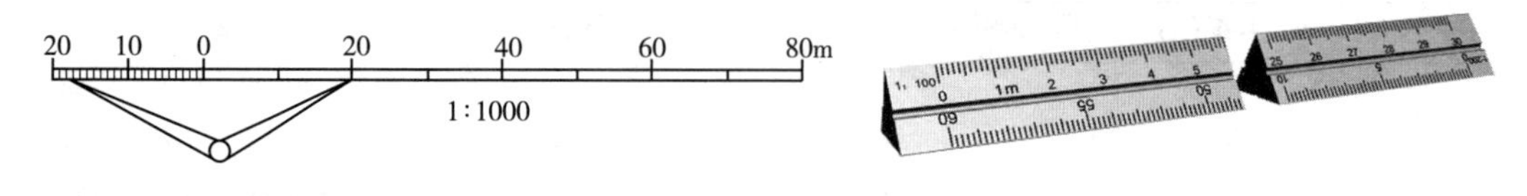

图6-2　直线比例尺

图6-3　三棱比例尺

3. 比例尺精度

一般人眼能分辨的最小距离为0.1mm，而间距小于0.1mm的两个点，只能视为一个点。因此，将图上0.1mm所代表的实地水平距离称为比例尺的精度，即0.1*M*(单位为毫米，*M*为比例尺分母)。比例尺越大，精度数值越小，图上表示的地物、地貌越详尽，测图的工作量也越大；反之则相反。几种比例尺的精度见表6-2所列。

表6-2 几种比例尺的精度

比例尺	1∶10 000	1∶5000	1∶2000	1∶1000	1∶500
比例尺精度(m)	1.00	0.50	0.20	0.10	0.05

测图时要根据工作需要选择合适的比例尺。根据比例尺精度，在测图中可解决两个方面的问题：一方面，根据比例尺的大小，可确定在碎部测量量距时的准确程度；另外，根据预定的量距精度要求，可确定所采用比例尺的大小。例如，测绘比例尺为1∶1000的地形图，碎部测量中实地量距精度只能达到0.1m，小于0.1m的长度，在图上无法绘出；若要求在图上能显示0.2m的精度，则所用测图比例尺不应小于1∶2000。

任务6-2 识别典型地貌的等高线及各种地物

任务目标

了解常见的地形图图式和注记；掌握地物和地貌在地形图上的表示方法。

准备工作

(1)深刻理解山顶点、鞍部点、山谷线、山脊线、缓坡、急坡、等高距等概念。

(2)4~6人为一实训小组，每个人配备地形图1张，铅笔1支，直尺1把等。

操作流程

具体操作流程详见表6-3。

表6-3 识别典型地貌的等高线及各种地物操作流程

序号	操作步骤	具体操作方法	质量要求
1	图上找山顶点	山丘和洼地的等高线都是一组闭合曲线，在地形图上区分山丘或洼地的方法是：凡内圈等高线的高程注记大于外圈者为山丘	在图上注记的位置误差≤0.3mm

(续)

序号	操作步骤	具体操作方法	质量要求
2	图上找鞍部点	鞍部是相邻两山头之间呈马鞍形的低凹部位，鞍部等高线的特点是：在一大圈的闭合曲线内，套有两组小的闭合曲线	在图上注记的位置误差≤0.3mm
3	图上找山脊线	山脊是沿着一个方向延伸的高地，山脊的最高棱线称为山脊线；山脊等高线表现为一组凸向低处的曲线	山脊线上的点位在图上误差≤0.3mm
4	图上找山谷线	山谷是沿着一个方向延伸的洼地，位于两山脊之间；贯穿山谷最低点的连线称为山谷线；山谷等高线表现为一组凸向高处的曲线	山谷线上的点位在图上误差≤0.3mm
5	图上找较平坦且比较大的地方	等高线平距越小，则地面坡度越大；等高线平距越大，则坡度越小；等高线平距相等，则坡度均匀；地形图上等高线的疏、密决定地面坡度的缓和陡	图形边界线上的点位在图上误差≤0.3mm
6	图上找等高距	相邻等高线之间的高差称为等高距，在同一幅地形图上，等高距是相同的	等高距需完成正确

注意事项

(1)非教学用地形图一般属于国家机密资料，实训完毕后必须如数归还，严禁损坏，不得丢失。

(2)因比例尺精度的问题，要注意有些地物在不同比例尺图上所用符号即依比例符号、半依比例符号和不依比例符号可能不同。

(3)地形图不得缩放；地形图如需复印，不得变形。

考核评价

(1)规范性考核：按以上方法、步骤，对学生的操作进行规范性考核。

(2)熟练性考核：在规定时间内找出并在图上注记山顶点、鞍部点、山谷线、山脊线、比较平坦的地方，以及该图等高距。

(3)准确性考核：注记的山顶点、鞍部点、山谷线、山脊线、比较平坦的地方等在图上误差≤0.3mm；等高距需正确。

作业成果

在图6-1上用铅笔圈画并注记山顶点、鞍部点、山脊等高线、山谷等高线、比较大且比较平的地方等，同时写出该地形图的等高距。

知识链接

地物和地貌在地形图上的表示方法

1. 地物的表示方法

地面上具有明显轮廓的固定物体称为地物，可分为自然地物和人工地物两大类。自然地物如湖泊、河流、池塘、森林、草地等，人工地物如房屋、道路、桥梁等。

在地形图上所有地物都用简明、清晰和易于判断实物的符号表示，这些符号称为地形图图式。《国家基本比例尺地图图式》(GB/T 20257. 1—2017)规定了房屋、活树篱笆、路灯、喷水池、行树、独立树、花圃、花坛等符号标注(表 6-4)。在地形图图式中，地物的符号可分为依比例符号、半依比例符号和不依比例符号 3 种。

(1)依比例符号

有些地物的轮廓较大，如房屋、花圃、草地、农田和湖泊等，它们的形状和大小可以按测图比例尺缩小，并按规定的符号绘在图纸上，这种符号称为依比例符号。

(2)半依比例符号

对于一些带状延伸地物(如道路、高压线、围墙、沟渠等)，其长度可按比例尺缩绘，而宽度无法按比例尺表示的符号称为半依比例符号。这种符号的中心线一般表示其实地地物的中心位置。

(3)不依比例符号

有些地物，如导线点、独立树、路灯和旗杆等，轮廓较小，无法将其形状和大小按比例绘到图上，则不考虑其实际大小，而采用规定的符号表示，这种符号称为不依比例符号。

不依比例符号不仅其形状和大小不按比例绘出，而且符号的中心位置与该地物实地的中心位置关系，也随各种不同的地物而异，在测图和用图时应注意下列几点：

①圆形、正方形、长方形等符号，定位点在其图形几何中心。

②底部为直角形的符号(风车、独立树、路标等)定位点在其直角的顶点。

③宽底符号(蒙古包、烟囱、水塔等)定位点在其底线中心。

④几种图形组成的符号(敖包、教堂、气象站等)定位点在其下方图形的中心点或交叉点。

⑤下方没有底线的符号(窑、亭、山洞等)定位点在其下方两端点连线的中心点。

⑥符号除简要说明中规定按真实方向表示者外，均垂直于南图廓线。

2. 地貌的表示方法

在地形图上，通常用等高线配合高程注记来表示地貌。等高线不仅能表示地面的起伏形态，而且能科学地表示地面的坡度和地面点的高程以及山脉走向等。

表 6-4　国家基本比例尺地图图式摘录

编号	符号名称	符号式样 1∶500　1∶1000　1∶2000	说　明
4. 3. 1	单幢房屋	a 混3　b1 0.1 b 混3 混8 0.2 c 混3-1　d 简2 e 钢28 f 艺28　艺(65，2)　0.2　0.2 a c d 3 0.1 b 3 8 0.2 1.0 e f 28	a. 一般房屋 b. 裙楼 b1. 楼层分割线 c. 有地下的房屋 c. 突出房屋 d. 简易房屋 e. 突出房屋 f. 艺术房屋 混、钢——房屋结构 2、3、8、28——房屋层数 (65. 2)——房屋高度 -1——地下房屋层数
4. 3. 108	活树篱笆	6.0　1.0 0.6	
4. 3. 129	路灯、 艺术景观灯	a 1.2 0.3 0.6 2.4 0.8 b 0.8 2.4 0.6 0.3 1.2	a. 路灯 b. 艺术景观灯
4. 3. 134	喷水池		
4. 8. 15	行树	a b	a. 乔木行树 b. 灌木行树

（续）

编号	符号名称	符号式样 1：500　1：1000　1：2000		说　明
4. 8. 16	独立树	a. 阔叶 b. 针叶 c. 棕榈、椰子、槟榔	1.6 2.0 3.0 1.0 1.6 2.0 3.0 45° 1.0 2.0 3.0 1.0	
4. 8. 21	花圃花坛	1.5 1.5 10.0 10.0		

(1)等高线表示地貌的原理

如图 6-4 所示，假想有两座相邻的山头位于平静湖水中，湖水在水平面 P_1，与山体有一相交曲线，随后水位分别上升高度 h、$2h$ 到水平面 P_2、P_3，3 个水平面与山体都有一相交曲线，而且都是闭合曲线，同一条曲线上各点的高程是相等的。将各水平面上的曲线正射投影到一个水平面 M 上，并按测图比例缩绘于图纸上，就得到用等高线表示该地貌的图形，因此，地面上高程相等的相邻点所连成的闭合曲线称为等高线。

(2)等高距和等高线平距

如图 6-5 所示，相邻等高线之间的高差称为等高距，在同一幅地形图上，等高距是相同的。用等高线表示地貌时，若等高距选择过大，就不能详细显示地貌；反之，等高距越小，显示地貌越详细。但选择过小，等高线就会太密集，则失去图面的清晰度。因此，应根据测图比例尺、地形类别参照表 6-5 选用等高距。

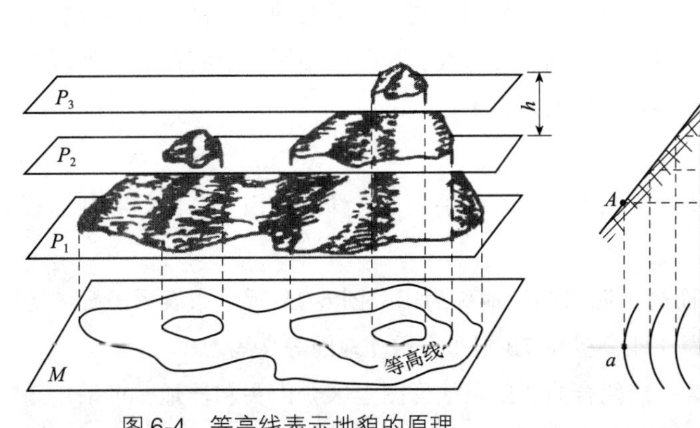

图 6-4　等高线表示地貌的原理

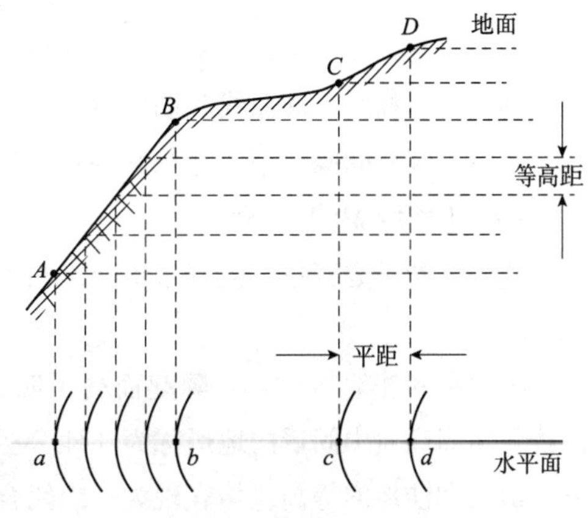

图 6-5　等高距和平距

表 6-5 地形图的基本等高距

地形类别	基本等高距(m)			
	1∶500	1∶1000	1∶2000	1∶5000
平地	0.5	0.5	1.0	2.0
丘陵	0.5	1.0	2.0	5.0
山地	1.0	1.0	2.0	5.0

相邻等高线之间的水平距离称为等高线平距，如图 6-5 所示。在同一幅地形图中，地势越陡，平距越小，等高线越密；反之，平距越大，等高线越稀疏，地势越平缓；等高线平距处处相等的地方，则表示地面坡度均匀一致。

(3)等高线的种类

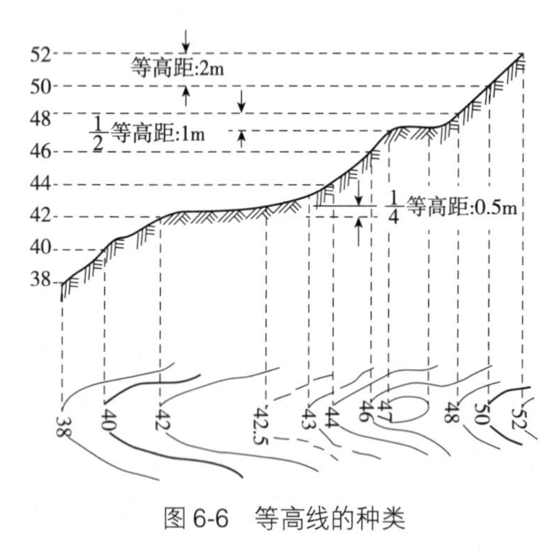

图 6-6 等高线的种类

①首曲线 按照测图前选定的基本等高距测绘的等高线称为首曲线，也称基本等高线，用细实线表示。如图 6-6 所示，高程为 38m、40m、42m、44m、46m、48m、50m、52m 的等高线均为首曲线，首曲线的高程必须是基本等高距的整数倍。

②计曲线 为了读图、用图方便，从高程基准面起算，每隔 4 条首曲线加粗的一条等高线称为计曲线，又称加粗等高线。计曲线一般都注记高程，计曲线多的地方，一般不需要示坡线。如图 6-6 所示，高程为 40m、50m 的等高线是计曲线。

③间曲线 用基本等高距不足以表示局部地貌特征时，按 1/2 基本等高距测绘的等高线称为间曲线，在图上用长虚线表示。如图 6-6 所示，高程为 43m、47m 的等高线是间曲线。

④助曲线 按 1/4 基本等高距测绘的等高线称为助曲线，在图上用短虚线表示。如图 6-6所示，高程为 42.5m 的等高线是助曲线。

首曲线与计曲线是地形图中表示地貌必须描绘的等高线，而间曲线、助曲线则根据需要来确定是否描绘。间曲线和助曲线都是辅助性等高线，在图幅中可不自行闭合，但应表示至基本等高线间隔较小、地貌倾斜相同的地方为止。

(4)典型地貌的等高线

地貌虽然千姿百态，但其基本形态归纳起来不外乎山头、洼地、山脊、山谷和鞍部等几种。

①山头和洼地(盆地) 隆起而高于四周的高地称为山，图 6-7A 所示为表示山头的等高线；四周高而中间低的地形称为洼地，图 6-7B 则为表示洼地的等高线。

山头和洼地的等高线均表现为一组闭合曲线。在地形图上区分山头和洼地，可采用高程注记或示坡线的方法。高程注记可在最高点或最低点上注记高程；示坡线是沿下坡方向

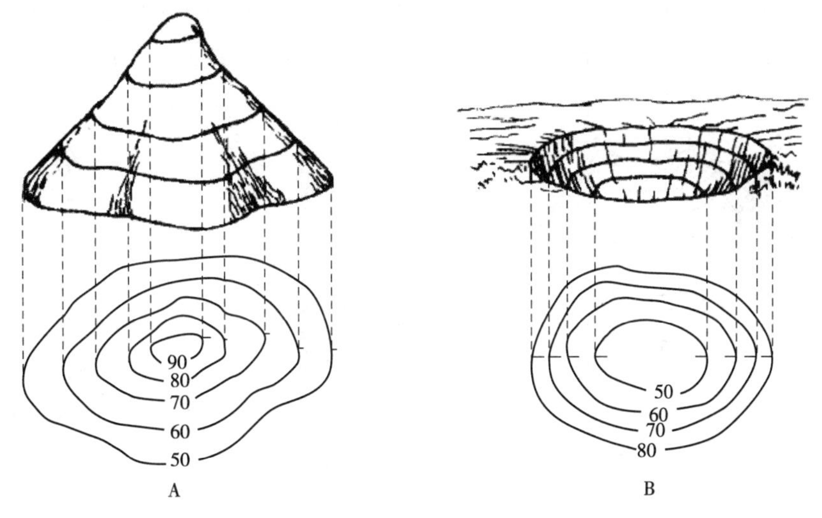

图 6-7　山头和洼地

A. 山头等高线　B. 洼地等高线

垂直于等高线的短截线。示坡线从内圈指向外圈，说明中间高、四周低，故为山头或山丘；示坡线从外圈指向内圈，说明中间低、四周高，故为洼地或盆地。

②山脊和山谷　山脊是沿着一定方向延伸的高地，其最高棱线称为山脊线，又称分水线，如图 6-8A 所示；山脊的等高线是一组向低处凸出的曲线。山谷是沿着一定方向延伸的两个山脊之间的凹地，贯穿山谷最低点的连线称为山谷线，又称集水线，如图 6-8B 所示；山谷的等高线是一组向高处凸出的曲线。山脊线和山谷线可显示地貌的基本轮廓，统称为地性线。

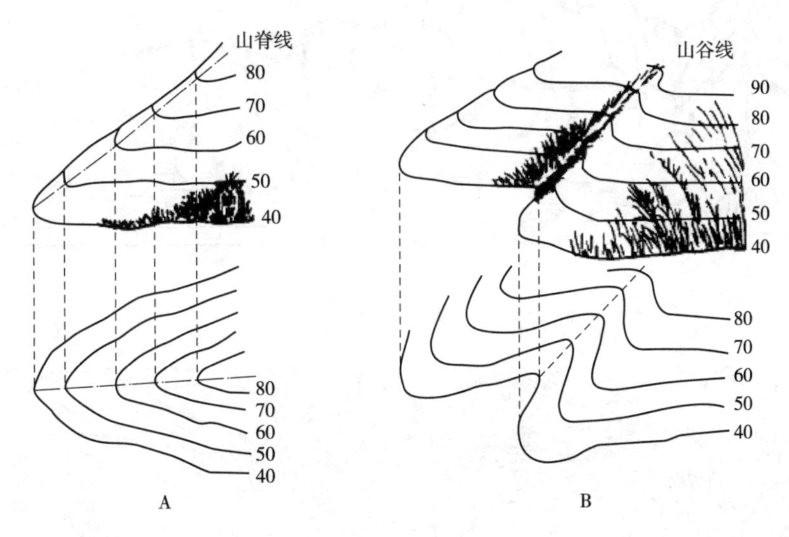

图 6-8　山脊和山谷

A. 山脊等高线　B. 山谷等高线

③鞍部　是相邻两山头之间低凹部位且呈马鞍形的地貌，如图 6-9 所示。鞍部（S 处）俗称垭口，是两个山脊与两个山谷的会合处，等高线由一对山脊等高线和一对山谷等高线组成。

④峭壁和悬崖　峭壁是坡度在70°以上的陡峭崖壁，有石质和土质之分，图6-10是石质峭壁的表示符号。悬崖是上部凸出中间凹进的地貌，其等高线如图6-11所示。

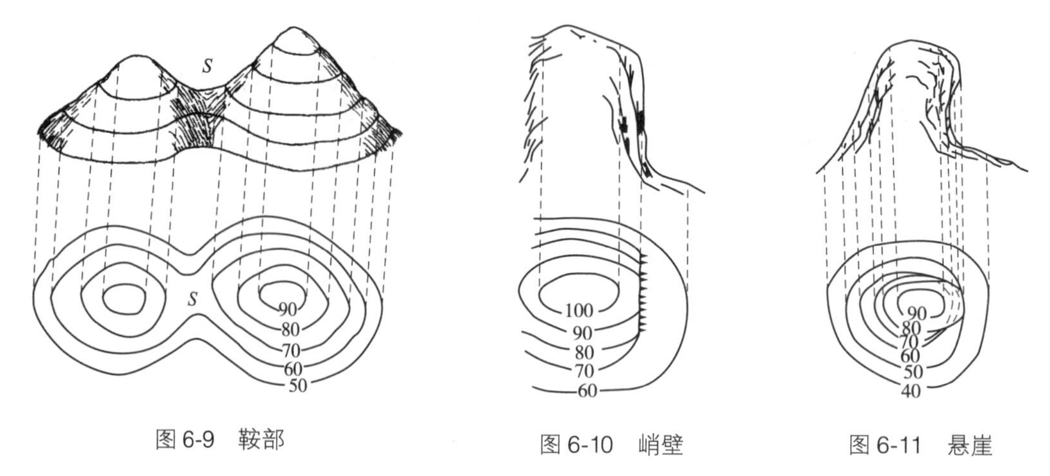

图6-9　鞍部　　图6-10　峭壁　　图6-11　悬崖

⑤其他地貌　地面上由于各种自然和人为的原因而形成的形态还有雨裂、冲沟、陡坎等，这些形态用等高线难以表示，可参照《国家基本比例尺地图图式 第1部分》(GB/T 20257.1—2017)中规定的符号。

如图6-12所示是某测区综合地貌示意图及其对应的等高线，有助于熟悉用等高线表示地貌的规律。

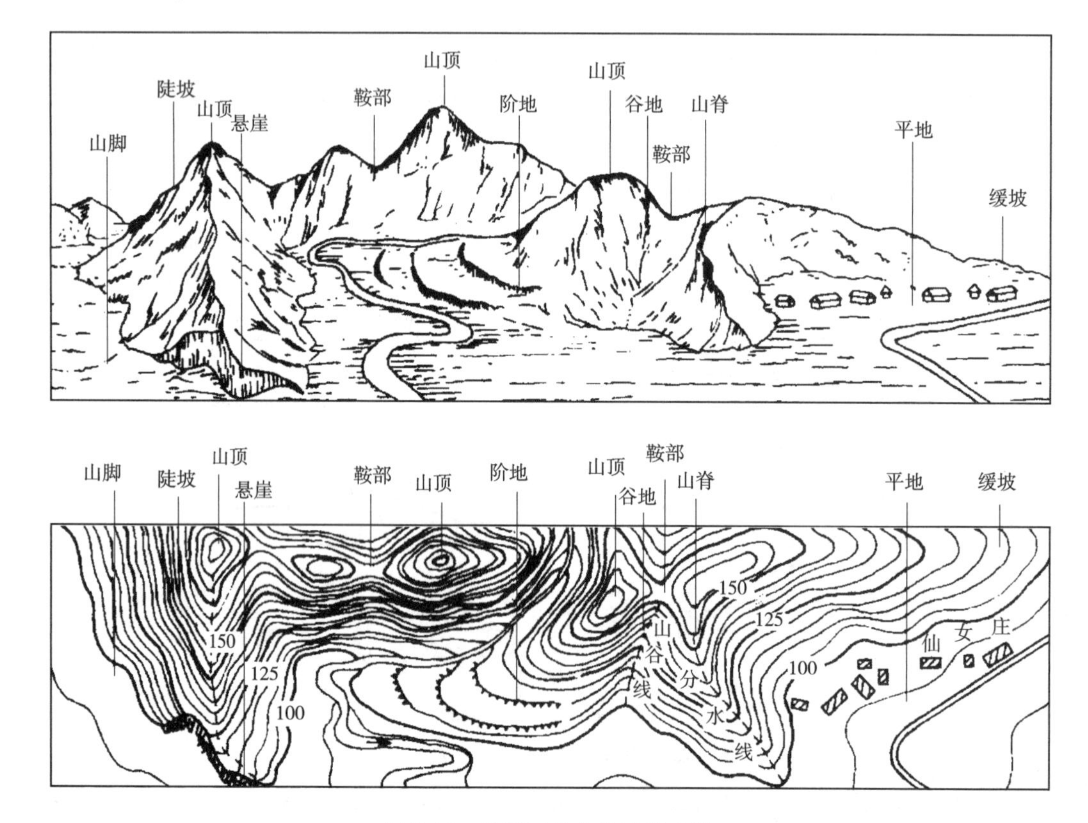

图6-12　某测区综合地貌等高线

(5)**等高线的特性**

①等高性　同一条等高线上的点，其高程必相等；但一幅图中高程相等的点，并非一定在同一条等高线上。

②闭合性　等高线均是闭合曲线，如不在本图幅内闭合，则必在其相邻的图幅内闭合，故等高线必须延伸到图幅边缘。等高线不能在图内中断，但在注记处和遇道路、房屋、河流等地物符号时可以局部中断。

③非交性　除悬崖或峭壁处的以外，等高线在图上不能相交或重合。

④正交性　等高线与山脊线、山谷线正交。

⑤密陡稀缓性　一幅图中，等高线的平距小表示坡度陡，平距大则坡度缓，即平距与坡度成反比。

3. 注记符号

对地物和地貌加以说明的文字、数字或特有符号，称为注记。如在图上用数字表示房屋层数、地面高程、水的流速；用文字表示地名、建筑物名称；用箭头表示水流的方向等。它是地物和地貌的辅助性符号。

任务 6-3　根据经纬度计算国家基本比例尺地形图的图幅编号

任务目标

熟悉国家基本比例尺地形图分幅和编号方法；能根据某点经纬度计算国家基本比例尺地形图的编号。

准备工作

正确理解《国家基本比例尺地形图分幅和编号》(GB/T 13989—2012)规范；每人配备计算机 1 台。

根据点的经、纬度计算各种国家基本比例尺地形图图幅编号 . xlsx

操作流程

详见表 6-6、表 6-7。

表 6-6　计算国家基本比例尺地形图图幅编号操作流程

序号	操作步骤	具体操作方法	质量要求
1	在图幅编号计算小程序中录入点的经纬度	扫描右侧二维码，下载文件“国家基本比例尺地形图图幅编号计算 Excel 小程序”，录入更新点的经、纬度	录入数据无误

(续)

序号	操作步骤	具体操作方法	质量要求
2	计算各比例尺地形图的图号编号	某点的经度为 114°33′45″，纬度为 39°22′30″，则该点所有国家基本比例尺地形图的图号计算步骤及结果如下： (1)该点 1∶1 000 000 地形图的图号编号方法：将下表中“国家基本比例尺地形图的编号”第 1 列数换成对应字母，如 10 换成对应字母为 J，该点 1∶1 000 000 地形图的图号编号方法为第 1 列字母+第 2 列数字，如 J50。 (2)该点 1∶2000～1∶500 000 地形图的图号编号方法：该点 1∶1 000 000编号+第 3 列比例尺代码+第 4 列行编号+第 5 列列编号；行编号、列编号均为三位数，不足三位者前面补零；如表 6-6 中该点 1∶10 000 地形图的图号为 J50G015010。 (3)该点 1∶1000、1∶500 地形图的图号编号方法。该点 1∶1 000 000编号+第 3 列比例尺代码+第 4 列行编号+第 5 列列编号；行编号、列编号均为四位数，不足四位者前面补零；如下表中该点 1∶1000 地形图的图号为 J50J01800109	计算无误

表 6-7　根据点的经、纬度计算各种国家基本比例尺地形图图号表

序号	步骤	人工录入某点经、纬度及自动计算的该点所有比例尺地形图的图号									
1	录入点的经纬度		度	分	秒	余值秒	备注： 复制此 Excel 表，录入更新某点经纬度，即可计算该点所在的各种比例尺地形图图号				
		某点经度	114	33	45						
		某点纬度	39	22	30						
2	经纬度余值	经度/6 余值	0	33	45	2025	国家基本比例尺地形图的编号				
		纬度/4 余值	3	22	30	12150					
3	各种国家基本比例尺地形图编号的列号、行号计算	比例尺	经差	纬差	经度余数	纬度余数	1	2	3	4	5
		1∶1 000 000	21 600	14 400			10	50	代码	行编号	列编号
		1∶500 000	10 800	7200	2025	12 150	10	50	B	1	1
		1∶250 000	5400	3600	2025	12 150	10	50	C	1	1
		1∶100 000	1800	1200	2025	12 150	10	50	D	2	2
		1∶50 000	900	600	2025	12 150	10	50	E	4	3
		1∶25 000	450	300	2025	12 150	10	50	F	8	5
		1∶10 000	225	150	2025	12 150	10	50	G	15	10
		1∶5000	112.5	75	2025	12 150	10	50	H	30	19
		1∶2000	37.5	25	2025	12 150	10	50	I	90	55
		1∶1000	18.75	12.5	2025	12 150	10	50	J	180	109
		1∶500	9.375	6.25	2025	12 150	10	50	K	360	217

注意事项

需执行《国家基本比例尺地形图分幅和编号》(GB/T 13989—2012)规范。

考核评价

(1)规范性考核。按以上方法、步骤，经实训小组共商，由指导教师批准的规范进行考核。

(2)熟练性考核。计算指定点国家基本比例尺地形图编号，完成时间比较。

(3)准确性考核。计算无误。

作业成果

按《国家基本比例尺地形图图幅编号计算 Excel 小程序》所示的计算方法，由给定的某点经、纬度，求算该点所有国家基本比例尺地形图的图号。

知识链接

国家基本比例尺地形图分幅和编号

国家基本比例尺地形图是根据国家颁布的测量规范、图式和比例尺系统测绘或编绘的地形图，比例尺有 1∶1 000 000、1∶500 000、1∶250 000、1∶100 000、1∶50 000、1∶25 000、1∶10 000、1∶5000、1∶2000、1∶1000 和 1∶500 等 11 种。在园林工作中，一般将 1∶5000、1∶2000、1∶1000 和 1∶500 地形图称为大比例尺地形图，将 1∶100 000、1∶50 000、1∶25 000、1∶10 000 地形图称为中比例尺地形图，而 1∶1 000 000、1∶500 000、1∶250 000 地形图则称为小比例尺地形图。

为了便于测绘、使用和管理地形图，需要对地形图统一进行分幅和编号。目前，国家基本比例尺地形图分幅和编号方法以 1∶1 000 000 地形图的分幅与编号为基础，按中华人民共和国国家标准《国家基本比例尺地形图分幅和编号》(GB/T 13989—2012)实施。

1. 地形图的分幅

1)1∶1 000 000 地形图的分幅

如图 6-13 所示，1∶1 000 000 地形图的分幅采用国际 1∶1 000 000 地图分幅标准。每幅 1∶1 000 000 地形图范围是经差 6°、纬差 4°；纬度 60°~76°之间为经差 12°、纬差 4°；纬度 76°~88°之间为经差 24°、纬差 4°。

2)1∶5000~1∶500 000 地形图的分幅

1∶5000~1∶500 000 地形图均以 1∶1 000 000 地形图为基础，按规定的经差和纬差划分图幅。

将一幅 1∶1 000 000 地形图按经差 3°、纬差 2°将其分成 2 行 2 列，得到 4 幅 1∶500 000 地形图；1∶250 000 地形图则是将一幅 1∶1 000 000 地形图分成 4 行 4 列，共计 16 幅图，经差为 1°30′，纬差为 1°；1∶100 000 地形图是将一幅 1∶1 000 000 地形图分成 12 行 12 列，共 144 幅图，经差为 30′，纬差为 20′。

1∶50 000、1∶25 000、1∶10 000、1∶5000 国家基本比例尺地形图的分幅方法与上述相似，详见表 6-7。

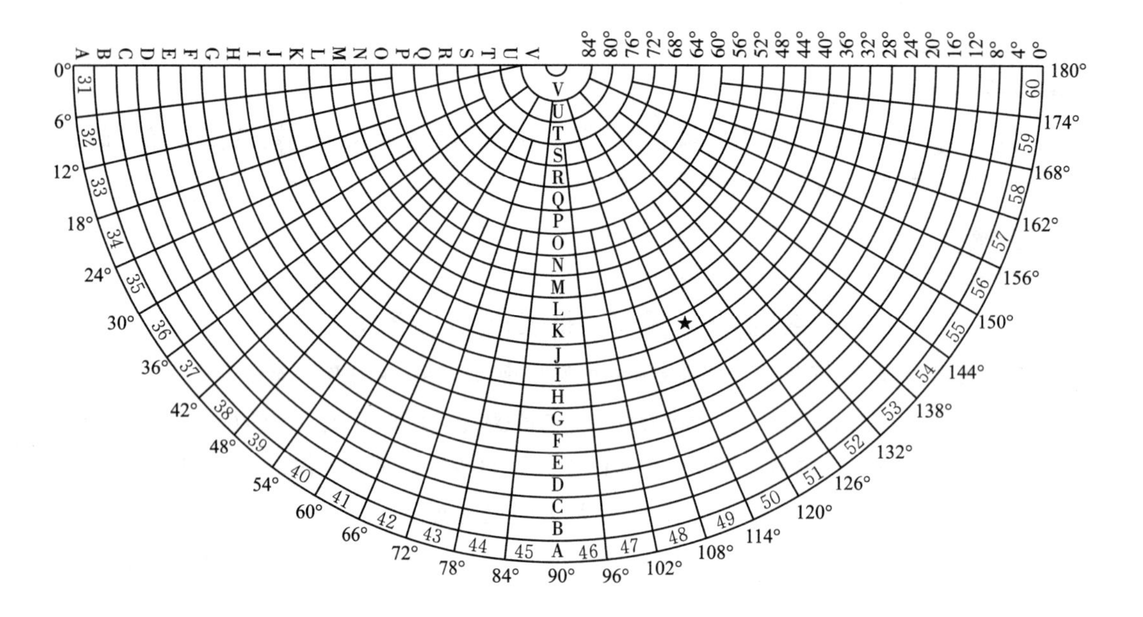

图 6-13 北半球东侧 1∶1 000 000 地形图分幅与编号

3)1∶500~1∶2000 地形图的分幅

(1)经、纬度分幅 1∶2000、1∶1000、1∶500 地形图的分幅以 1∶1 000 000 地形图为基础，按表 6-8 规定的经差和纬差划分图幅。

(2)正方形分幅和矩形分幅 1∶2000、1∶1000、1∶500 地形图也可根据需要采用 50cm×50cm 正方形分幅和 40cm×50cm 矩形分幅。

2. 地形图的图幅编号

1)1∶1 000 000 地形图的图幅编号

1∶1 000 000 地形图的编号采用国际 1∶1 000 000 地图编号标准。如图 6-13 所示，从赤道起算，每纬差 4°为一行，至南、北纬 88°各分为 22 行，依次用大写拉丁字母 A、B、C…V 表示其相应行号；从 180°经线起算，自西向东每经差 6°为一列，全球分为 60 列，依次用阿拉伯数字 1、2、3…60 表示相应列号。由经线和纬线所围成的每一个梯形小格为一幅 1∶1 000 000 地形图，它们编号由该图所在的行号与列号组合而成。

我国地处东半球赤道以北，图幅范围在经度 72°~138°、纬度 0°~56°内，包括行号 A、B、C…N 的 14 行、列号为 43、44、45…53 的 11 列，具体可查询相关资料了解详细内容。

表 6-8　1 : 500~1 : 1 000 000 地形图的比例尺代码、图幅范围、行列数量和图幅数量关系

比例尺		1 : 1 000 000	1 : 5 000 000	1 : 2 500 000	1 : 1 000 000	1 : 50 000	1 : 25 000	1 : 10 000	1 : 5000	1 : 2000	1 : 1000	1 : 500
比例尺代码			B	C	D	E	F	G	H	I	J	K
图幅范围	经差	6°	3°	1°30′	30′	15′	7′30″	3′45″	1′52. 5″	37. 5″	18. 75″	9. 375″
	纬差	4°	2°	1°	20′	10′	5′	2′30″	1′15″	25″	12. 5″	6. 25″
行列数量关系	行数	1	2	4	12	24	48	96	192	576	1152	2304
	列数	1	2	4	12	24	48	96	192	576	1152	2304
图幅数量关系(图幅数量=行数×列数)		1	4	16	144	576	2304	9216	36 864	331 776	1 327 104	5 308 416
			1	4	36	144	576	2304	9216	82 944	331 776	1 327 104
				1	9	36	144	576	2304	20 736	82 944	331 776
					1	4	16	64	256	2304	9216	36 864
						1	4	16	64	576	2304	9216
							1	4	16	144	576	2304
								1	4	36	144	576
									1	9	36	144
										1	4	16
											1	4

2)1∶2000~1∶500 000 地形图的图幅编号

1∶2000~1∶500 000地形图均以1∶1 000 000地形图的编号为基础，采用行列编号方法进行编号，各比例尺地形图的图号均由其所在1∶1 000 000地形图的图号、比例尺代码和各图幅的行列号共十位码组成，如图6-14所示。

1∶2000~1∶500 000地形图的行、列编号是将1∶1 000 000地形图按所含各比例尺地形图的经差和纬差划分成若干行和列，横行从上到下、纵列由左至右按顺序分别用三位阿拉伯数字编号组成数字码，不足三位者前面补零，取行号码在前、列号码在后的排列形式标记。

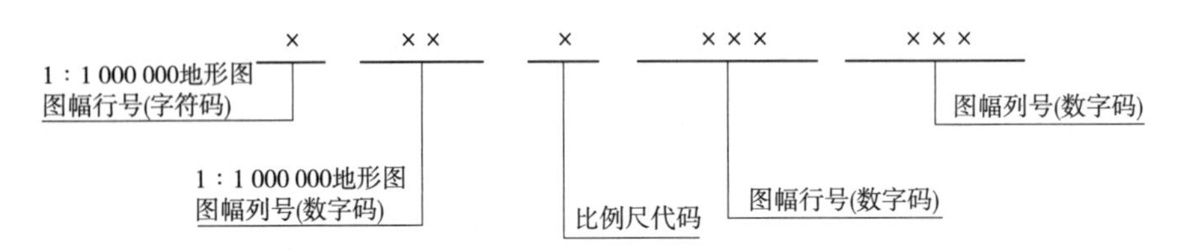

图6-14 1∶2000~1∶500 000地形图图幅编号的组成

3)1∶1000、1∶500 地形图经、纬度分幅的图幅编号

1∶1000、1∶500地形图的图幅编号均以1∶1 000 000地形图编号为基础，采用行列编号方法。1∶1000、1∶500地形图经、纬度分幅的图号由1∶1 000 000地形图的图号、比例尺代码和各图幅的行列号共十二位码组成。图6-15所示为1∶1000、1∶500地形图经、纬分幅的编号，行号、列号不足四位者前面补零。

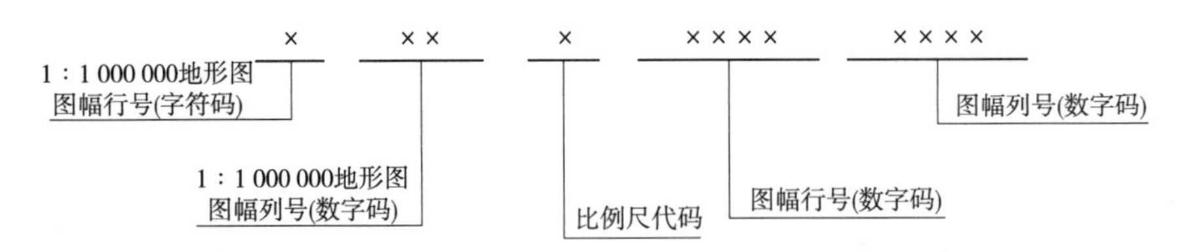

图6-15 1∶1000、1∶500地形图经、纬度分幅的编号组成

4)1∶2000、1∶1000、1∶500 地形图正方形和矩形分幅的图幅编号

采用正方形和矩形分幅的1∶2000、1∶1000、1∶500地形图，其图幅编号一般采用图廓西南角坐标编号法，也可选用行列编号法和流水编号法。

3. 已知某点经纬度求该点所在地形图图幅编号

1)1∶1 000 000 地形图图幅编号的计算

若已知图幅内某点的经度λ、纬度φ，可用下式推算出其所在地1∶1 000 000图幅的编号，即：

$$\left.\begin{aligned}&\text{行号对应的数字码 } a=\left[\frac{\varphi}{4^\circ}\right]+1\\&\text{列号对应的数字码 } b=\left[\frac{\lambda}{6^\circ}\right]+1+30\end{aligned}\right\}\tag{6-1}$$

式中　[　]——其内的值为取商后的整数部分；

a——1∶1 000 000 地形图图幅所在纬度带字符所对应的数字码；

b——1∶1 000 000 地形图图幅所在经度带数字码；

λ——图幅内某点的经度；

φ——图幅内某点的纬度。

例如，图幅内某点处于东经 116°28′30″、北纬 39°55′26″，其所在 1∶1 000 000 地形图的图幅编号可由式(6-1)得：

行号对应的数字码　$a=\left[\frac{\varphi}{4^\circ}\right]+1=\left[\frac{39^\circ55'26''}{4^\circ}\right]+1=10$(行号对应的字母为 J)

列号对应的数字码　$b=\left[\frac{\lambda}{6^\circ}\right]+1+30=\left[\frac{116^\circ28'30''}{6^\circ}\right]+1+30=50$

那么，该点所在 1∶1 000 000 地形图的图号为 J50。

2) 1∶500～1∶500 000 地形图图幅编号的计算

1∶500～1∶500 000 地形图在 1∶1 000 000 地形图图号后的行、列号为：

$$\left.\begin{aligned}&c=\frac{4^\circ}{\Delta\varphi}-\left[\left(\frac{\varphi}{4^\circ}\right)/\Delta\varphi\right]\\&d=\left[\left(\frac{\lambda}{6^\circ}\right)/\Delta\lambda\right]+1\end{aligned}\right\}\tag{6-2}$$

式中　(　)——表示商取余；

[　]——其内的值为取商后的整数；

c——所求比例尺地形图在 1∶1 000 000 地形图图号后的行号；

d——所求比例尺地形图在 1∶1 000 000 地形图图号后的列号；

λ——图幅内某点的经度；

φ——图幅内某点的纬度；

$\Delta\lambda$——所求比例尺地形图分幅的经差；

$\Delta\varphi$——所求比例尺地形图分幅的纬差。

例如，图幅内某点处于东经 116°28′30″、北纬 39°55′26″，1∶10 000 地形图的图幅范围为经差 3′45″、纬差 2′30″，其所在 1∶10 000 地形图的图幅编号可由式(6-2)和已知数据得到：

$$\begin{aligned}c&=\frac{4^\circ}{\Delta\varphi}-\left[\left(\frac{\varphi}{4^\circ}\right)/\Delta\varphi\right]\\&=\frac{4^\circ}{2'30''}-\left[\left(\frac{39^\circ55'26''}{4^\circ}\right)/2'30''\right]\\&=96-94\\&=2\end{aligned}$$

$$\begin{aligned}d &= \left[\left(\frac{\lambda}{6°}\right)/\Delta\lambda\right]+1 \\ &= \left[\left(\frac{116°28'30''}{6°}\right)/3'45''\right]+1 \\ &= 39+1 \\ &= 40\end{aligned}$$

因该点 1∶1 000 000 地形图的图号为 J50，1∶10 000 比例尺代码为 G，故 1∶10 000 地形图的图号为 J50G002040。

4. 已知图幅编号求该图幅西南图廓点经纬度

已知图号可用下式计算该图幅西南图廓点的经、纬度

$$\left.\begin{aligned}\varphi &= (a-1)\times 4°+\left(\frac{4°}{\Delta\varphi}-c\right)\times\Delta\varphi \\ \lambda &= (b-31)\times 6°+(d-1)\times\Delta\lambda\end{aligned}\right\} \tag{6-3}$$

式中 λ——图幅西南图廓点的经度；

φ——图幅西南图廓点的纬度；

a——1∶1 000 000 地形图图幅所在纬度带字符所对应的数字码；

b——1∶1 000 000 地形图图幅所在经度带数字码；

c——该比例尺地形图在 1∶1 000 000 地形图图号后的行号；

d——该比例尺地形图在 1∶1 000 000 地形图图号后的列号；

$\Delta\lambda$——该比例尺地形图分幅的经差；

$\Delta\varphi$——该比例尺地形图分幅的纬差。

例如，图上某点 1∶10 000 地形图的图号为 J50G002040，通过上述计算可知，1∶1 000 000 地形图图幅所在纬度带字符所对应的数字码 a 为 10，1∶1 000 000 地形图图幅所在经度带数字码 b 为 50，1∶10 000 地形图在 1∶1 000 000 地形图图号后的行号 c 为 2，1∶10 000 地形图在 1∶1 000 000 地形图图号后的列号 d 为 40；那么，该图幅西南图廓点经、纬度可由式(6-3)得：

$$\begin{aligned}\varphi &= (a-1)\times 4°+\left(\frac{4°}{\Delta\varphi}-c\right)\times\Delta\varphi \\ &= (10-1)\times 4°+\left(\frac{4°}{2'30''}-2\right)\times 2'30'' \\ &= 36°+3°55' \\ &= 39°55'\end{aligned}$$

$$\begin{aligned}\lambda &= (b-31)\times 6°+(d-1)\times\Delta\lambda \\ &= (50-31)\times 6°+(40-1)\times 3'45'' \\ &= 114°+2°26'15'' \\ &= 116°26'15''\end{aligned}$$

任务 6-4 判读地形图

任务目标

熟悉地形图图廓外注记及图内阅读要求；能正确判读地形图上的地物、地貌；能对地形图进行实地定向；能确定站立点在图上的位置；会实地对照读图，对地类界进行勾绘。

准备工作

(1)熟悉所判读的地形图。

(2)4~6 人为一个实训小组，每个人配备地形图 1 张，铅笔 1 支，直尺 1 把等。

操作流程

详见表 6-9。

表 6-9 判读地形图操作流程

序号	操作步骤	具体操作方法	质量要求
1	地形图定向	用直长地物法、明显特征点法、罗盘仪法，使地形图的方向与实地方向一致	定向的步骤要规范，定向要准确
2	确定站立点位置	用明显特征点法、后方交会法确定站立点在地形图上的位置，并标注在图上	站立点在图上误差≤0.3mm
3	实地与图对照	实地山顶、鞍部、山脊、山谷与对应图上的位置一一对照，实地房屋、道路、江湖与对应图上的位置一一对照；注意区分山谷等高线与山脊等高线	实地与图对照步骤要规范，地物、地貌判读要正确
4	实地勾绘	用明显地物或地貌特征点法、站立点及目标方位法、前方交会法、对坡勾绘法将实地地块边界点及线勾绘在对应的地形图上	实地地块边界明显特征点在图上误差≤0.3mm，明显特征点线误差≤0.6mm，其他点线误差≤0.9mm

注意事项

(1)罗盘定向时，要避免接近铁塔、高压线、钢尺等导磁物体；要认清磁针的北端和南端，眼睛要从磁针上方垂直向下看，并按注记由小到大方向读取读数。

(2)因比例尺精度的问题，要注意有些地物在不同比例尺图上所用符号即依比例符号、半依比例符号和不依比例符号可能不同。

(3)在地形图上勾绘边界点及线时，应对照实地现场绘制，以便于检查是否有错误或遗漏。

(4)非教学用地形图一般属于国家机密资料，实训完毕后必须如数归还，严禁损坏，不得丢失。

(5)地形图不得缩放；地形图如需复印，不得变形。

考核评价

(1)规范性考核：按以上方法、步骤，对学生的操作进行规范性考核。

(2)熟练性考核：在规定时间内，将实地地块边界点及线勾绘在对应的地形图上。

(3)准确性考核：实地地块边界明显特征点在图上误差≤0.3mm；明显特征点线误差≤0.6mm；其他点线误差≤0.9mm。

作业成果

在地形图上用铅笔注记该地块对应的边界线，标注边界线的重要特征点线(如山顶点、鞍部点、山脊等高线、山谷等高线、标志地物等特征点及线)，并对照实地将这些边界点用线(直线或曲线)连接起来。

知识链接

地形图判读

地形图判读时，一般要在实地定向后，按照先图廓外后图廓内、先地物后地貌、从整体到局部的顺序，分层次地深入需要解决的具体问题。地形图的判读，主要任务是熟悉地形图图廓外注记及图内阅读要求，并能正确判读地形图上的地物、地貌；能应用地形图求算园林工程的各种基本数据和对地类界进行勾绘。

1. 地形图图廓外注记及图内阅读要求

1)地形图图廓外注记

(1)图名和图号

每幅地形图都以图幅内最大的村镇或突出的地物、地貌的名称来命名，也可用该地区的习惯名称等命名。图名一般注记在北外图廓外面正中处。如图6-16所示，地形图的图名为“红星镇”。

为便于保管、查寻及避免同名异地等，每幅图应按规定编号，并将图号写在图名的下方。图号是以《国家基本比例尺地图分幅和编号》(GB/T 13989—2012)来决定的。如图6-16所示，地形图的图号为“F49G020086”。

(2)接图表

为方便检索一幅图的相邻图幅，在图名的左边需要绘制接图表。它由9个矩形格组成，中央填绘斜线的格代表本图幅，四周的格表示上下、左右相邻的图幅，并在每个格中注有相应图幅的图名，如图6-16所示。

(3)测图比例尺

在每幅图南图廓外的中央注有测图的数字比例尺，数字比例尺下方有时还绘有直线比例尺。用直线比例尺可图解确定图上直线的实地距离，即首先用两脚规或直尺在地形图上

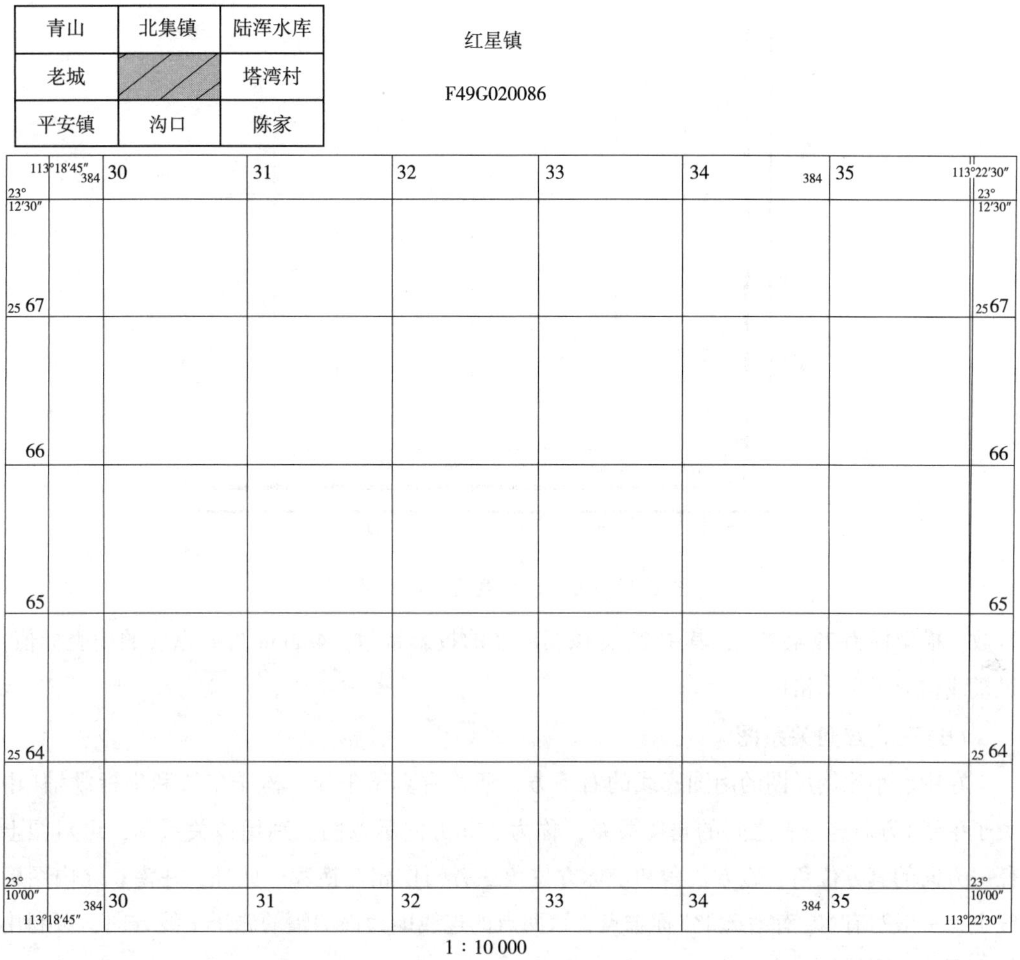

青山	北集镇	陆浑水库
老城		塔湾村
平安镇	沟口	陈家

红星镇

F49G020086

113°18′45″　384 30　31　32　33　34　384 35　113°22′30″

23° 12′30″　23° 12′30″

25 67　25 67

66　66

65　65

25 64　25 64

23° 10′00″　23° 10′00″

384 30　31　32　33　34　384 35

113°18′45″　113°22′30″

1：10 000

图 6-16　图名、图号和接图表

量出两点之间的长度，然后与直线比例尺进行比较，就能直接得出该两点间的实际长度。如图 6-16 所示，测图比例尺为“1：10 000”。

(4)图廓和分度带

如图 6-17 所示，图廓是地形图的边界，图廓有内、外图廓之分。内图廓为地形图图幅范围的界限，外图廓用较粗的实线描绘，仅起装饰作用。外图廓与内图廓之间的短线用来标记坐标值。

由经纬线分幅的地形图内图廓呈梯形，如图 6-17 所示，西图廓经线为东经 128°45′，南图廓纬线为北纬 46°50′，两线的交点为图廓点。

如图 6-17 所示，内图廓与外图廓之间绘有黑白相间的分度带，每段黑白线长表示经度、纬度差 1′。连接东西、南北相对应的分度带值便得到大地坐标格网，可供图解点位的大地坐标用。

(5)坐标格网

分度带与内图廓之间注记了以千米为单位的高斯直角坐标值。如图 6-17 所示，图中左下角从赤道起算的 5189km 为纵坐标，其余的 90、91 等为省去了前面千、百两位(51)的千

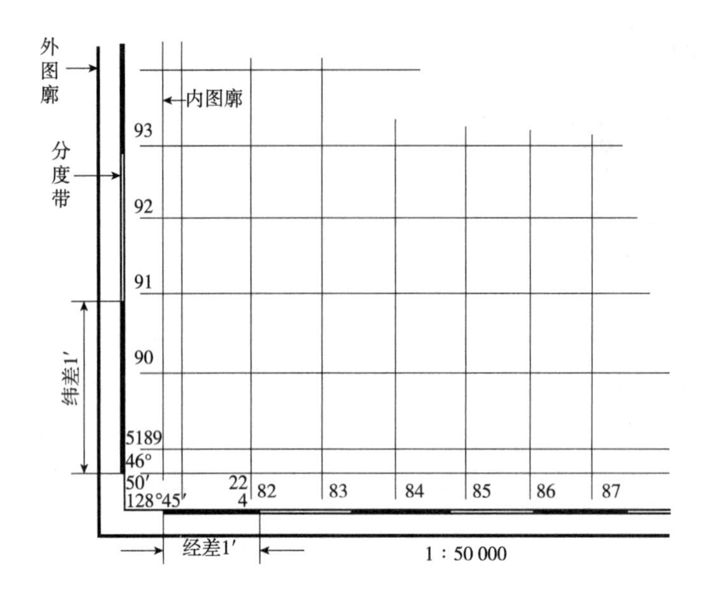

图6-17　图廓、分度带及坐标格网

米数。横坐标为22 482km，其中22为该图所在的投影带号，482km为该纵线的横坐标值。纵横线构成了千米格网。

(6)三北方向关系图

在中、小比例尺图的南图廓线的右下方，还绘有真子午线、磁子午线和坐标纵轴(中央子午线)方向这三者之间的角度关系，称为三北方向示意图。利用该关系图，可对图上任一方向的真方位角、磁方位角和坐标方位角三者间作相互换算。此外，在南、北内图廓线上，一般写有"磁南""磁北"标志点，该两点的连线即为该图幅的磁子午线方向，可利用罗盘可将地形图进行实地定向。

(7)坡度尺

为了便于在地形图上量测两条等高线(首曲线或计曲线)间两点直线的坡度，通常在中、小比例尺地形图的南图廓外绘有图解坡度尺，如图6-18所示。矩形分幅的地形图不绘坡度尺。

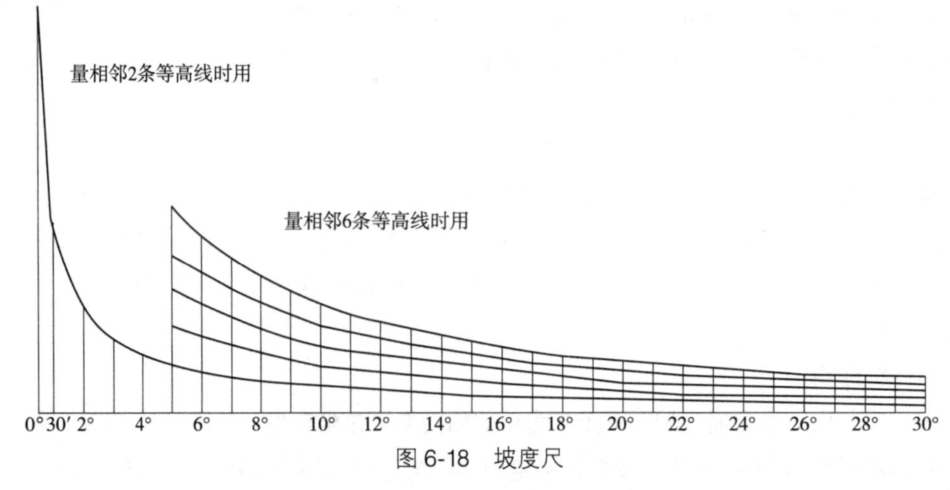

图6-18　坡度尺

由等高线知识可知，地面上两点间的坡度 α 与两点间的水平距离 D 和高差 h 的关系为 $D=h\cdot\cot\alpha$，如将实地长 D 换成图上长度 d，当测图比例尺分母值为 M 时，$d=\frac{h}{M}\cot\alpha$。如 d 为图幅上相邻两条等高线上两点间的距离，h 为等高距，并以不同的坡度 α 值代入 $d=\frac{h}{M}\cot\alpha$，可算出不同 α 角所对应的 d 值，然后再绘成平滑的曲线，即成坡度尺。

设坡度 α 等于 $30'$、$1°$、$2°\cdots30°$，代入 $d=\frac{h}{M}\cot\alpha$ 算出相应的 $d_{30'}$、$d_{1°}$、$d_{2°}\cdots d_{30°}$。如图 6-18 所示，绘制坡度尺时，首先绘一水平直线作为基线，在基线上每隔 2mm 等分直线，过各分点作垂线，并在各垂线上依次截取 $d_{30'}$、$d_{1°}$、$d_{2°}\cdots d_{30°}$长的线段，然后将各端点连成平滑的曲线，下端注明相应的坡度值，即得量取相邻两条等高线间的坡度尺。

为了量取相邻 6 条等高线（即两条计曲线）间的坡度，可分别用 $2h$、$3h$、$4h$、$5h$ 代入 $d=\frac{h}{M}\cot\alpha$，同样可绘成量取相邻 3 条、4 条、5 条、6 条等高线间坡度的坡度尺，如图 6-19 所示。

（8）测图说明与注记等

地形图的南图廓线右下方，通常有测图的坐标系、高程系、基本等高距、成图方式、测绘单位、测绘日期、出版机关等。在东图廓线外，把图内所用符号释义以图例列出，同时注明图幅内采用的图式的版本，以便于用图。除此之外，地形图上还有其他的文字和数字注记，用来补充说明地形图各基本要素尚不能显示的内容。

2）地形图图内阅读要求

（1）地物识读

地形图上的地物主要是用地物符号和注记符号来表示，因此识读地物，首先，要熟悉国家颁布的相应比例尺的地形图图式中的符号；其次，要区分依比例符号、半依比例符号和不依比例符号的不同，弄清各种地物符号在图上的真实位置；最后，要懂得注记的含义。

（2）地貌识读

要正确识读地貌，必须熟悉等高线表示典型地貌的方法和等高线的特性，分清等高线表达的地貌要素及地性线，找出地貌变化的规律。山地等高线数量多且密集；丘陵等高线平距较大，并且多呈现闭合图形；平原等高线平直、稀疏；盆地等高线多呈闭合图形，且外面高、中间低。识读时，首先要找出最高点和最低点，确定山脊线和山谷线，然后就可由山脊线看出山脉连绵，由山谷线看出水系的分布，由山峰、鞍部、洼地和特殊地貌看出地貌的局部变化。

若是国家基本比例尺地形图，还可根据其颜色大概识读地物和地貌，如蓝色用于溪、河、湖、海等水系，绿色用于森林、草地、果园等植被，棕色用于地貌、土质符号及公路，黑色用于其他要素和注记。

2. 地形图点位置与直线距离、方向的计算

1) 地形图上某点坐标的计算

(1)求图上某点的直角坐标

如图6-19所示，在地形图上绘有坐标格网(单位为千米)，若要求算K点的平面直角坐标，可先过K点作坐标格网的平行线，分别与格网线交于a、b和c、d，再量取aK和cK的长度，则K点的平面直角坐标为：

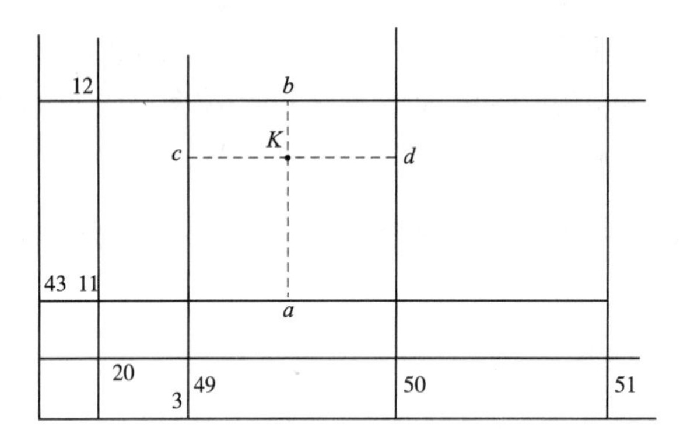

图6-19 求点的平面直角坐标

$$\left.\begin{aligned} x_K &= x_a + aK \\ y_K &= y_c + cK \end{aligned}\right\} \tag{6-4}$$

例如，在图6-19中，可看出$x_a=4311\text{km}$，$y_c=20\ 349\text{km}$；若$aK=632\text{m}$、$cK=361\text{m}$，则K点的平面直角坐标由式(6-4)可得：

$$x_K = x_a + aK = 4311 + 0.632 = 4311.632(\text{km})$$

$$y_K = y_c + cK = 20\ 349 + 0.361 = 20\ 349.361(\text{km})$$

(2)求图上某点的经、纬度

欲求某一点的经、纬度，需根据地形图四周的经、纬度注记和黑白相间的分度带，建立经、纬度为1′的分度带网格。如图6-20所示，若求M点的经、纬度，可先过M点作分

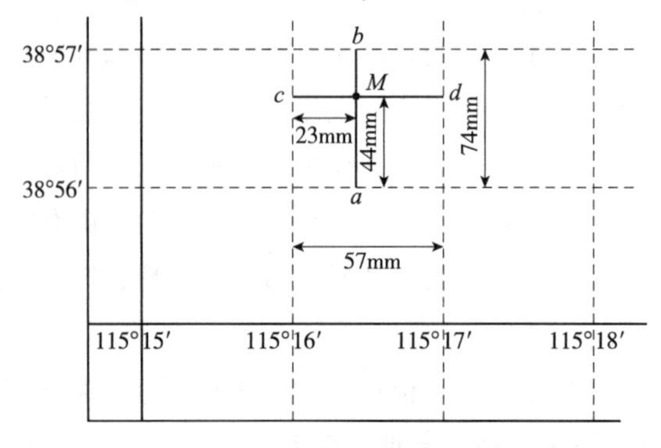

图6-20 求点的经、纬度

度带格网的平行线，分别与格网线交于 a、b 和 c、d，再量取 ab、aM 和 cd、cM 的长度，则 M 点的经度(λ_M)、纬度(φ_M)为：

$$\left.\begin{aligned}\lambda_M&=\lambda_c+\frac{cM}{cd}\times 1'\\ \varphi_M&=\varphi_a+\frac{aM}{ab}\times 1'\end{aligned}\right\}\tag{6-5}$$

由图6-20可知，M 点在北纬 38°56′~38°57′之间，经度在东经 115°16′~115°17′之间；然后量出经差 1′的网格长度为 57mm，纬差 1′的长度为 74mm，并量得 $cM=23$mm，$aM=44$mm，则 M 点的经、纬度由式(6-5)可得：

经度　　$\lambda_M=\lambda_c+\frac{cM}{cd}\times 1'=115°16'+\frac{23}{57}\times 1'=115°16'24.2''$

纬度　　$\varphi_M=\varphi_a+\frac{aM}{ab}\times 1'=38°56'+\frac{44}{74}\times 1'=38°56'35.7''$

2)求地形图上某点高程

(1)点在等高线上

如果所求点恰好位于等高线上，则该点高程等于所在等高线高程。如图6-21所示，m 点的高程为38m。

(2)点在等高线间

若所求点处于两条等高线之间，可按平距与高差的比例关系求得。如图6-21所示，为求 B 点的高程，可过 B 点作一直线与两条等高线交于 m、n，分别量 mn、mB 之长，则 B 点高程 H_B 可按下式计算：

$$H_B=H_m+\frac{mB}{mn}\times h\tag{6-6}$$

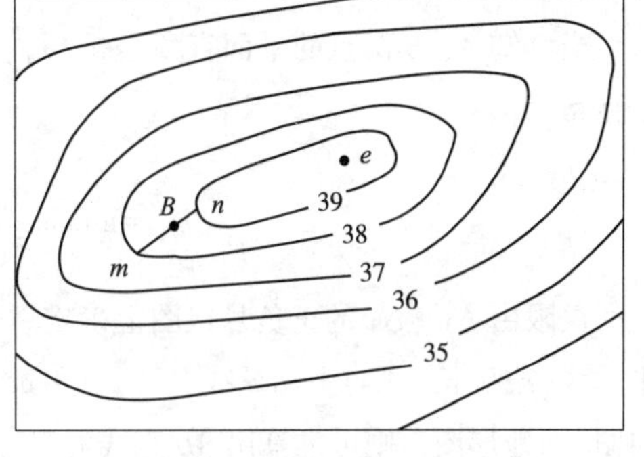

图6-21　求图上某点高程

式中　h——等高距。

实际应用时，B 点的高程也可依据上式原理用目估法求得。

(3)点在地形点之间

假如所求点位于山顶或凹地上，在同一等高线的包围中，那么该点的高程，就等于最近首曲线的高程，加上或减去1/2基本等高距。若是山顶应加半个等高距，若是凹地应减半个等高距，如图6-21中 e 点的高程为39.5m。点在鞍部可按组成鞍部的一对山谷等高线的高程，再加上半个等高距；或以另一对山头等高线的高程，减去半个等高距，即得该点高程。

3)求图上两点间的距离及其方位角

(1)求图上两点间的距离

如图6-22所示，若已知 A、B 两点的平面直角坐标(x_A、y_A)和(x_B、y_B)，可根据下式

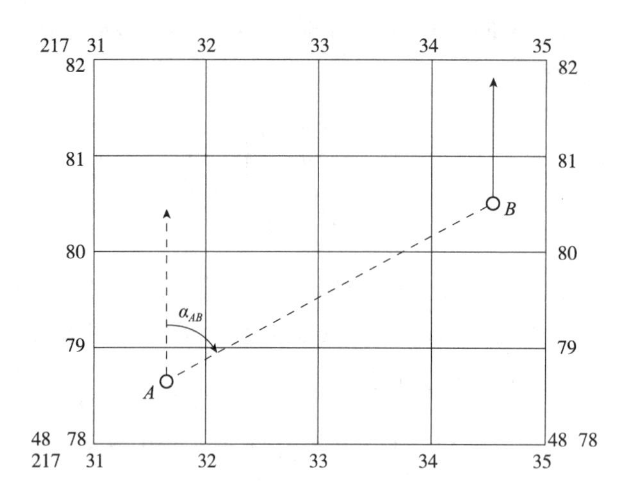

图 6-22 求算两点间的距离与方位角

求得两点间的距离：

$$D_{AB}=\sqrt{(x_B-x_A)^2+(y_B-y_A)^2} \tag{6-7}$$

若精度要求不高，也可用比例尺直接在图上量取长度。

(2)求图上某直线的方位角

当已知 A、B 两点的平面直角坐标(x_A、y_A)和(x_B、y_B)时，可根据下式求得两点间的方位角：

$$\alpha_{AB}=\arctan\frac{y_B-y_A}{x_B-x_A}=\arctan\frac{\Delta y_{AB}}{\Delta x_{AB}} \tag{6-8}$$

象限由 Δy、Δx 的正负号或图上确定。若精度要求不高，可过 A 点作坐标纵轴 x 轴的平行线(或延长 BA 与坐标纵线交叉)，用量角器直接量取直线 AB 的方位角。附有“三北方向图”的地形图，则可推算出 AB 直线的真方位角、磁方位角。

在图 6-22 中，若已知 A 点的坐标为(4878.682，21 731.690)，B 点的坐标为(4880.326，21 734.608)，根据公式(6-7)、公式(6-8)，便可求出直线 AB 的水平距离和坐标方位角，即：

$$\begin{aligned}D_{AB}&=\sqrt{(x_B-x_A)^2+(y_B-y_A)^2}\\&=\sqrt{(4880.326-4878.682)^2+(21\,734.608-21\,731.690)^2}\\&=3.349(\mathrm{km})\end{aligned}$$

$$\begin{aligned}\alpha_{AB}&=\arctan\frac{y_B-y_A}{x_B-x_A}\\&=\arctan\frac{21\,734.608-21\,731.690}{4880.326-4878.682}\\&=60°36'11.2''\end{aligned}$$

4) 求图上两点间的地面坡度

(1) 按公式计算坡度

地面某线段对其水平投影的倾斜程度就是该线段的坡度，即该线段两端点的高差 h 与其水平距离 D 之比，通常用百分率 i 来表示，也可以表示为坡度角 α，它们之间的关系为：

$$i=\tan\alpha=\frac{h}{D}\times100\% \tag{6-9}$$

(2) 用坡度尺量算坡度

使用坡度尺可在地形图上分别测定 2~6 条相邻等高线间任意方向线的坡度。如图 6-23 所示，先用两脚规量取图上两条等高线间的宽度，然后到坡度尺上比量同样条数等高线间的平距，在相应垂线下边就可读出待量取的坡度。

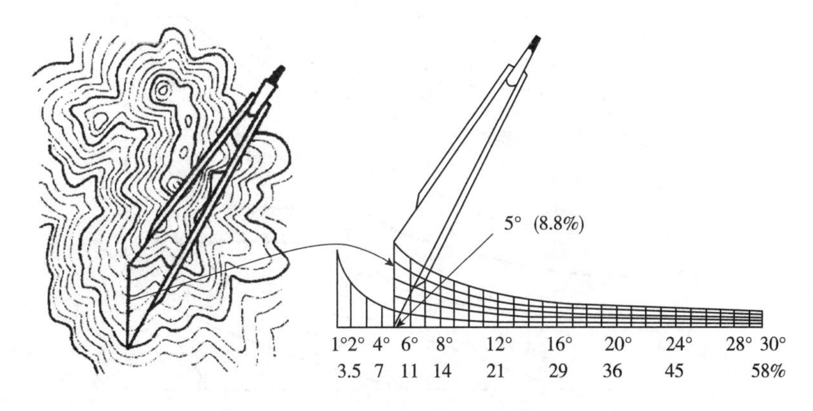

图 6-23　用坡度尺量测坡度

(3) 求某地区的平均坡度

首先按该区域地形图等高线的疏密情况，将其划分为若干同坡小区；然后在每个小区内绘一条最大坡度线，并求出各线的坡度作为该小区的坡度；最后取各小区坡度的平均值，即为该地区的平均坡度。

5) 在地形图上按限定坡度选线

(1) 求最大坡度线

从斜坡上一点向不同的方向出发，地面坡度大小是不同的，其中有一个最大坡度。降水时，水沿着最大坡度线流向下方。斜坡的最大坡度线，是坡面上垂直于水平线的直线，也就是垂直于图上等高线的直线。欲求斜坡上最大坡度线，就要在各等高线间找出连续的最短距离(等高线间的垂直线)，并将最大坡度线连接起来，就构成坡面上的最大坡度线。

如图 6-24 所示，欲由 a 点引一条最大坡度线到河边 C，则从点 a 向下一条等高线作垂线交于 1′点，由 1′点再作下一条等高线的垂线交于 2′点，同法到点 C，则 a、1′、2′、C 的连线即为从 a 点至河边 C 点的最大坡度线。

(2)选定限定坡度的最短路线

在进行线路设计时，往往需要在坡度 i 不超过某一数值的条件下选定最短的路线。如图6-24所示，已知图的比例尺为1∶1000，等高距 $h=1\text{m}$，欲从河边 A 点至山顶 B 方向修一条坡度不超过5%的道路，此时路线经过相邻两等高线间的水平距离 $D=\frac{1}{5\%}=20(\text{m})$，换算为图上距离 $d=\frac{20}{1000}=20(\text{mm})$。那么，将两脚规的两脚调至20mm，自 A 点作圆弧交27m等高线于1点，再自1点以20mm的半径作圆弧交28m等高线于2点，如此进行到5点，连接各点所得的路线就既符合坡度规定要求，又为选定的最短路线。如果某两条等高线间的平距大于20mm，则说明该段地面小于规定的坡度，此时该段路线向终点方向连接即可。

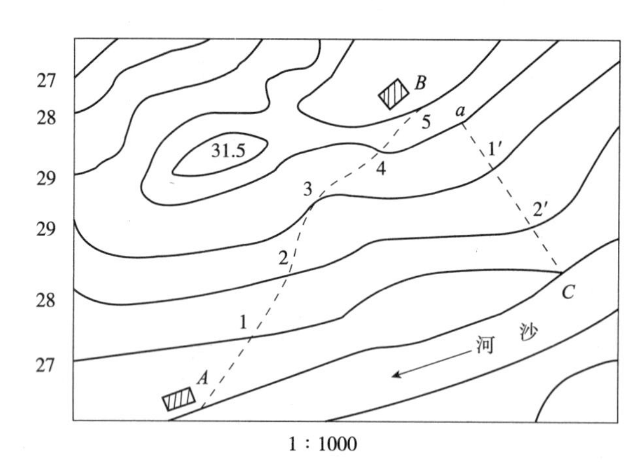

图6-24 最大坡度线与最短路线

6)按指定方向绘制断面图

如图6-25所示，A-B-C-D 为一条越岭线路，依次交等高线于1、2、3等点，如果需要了解这一线路地面起伏的情况，则可根据地形图绘出该方向的纵断面图，其操作步骤如下：

①在绘图纸(或毫米方格纸)上绘出两垂直的直线，用横轴表示水平距离，其比例尺与地形图比例尺相同(也可以不相同)；纵轴表示高程，为了突出线路 AD 方向的地形起伏状态，其比例尺一般是水平距离比例尺的10~20倍。

②在地形图上，从 A 点开始，沿线路方向依次量取两相邻点间的平距，按一定比例尺将各点依次绘在横轴上，得 A、1、2…9、D 点的位置。

③从地形图上求出 A、1、2…9、D 各点高程，按一定比例尺绘在横轴相应各点向上的垂线上。

④将相邻垂线上的高程展绘点用平滑的曲线(或折线)连接起来，即得路线 A—B—C—D 方向的纵断面图。

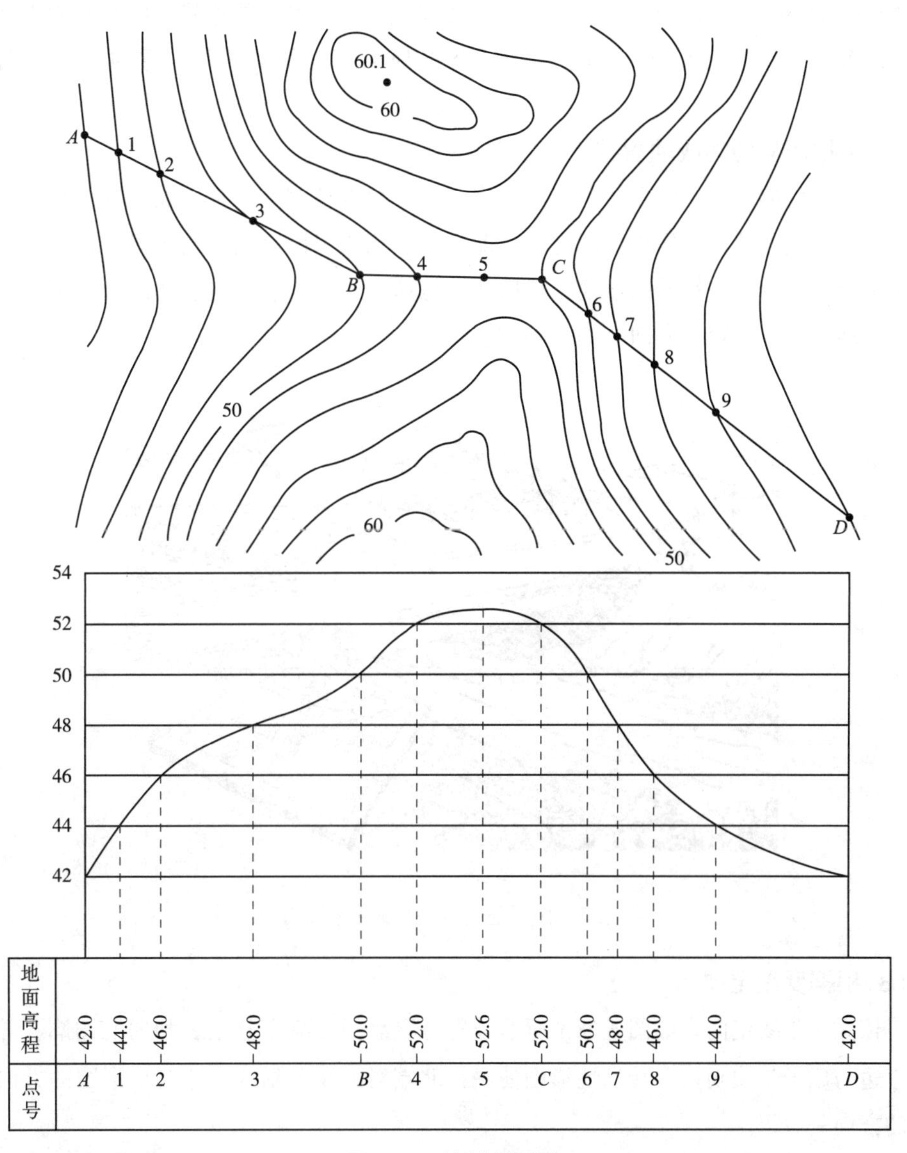

图 6-25　绘制断面图

3. 地形图野外读图

1) 地形图的实地定向

在野外使用地形图，首先要进行地形图定向。地形图定向就是使地形图上的东南西北与实地的方向一致，也就是使图上线段与地面上的相应线段平行或重合，通常采用以下方法进行实地定向。

(1) 根据直长地物定向

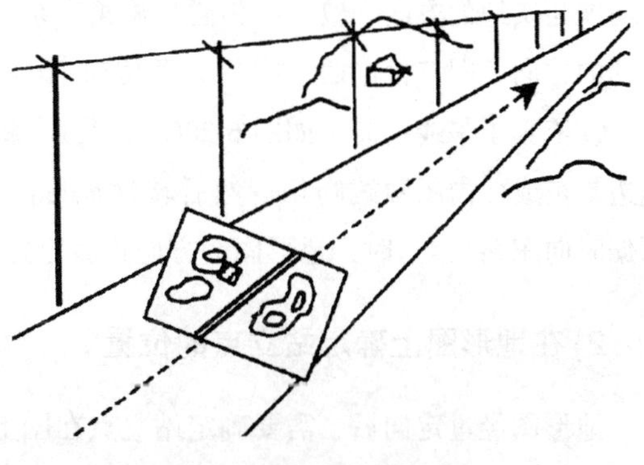

图 6-26　由直长地物定向

如图 6-26 所示，当站立点位于直线

状地物(如园林道路、渠道等)上时，可先将铅笔或三棱比例尺的边缘，吻切在图上线状符号的直线部分，然后转动地形图，用视线瞄准地面相应线状物体，这时，地形图即已定向。

(2)根据明显地物或地貌特征点定向

当用图者能够确定站立点在图上的位置时，可根据控制点、独立树、独立房屋、山头等明显地物或地貌特征点作地形图定向。即先将铅笔或三棱比例尺的边缘，在图上吻切站立点和远处某一方位物符号的连线，然后转动地形图，当照准线通过地面上的相应方位物中心时，地形图即已定好方向，如图6-27所示。

图6-27 由明显地物或地貌特征点定向

(3)根据罗盘定向

①依磁子午线定向 如图6-28A所示，先将罗盘的度盘零分划线朝向北图廓，并使罗盘的直边与磁子午线吻切，转动地形图使磁针北端对准零分划线，这时地形图的方向便与实地的方向一致了。

②依坐标纵线定向 如图6-28B所示，先将罗盘的度盘零分划线朝向北图廓，使罗盘仪的直边与某一坐标纵线吻切，然后转动地形图使磁针北端对准磁坐偏角值，则地形图的方向即与实地的方向一致。因为磁坐偏角有东偏和西偏之别，所以在转动地形图时要注意转动的方向，即东偏向西(左)转，西偏向东(右)转。

③依真子午线定向 如图6-28C所示，先将罗盘的度盘零分划朝向北图廓，使罗盘的直边与东或西内图廓线吻切，然后转动地形图使磁针北端对准磁偏角值(东偏时向西转，西偏时向东转)，这时，地形图的方向也就定好了。

2)在地形图上确定站立点的位置

地形图经过定向后，需要确定站立点在图上的位置才能进行现场的勾绘工作。确定站立点在图上的位置，常用的方法有：

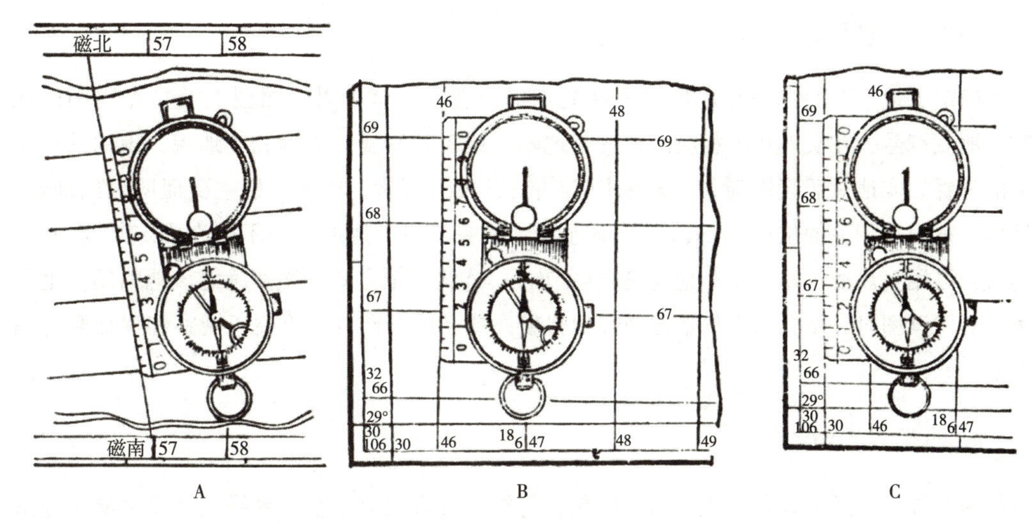

图 6-28　用罗盘定向

(1)根据明显地形点判定

如图 6-29 所示，在园林工程现场，对比站立点四周明显地形特征点在图上的位置，再依它们与站立点的关系确定站点在图上的位置。此法是确定站立点最简便、最常用的方法，但站立点应尽量设在明显的地形特征点上。

(2)用后方交会法确定

如图 6-30 所示，在图上选择两个以上的明显地形点，如 a、b、c 3 点，选取点时要能同时看到地面上相对应的点 A、B、C。在图板上放一张透明纸，并用图钉固定，用铅笔在它上面标出任意点 O，用直尺从 O 点分别瞄准地面上的 A、B、C 点并画出方向线，这样，在透明纸上就取得了自 O 点的 3 条直线。取下图钉，将透明纸在地形图上移动，使这 3 条直线恰好通过图上的各同名地物点 a、b、c 3 点，此时，将 O 点转刺到图纸上，即得所求站立点的位置。

图 6-29　根据明显地形点判定

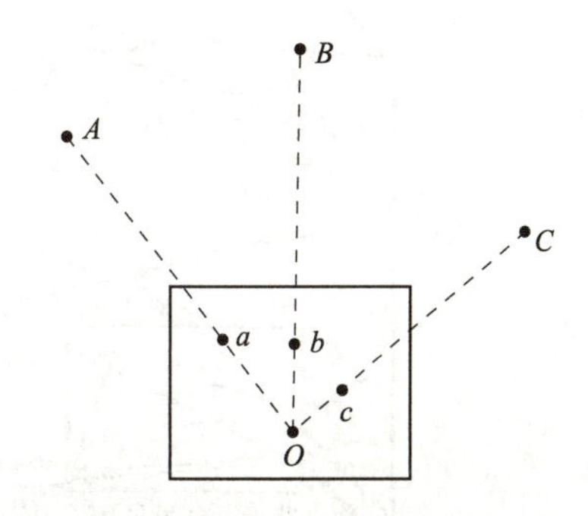

图 6-30　后方交会法确定站立点位置

3)地形图与实地对照

确定了地形图的方向和地形图上站立点的位置后，就可以依照图上站立点周围的地物、地貌符号，在实地找出相应的地物与地貌，或者观察实地的地物、地貌，识别其在图上的位置。实地对照读图时，一般采用目估法，由近至远，首先识别主要而明显的地物、地貌，再根据相关的位置关系识别其他地物、地貌。如因地形复杂不容许确定某些地物、地貌，可用直尺通过站立点和地物符号(如山顶)连线，依方向和距离确定该地物的实地位置。对照读图时，站立点应尽量选择在地势较高或视线开阔处，以便于观察和保证野外用图的准确性。

4)地类界的勾绘

地类界的勾绘即在野外进行地形图判读勾绘，可将图上没有的界线或地物测绘于地形图上。

(1)根据明显地物或地貌特征点概略估计

目标点在明显地物或地貌特征点附近时，根据其关系位置，用目估的方法把目标确定在图上，并在目标点上绘出相应的符号。

(2)根据站立点及目标方位概略估计

该方法多用于测定站立点周围的目标。首先，确定地形图的方位和站立点在图上的位置，并插上细针；其次，用铅笔靠紧细针分别向各目标瞄画方向线；最后，目测站立点至各目标点之间的距离，按地形图比例尺缩小，并在方向线上截取其图上的位置，同时绘上相应的符号。

(3)采用前方交会法勾绘

当目标较远或目标附近地形特征不明显，且在一个站立点上不易确定目标位置时，可采用前方交会法。如图6-31所示，欲将亭子测绘在图上，首先在桥梁上利用道路标定地形图的方位，并在桥梁符号上插上细针；其次，用铅笔靠近细针向实地的亭子瞄准，在图上画出桥梁与亭子的方向线；再次，前进到公路与小路的交叉点处，用同样的方法，画出道路交叉点

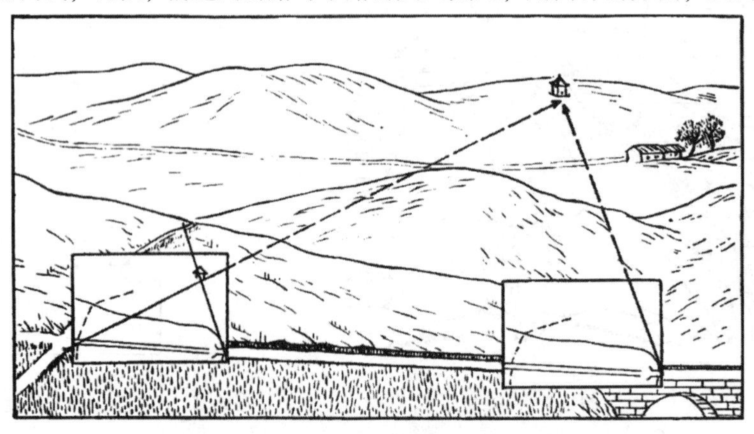

图6-31 用前方交会法将实地点线勾绘在地形图上

至亭子的方向线，两方向线的交点即亭子在图上的位置；最后，在交点上画出表示亭子的符号。

(4)对坡勾绘法

对坡勾绘是站在山的对面坡观测实地点或线与地形图上的点或线的对应关系，当半山坡有地类界线(或农地、小屋等)须在图上勾绘出来时，在对坡观测时可把整个坡面从上到下分为几等份(目估)，然后看界线处于第几等份，这样就能把地类界线在地形图上标出来。

任务 6-5 计算不规则图形面积

任务目标

掌握地形图上不规则图形面积计算的常用方法；能计算地形图上不规则图形的面积。

准备工作

(1)查看地形图的比例尺。

(2)熟悉不规则图形面积计算的方法步骤。

(3)4~6 人为一个实训小组，每个人配备地形图 1 张，方格透明纸 1 张，等距平行线透明纸 1 张，铅笔 1 支，直尺 1 把等。

操作流程

如图 6-1 所示，在河西水库及周边的地形图上，分别用方格法、平行线法测出“泉水溪”“小石溪”以及两条溪流之间的该图边界线所围成的实地面积，详见表 6-10。

表 6-10 计算不规则图形面积操作流程

序号	操作步骤	具体操作方法	质量要求
1	方格法计算	将方格透明纸覆盖在地形图上，用 0.3mm 粗铅笔将所求不规则图形的边界线描绘在方格纸上；统计图内完整方格数、图边界内不完整方格数；合计出总方格数后，按公式计算出不规则图形的实地面积	方格数误差≤0.5 格，面积误差≤0.5格实地面积
2	平行线法计算	将绘有等距平行线透明纸覆盖在地形图上，使所求不规则图形的上、下边界与平行线相切，用 0.3mm 粗铅笔将图上边界线描绘在方格纸上；按公式计算出不规则图形的实地面积	平行线总长误差≤$0.3\times\sqrt{n}$ mm，面积误差≤$0.3\times\sqrt{n}\times$平行线间隔高(单位：mm)$\div10^6$ m^2(n 为平行线条数)

注意事项

(1)为了保证量测面积的精度和可靠性，应将图纸平整地固定在图板或桌面上。

(2)要注意地形图上某一图形图上面积与实地面积的换算。

(3)若求算的图形面积较大时，可在待测的整个面积内画出一个或若干个规则图形，如四边形、三角形等，并采用几何图形公式求算出面积，然后再计算剩余的不规则小块的面积。

(4)非教学用地形图一般属于国家机密资料，实训完毕后必须如数归还，严禁损坏，不得丢失。

(5)地形图不得缩放；地形图如需复印，不得变形。

考核评价

(1)规范性考核：按以上方法、步骤，对学生的操作进行规范性考核。

(2)熟练性考核：在规定时间内完成方格法面积测算和平行线法面积测算。

(3)准确性考核：方格法面积误差≤0.5格实地面积；平行线法面积误差≤$0.3\times\sqrt{n}\times$平行线间隔高(单位：mm)÷$10^6 m^2$(n为平行线条数)。

作业成果

不规则图形面积记录计算表

序号	求算方法	面积记录计算
1	方格法	图内完整方格数 n_1=________；图边界内不完整方格数 n_2=________；总方格数 $n=n_1+\frac{n_2}{2}$=________；方格的边长 d=________ mm；地形图比例尺分母 M=________；实地面积 $A=\left(\frac{d\cdot M}{1000}\right)^2\cdot n$=________ m^2
2	平行线法	相邻平行线的间距 h=________ cm；图内平行线总长 $\sum_{i=1}^{n} d_i$=________ cm；地形图比例尺分母 M=________；实地面积 $A=h\sum_{i=1}^{n} d_i\times M^2\div 10\,000$=________ m^2

知识链接

地形图面积计算

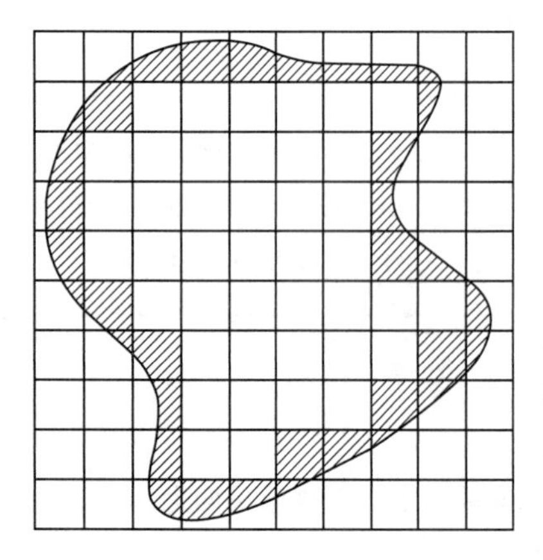

图6-32 透明方格法求图形面积

1. 透明方格法

用透明方格纸或透明方格胶片量算，方格的边长通常是2mm(或4mm)。使用时，将透明方格纸或胶片覆盖在待测面积的图形上，并予以固定，如图6-32所示；分别数出图形内的整方格数和边缘不完整(如打斜线的部分)的方格数，整方格数加上不完整方格数的一半，即为方格总数n。若方格的边长为d，地形图的比例尺为1∶M，则图形的实地面积为

$$A=\left(\frac{d\cdot M}{1000}\right)^2\cdot n \tag{6-10}$$

式中　A——实地面积，m^2；

d——方格的边长，mm；

n——方格总数。

例如，在图6-32中，设小方格的边长为2mm，地形图比例尺为1∶5000，通过计数，图形内的整方格数为42，不完整方格数为36，则总方格数为$n=42+\frac{36}{2}=60$，那么，图形的实地面积可由式(6-10)得：

$$A=\left(\frac{2\times5000}{1000}\right)^2\times60=6000(m^2)$$

方格法操作较方便，计算简单，但图形边缘不完整的方格较多，测算精度不高。

2. 平行线法

在透明纸或胶片上，按间隔h(2mm、4mm或其他规格)画上一些互相平行的直线，成为平行线透明模片，如图6-33所示。测算面积时，将透明模片覆盖在待测图形上，转动模片，使欲测面积图形边缘与上、下两条平行线相切，这样，整个图形就被平行线分割成许多等高的近似梯形，而近似梯形的高就是相邻两平行线的间距h。

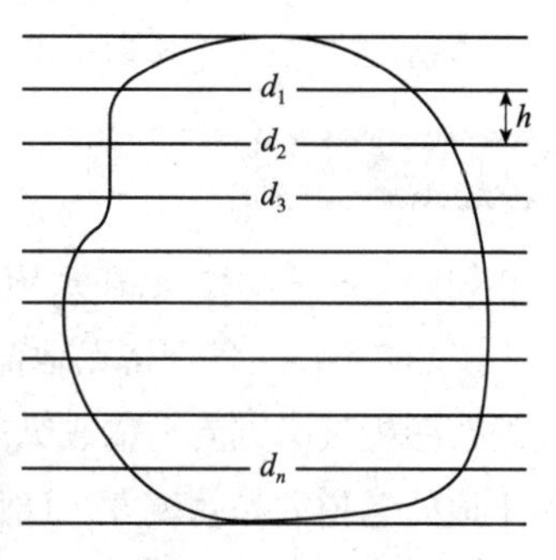

图6-33　平行线法

如图6-33所示，设图形截割各平行线的长度分别为d_1、$d_2\cdots d_n$，则各近似梯形的面积分别为：

$$A_1=\frac{1}{2}\times h\times(0+d_1)$$

$$A_2=\frac{1}{2}\times h\times(d_1+d_2)$$

……

$$A_n=\frac{1}{2}\times h\times(d_{n-1}+d_n)$$

$$A_{n+1}=\frac{1}{2}\times h\times(d_n+0)$$

则，所测算图形的面积为：

$$A=A_1+A_2+\cdots+A_n+A_{n+1}=h(d_1+d_2+\cdots+d_n)=h\sum_{i=1}^{n}d_i \tag{6-11}$$

式中　A——图形的面积；

h——相邻平行线的间距；

d_i——待量测面积的图形内平行线段长度($i=1$，$2\cdots n$)。

量测d_1、$d_2\cdots d_n$的长度时，通常是依次将d_1、$d_2\cdots d_n$左右相接地画在同一纸条上再量其总长度，因此，平行线法又称为积距法。

任务6-6 计算平整土地土方

任务目标

熟悉场地平整中方格网的布设方法；能进行水平场地、具有一定坡度的场地平整和土方计算。

准备工作

(1)熟悉平整场地范围的地形图或实际对应地面的地物、地貌情况。

(2)掌握平整土地土方计算的方法步骤。

(3)4~6人为一个实训小组，每个人配备计算器1台，铅笔1支，直尺1把等。

操作流程

如图6-34所示，已在某施工场地上布设20m×20m的方格网，方格点上分别被钉设木桩1、2、3…15，各方格点地面高程的数据已标注于相应的木桩上(单位：m)，现需将该场地按图中坡降方向平整成纵向坡度为-0.4%、横向坡度为-0.2%的倾斜地面，并计算平整土地的总挖方和总填方，详见表6-11。

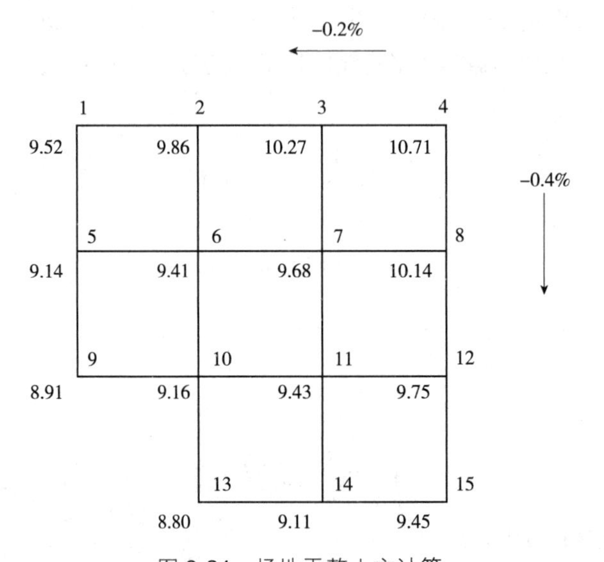

图6-34 场地平整土方计算

表6-11 计算平整土地土方操作流程

序号	操作步骤	具体操作方法	质量要求
1	布设平整场地的方格网	在拟施工场地范围内的地形图或实际对应的地面打上方格，并将各方格顶点进行编号	方格边长取20m，各方格顶点在图上注记的位置误差≤0.3mm
2	测算方格顶点的地面高程	在拟施工场地范围内的地形图上，根据等高线计算出各方格顶点的高程；若无施工场地范围内的地形图，需实地测量各方格顶点的地面高程	高程量取保留2位小数，单位为米

（续）

序号	操作步骤	具体操作方法	质量要求
3	计算平均高程	每个小方格的平均地面高程为该方格对应的4个角地面高程之和除以4，然后再将每个小方格的各自平均地面高程求和后除以总方格数，便得到平整区域的地面平均高程；也可采用将各角点、各边点、各拐点、各中点的地面高程进行累计的方法计算平均高程	平均高程计算正确
4	设计纵、横坡度	在填挖土方平衡的原则下，给定的纵向坡度设计为-0.4%，横向坡度设计为-0.2%	横向坡度一般为0，如有坡度以不超过纵坡(水流方向)的1/2为宜；纵、横坡度一般不宜超过1/200
5	计算各桩点的设计高程	首先选择零点，其位置一般选在地块中央的桩点上，并以计算出的地面平均高程为零点的设计高程；根据纵、横向坡降值计算各桩点的设计高程，然后将计算的设计高程分别标注于各方格点地面高程数据的下方	计算各桩点的设计高程正确
6	计算各桩点的填高、挖深	每个桩点的填、挖高度等于该点地面高程减去设计高程("+"为挖，"-"为填)，并将计算的填、挖高度分别标注于各方格点设计高程数据的下方	计算各桩点的填高、挖深正确
7	计算土方量	在已知各方格边长时，根据各方格点的填高或挖深数据，即可计算出需平整场地的挖、填土方量	计算土方量正确
8	土方平衡验算	如果"零点"位置选择不当，将影响土方的平衡；当挖方量与填方量相差较多时，需重新调整设计高程，直至挖、填土方量基本平衡为止	挖方量与填方量相差≤挖、填土方量平均数的10%
9	绘出开挖边界线	在小方格中，当相邻两个方格顶点一个为挖"+"，另一个为填"-"时，用内插计算法或目估法找出两点之间的不填不挖点，将同一方格内的不填不挖点在图上用虚直线或虚曲线连接起来，便可得到开挖边界线	不填不挖点图上误差≤0.3mm

注意事项

(1)布设方格网时，方格的边长应根据施工场地的地形复杂程度、所要求的计算精度等因素灵活选取，一般为10m的整数倍。

(2)实地测量各方格点的地面高程时，应将水准尺立在桩点旁边具有代表性的地面上，特别要注意桩位恰好落在局部凹凸处的立尺。

(3)非教学用地形图一般属于国家机密资料，实训完毕后必须如数归还，严禁损坏，不得丢失。

(4)地形图不得缩放；地形图如需复印，不得变形。

考核评价

(1)规范性考核：按以上方法、步骤，对学生的操作进行规范性考核。

(2)熟练性考核：在规定时间内绘出开挖边界线，计算出平整土地土方量。

(3)准确性考核：计算平整土地平均设计高程正确；计算各桩点的设计高程正确；计算各桩点的填高、挖深正确；计算平整土地土方量，挖方量与填方量相差≤挖、填土方量平均数的10%；开挖边界线图上误差≤0.3mm。

作业成果

平整土地土方记录计算表

序号	计算项目	记录计算内容
1	计算平均高程	方格总数 n=________； 各角点的地面高程之和 $\sum H_{角}$=________ m； 各边点的地面高程之和 $\sum H_{边}$=________ m； 各拐点的地面高程之和 $\sum H_{拐}$=________ m； 各中点的地面高程之和 $\sum H_{中}$=________ m； 平均高程 $H_{平均}=\dfrac{\sum H_{角}+2\sum H_{边}+3\sum H_{拐}+4\sum H_{中}}{4n}$=________ m
2	计算纵、横坡降值	纵向坡度为-0.4%，横向坡度为-0.2%，则： 纵向每20m坡降值=________ m； 横向每20m坡降值=________ m
3	计算各桩点的设计高程	零点的设计高程 $H_{平均}$=________ m； 1、2、3…15各桩点的设计高程：________
4	计算各桩点的填高、挖深	1、2、3…15各桩点的填高：________； 1、2、3…15各桩点的挖深：________
5	计算土方量	一个方格的面积 A=________ m^2； 各角点挖深之和 $\sum h_{角挖}$=________ m； 各边点挖深之和 $\sum h_{边挖}$=________ m； 各拐点挖深之和 $\sum h_{拐挖}$=________ m； 各中点挖深之和 $\sum h_{中挖}$=________ m； 各角点填高之和 $\sum h_{角填}$=________ m； 各边点填高之和 $\sum h_{边填}$=________ m； 各拐点填高之和 $\sum h_{拐填}$=________ m； 各中点填高之和 $\sum h_{中填}$=________ m； 挖方量 $V_{挖}=\dfrac{A}{4}\times(\sum h_{角挖}+2\sum h_{边挖}+3\sum h_{拐挖}+4\sum h_{中挖})$=________ m^3； 填方量 $V_{填}=\dfrac{A}{4}\times(\sum h_{角填}+2\sum h_{边填}+3\sum h_{拐填}+4\sum h_{中填})$=________ m^3

（续）

序号	计算项目	记录计算内容
6	土方平衡验算	$\dfrac{\lvert V_{挖}-V_{填}\rvert}{\frac{1}{2}\times(V_{挖}+V_{填})}\times100\%=$ ______； 如果挖方量与填方量相差超过挖、填土方量平均数的10%，需要调整设计高程； 调整后的设计高程=首次采用的设计高程+$\dfrac{挖方量+填方量}{平整场地的面积}=$ ______ m
7	找出相邻两个方格顶点之间的不填不挖点	用内插法计算寻找两点之间的不填不挖点记录计算情况：______

知识链接

地形图土方计算

园林工程施工现场往往高低起伏不平，欲将其按照园林规划的要求平整成水平面或具有一定坡度的地块，以便用作广场、建筑或绿化用地等，通常采用方格网法，具体可通过布设方格网、测算各方格点的地面高程、计算地面平均高程、确定设计高程、计算各方格点的填挖高、计算填挖土方量、验算土方平衡以及在地面上确定开挖边界线等步骤予以实施。

1. 布设平整场地的方格网

在拟施工园林场地范围内的地形图或实际对应的地面打上方格，方格边长取决于地形变化的大小和要求估算土方量的精度，一般取10m、20m、50m的正方形小格，并将各方格顶点进行编号。在地形图实际对应的地面上打方格的步骤如下。

（1）布设基线

如图6-35所示，对照拟施工园林场地范围内的地形图，并结合实地情况，在待平整场地西南角的外侧A点钉立一个木桩，并安置全站仪于A点，沿着地块边缘方向配合棱镜进行直线定线；从A点开始，按定线方向用钢尺量距，在合理确定A_1点的位置后，每隔20m钉一个木桩，依次编号为A_1、A_2、A_3、A_4，得到基线A_1A_4。

（2）布设垂直于基线的直线

在A_1点安置全站仪，以A_4为起始方向，将照准部逆时针旋转90°，即将全站仪照准部旋转到与基线A_1A_4垂直的位置再进行直线定线，并沿着视线方向每隔20m钉立木桩，编号分别为B_1、C_1、D_1、E_1，如图6-35所示。

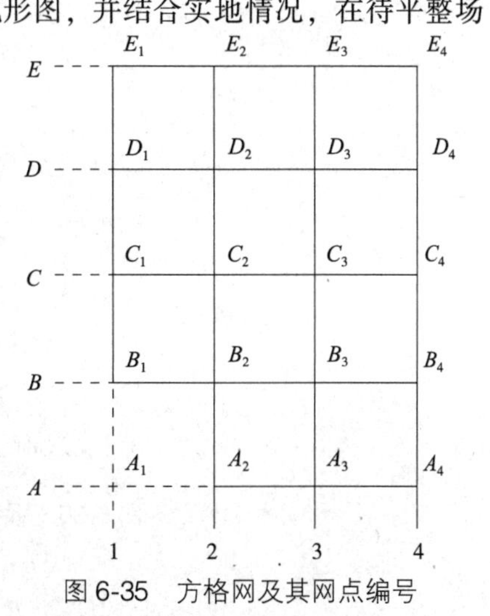

图6-35 方格网及其网点编号

(3)布设平行于基线的直线

将全站仪分别安置在 B_1、C_1、D_1、E_1 点，均以

A_1 为起始方向，并将照准部逆时针旋转 90°，然后在各自视线方向上每隔 20m 钉立木桩，得 B_2、B_3、B_4、C_2…E_4 点，便组成了方格网。

为了便于观测，应对照各方格点的位置在现场绘出草图，并将方格网横向按阿拉伯数字从左向右、纵向按英文字母自下而上进行编号。在方格网中，四周只有 1 个方格的方格点称角点，如图 6-35 中 B_1、E_1、E_4、A_4、A_2 点；四周有 2 个方格的方格点称边点，如图6-35中 E_2、E_3、D_1、C_1、A_3、B_4、C_4、D_4 点；四周有 3 个方格的方格点称拐点，如图 6-35 中 B_2 点；四周有 4 个方格的方格点称中点，如图 6-35 中 D_2、D_3、C_2、C_3、B_3 点。

除以上方法外，在园林场地平整测量中，有时也可用距离交会法布设方格网。

2. 测算方格顶点的地面高程

在拟施工园林场地范围内的地形图上，可根据等高线计算出各方格顶点的高程。若无施工场地范围内的地形图或需实地测量各方格顶点的地面高程，测算步骤如下。

(1)测量转点的高程

如图 6-36 所示，为防止施工时受到破坏，同时便于高程观测，在接近待平整场地的外侧选择转点 TP_1；将水准仪安置在已知水准点 BM_1(无已知水准点时，该点高程可假定)和 TP_1 之间的测站Ⅰ上，以 BM_1 为后视点，以 TP_1 为前视点，利用双仪高法两次测出 BM_1 和 TP_1 之间的高差，若两次高差之差不超过±6mm，则取其平均值作为两点之间高差的结果，然后计算出 TP_1 点的高程。

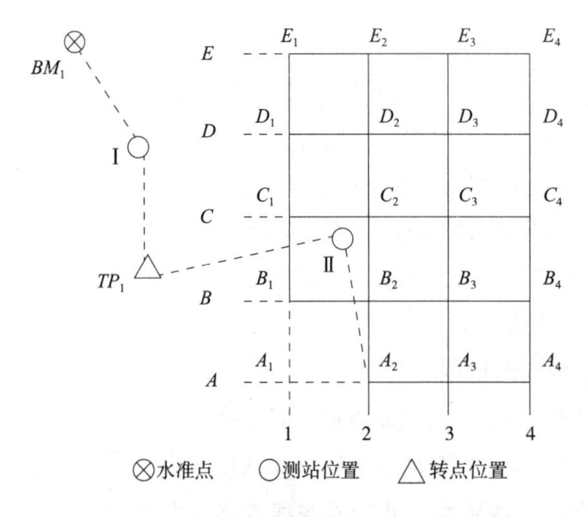

图 6-36　视线高程法测量各方格点的高程

(2)测算各个方格点的高程

如图6-36所示，在待平整场地的中间设置测站Ⅱ，以 TP_1 为后视点，以方格点 A_2 为前视点，利用视线高程法测出两者之间的高差(水准尺读数至厘米即可)，并计算出方格点 A_2 处的地面高程。

同理，以 TP_1 为后视点，分别以方格点 A_3、A_4、$B_1 \cdots E_4$ 等点为前视点，测算出各个方格点的地面高程。

如图6-37所示，方格网点上所标注的数据为测量后各方格点的地面高程，为了后续的举例计算方便，所标高程数值较小，单位为米。

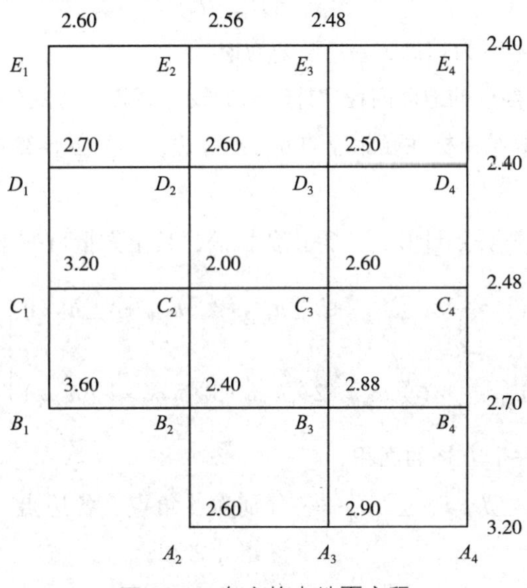

图6-37　各方格点地面高程

3. 水平场地平整

(1)计算设计高程

在场地平整中，设计高程可被事先告知，但考虑到整个工程填、挖土方量的平衡，通常采用场地平均高程代替之，即设计高程等于各方格平均高程的算术平均值。

因每一个方格的平均高程等于其4个方格点高程相加再除以4，根据图6-37所示数据，方格 $E_1E_2D_2D_1$ 的平均高程为：

$$H_{平}=\frac{2.60+2.56+2.60+2.70}{4}=2.62(\mathrm{m})$$

经分析，角点的高程在计算设计高程中只用一次，边点的高程在计算中用两次，拐点的高程用三次，中点的高程用四次。据此，待平整场地的地面设计高程 $H_{设}$ 为：

$$H_{设}=\frac{\sum H_{角}+2\sum H_{边}+3\sum H_{拐}+4\sum H_{中}}{4n} \tag{6-12}$$

式中　$\sum H_{角}$、$\sum H_{边}$、$\sum H_{拐}$、$\sum H_{中}$——分别为各角点、各边点、各拐点、各中点的高程累计之和；

n——方格总数。

在图 6-37 中，共有 11 个方格，通过代入式(6-12)计算，可得该场地的设计高程，即：

$$H_{设}=\frac{1}{4\times11}\times[(2.60+2.40+3.20+2.60+3.60)+2\times(2.56+2.48+2.40+2.48+2.70+2.90+3.20+2.70)+3\times2.40+4\times(2.60+2.50+3.00+2.60+2.88)]=2.70(\mathrm{m})$$

然后，将该计算结果标注在图 6-38 中各方格点地面高程的下方。

(2)计算各方格桩点的填(挖)高

各方格桩点填(挖)高等于该点的设计高程减去其地面高程，即：

$$h_{填(挖)}=H_{设}-H_{地} \tag{6-13}$$

当计算结果为"+"号时为填高，"-"号则为挖深。

根据图 6-38 中各方格点的地面高程和计算出的设计高程，由式(6-13)可计算出各方格点的填高或挖深，并将计算结果标注在相应的方格点旁边，详见图 6-38 中小括号内的数据。

(3)计算土方量

挖、填土方工程量要分别计算，不得正负抵消，其土方量可按下式计算：

$$\left.\begin{aligned}V_{挖}&=\frac{A}{4}\times(\sum h_{角挖}+2\sum h_{边挖}+3\sum h_{拐挖}+4\sum h_{中挖})\\V_{填}&=\frac{A}{4}\times(\sum h_{角填}+2\sum h_{边填}+3\sum h_{拐填}+4\sum h_{中填})\end{aligned}\right\} \tag{6-14}$$

式中　A——方格网中一个方格的面积；

$\sum h_{角挖}$、$\sum h_{边挖}$、$\sum h_{拐挖}$、$\sum h_{中挖}$——分别为各角点、各边点、各拐点、各中点的挖深累计之和；

$\sum h_{角填}$、$\sum h_{边填}$、$\sum h_{拐填}$、$\sum h_{中填}$——分别为各角点、各边点、各拐点、各中点的填高累计之和。

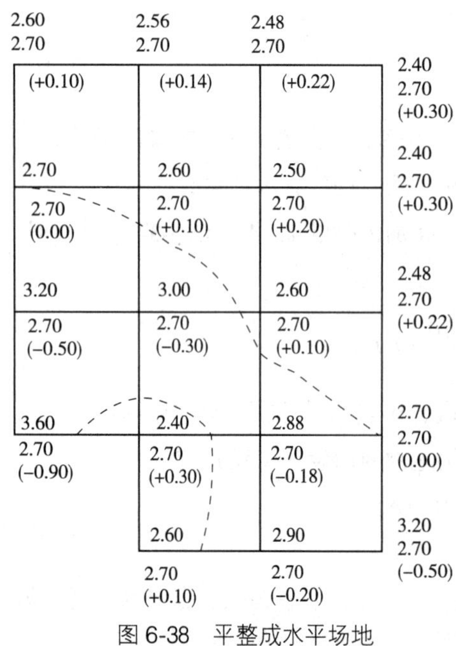

图 6-38　平整成水平场地

如图 6-38 所示，已知各方格边长为 20m，根据各方格点的填高或挖深大小，由式(6-14)可计算出需平整场地的挖、填土方工程量，即：

$$V_{挖}=\frac{A}{4}\times(\sum h_{角挖}+2\sum h_{边挖}+3\sum h_{拐挖}+4\sum h_{中挖})$$
$$=\frac{400}{4}\times[(0.50+0.90)+2\times(0.50+0.20)+4\times(0.30+0.18)]$$
$$=472(\mathrm{m}^3)$$

$$V_{填}=\frac{A}{4}\times(\sum h_{角填}+2\sum h_{边填}+3\sum h_{拐填}+4\sum h_{中填})$$
$$=\frac{400}{4}\times[(0.10+0.30+0.10)+2\times(0.14+0.22+0.30+0.22)+3\times0.30+4\times(0.10+0.20+0.10)]$$
$$=476(\mathrm{m}^3)$$

由计算结果得知，填、挖的土方量相当，说明填、挖基本平衡。

(4)确定开挖边界线

开挖边界线是由各方格边上填(挖)高为零的各点连接而成的线路，又称为零位线，如图 6-38 中的虚线。开挖边界线位于地面高程与设计高程相等之处，在该线路上撒上白石灰以便于施工。开挖边界线一般由内插法计算而得，有时也可用目估法来确定。

4. 具有一定坡度的场地平整

为了节省土方工程或因场地排水等需要，在填挖土方平衡的原则下，有时需将场地按地形现状整成一个或几个有一定坡度的斜面。横向坡度一般为 0，如有坡度以不超过纵坡(水流方向)的 1/2 为宜；纵、横坡度一般不宜超过 1/200，否则会造成水土流失。现仍以图 6-35 所示的地面为例进行土地平整。

(1)计算平均高程

经式(6-12)计算，图 6-37 中各方格点的平均高程为 2. 70m。

(2)纵、横坡度的设计

设纵坡为 0. 2%，横坡为 0. 1%，则得纵向每 20m 坡降值为 20×0. 2% = 0. 04(m)；横向每 20m 坡降值为 20×0. 1% = 0. 02(m)。

(3)计算各桩点的设计高程、填(挖)高

首先选择零点，其位置一般选在地块中央的桩点上，如图 6-39 中的 d 点，并以地面的平均高程为零点的设计高程。根据纵、横向坡降值计算各桩点的设计高程，然后计算各桩点的填(挖)高，计算结果见图 6-39 中的标注。

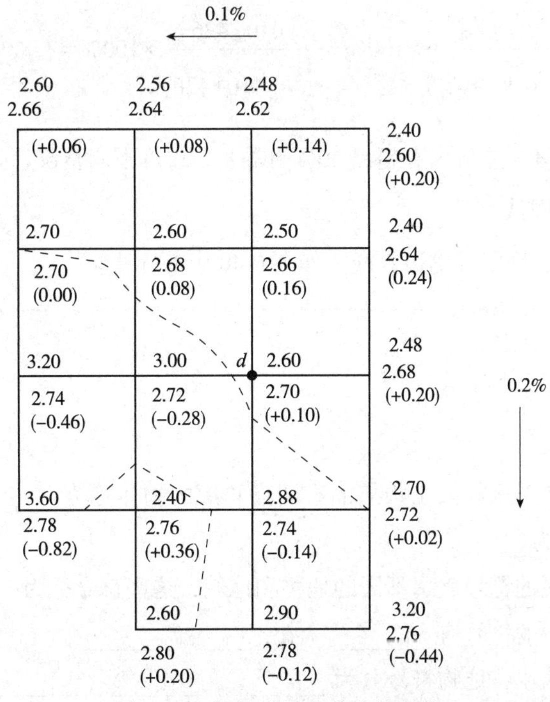

图 6-39　平整成具有坡度的场地

(4)计算土方量、土方平衡验算

挖、填土方量的计算方法与平整成水平场地相同，但在平整成具有一定坡度的场地时，如果零点位置选择不当，将影响土方的平衡。当挖方量与填方量相差较多，并超过挖、填土方量平均数的10%时，需重新调整设计高程，直至挖、填土方量基本平衡为止。调整后的设计高程为：

$$调整后的设计高程=首次采用的设计高程+\frac{挖方量+填方量}{平整场地的面积} \qquad (6-15)$$

如图6-39所示，已知各方格边长为20m，根据各方格点的填高或挖深大小，由式(6-14)可计算出需平整场地的挖、填土方工程量，即：

$$\begin{aligned} V_{挖} &= \frac{A}{4}\times(\sum h_{角挖}+2\sum h_{边挖}+3\sum h_{拐挖}+4\sum h_{中挖}) \\ &= \frac{400}{4}\times[(0.44+0.82)+2\times(0.12+0.46)+4\times(0.28+0.14)] \\ &= 410(\mathrm{m}^3) \end{aligned}$$

$$\begin{aligned} V_{填} &= \frac{A}{4}\times(\sum h_{角填}+2\sum h_{边填}+3\sum h_{拐填}+4\sum h_{中填}) \\ &= \frac{400}{4}\times[(0.06+0.20+0.20)+2\times(0.08+0.14+0.24+0.20+0.02)+3\times0.36+4\times(0.08+0.16+0.10)] \\ &= 426(\mathrm{m}^3) \end{aligned}$$

经挖、填土方平衡验算得：

$$\frac{|V_{挖}-V_{填}|}{\frac{1}{2}\times(V_{挖}+V_{填})}\times100\% = \frac{|410-426|}{\frac{1}{2}\times(410+426)}\times100\% = 3.83\%$$

因挖方量与填方量之差值没有超出10%的限度，故可不调整设计高程。

(5)确定开挖边界线

由内插法或目估法确定开挖边界线，如图6-40中的虚线。

习　题

1. 填空题

(1)地球表面自然形成或人工构筑的有明显轮廓的物体称为________；地球表面的高低变化和起伏形状称为________。

(2)地形图用不同的符号表示不同的地物和地貌，这些符号称为________。

(3)地形图图式中的符号有________、________、________。

(4)根据地物的大小，地物符号分为________、________、________。

(5)等高线的种类有________、________、________、________。

(6)按基本等高距勾绘的等高线称为________。

(7)等高线应与山脊线及山谷线呈________。

(8)相邻等高线之间的高差称为________，常以 h 表示。

(9)________是相邻等高线之间的水平距离。

(10)在同一幅图内，等高线密集表示________，等高线稀疏表示________，等高线平距相等表示________。

(11)平整场地时，填挖高度是地面高程与________之差。

(12)山脊的等高线应向________方向凸出，山谷的等高线应向________方向凸出。

(13)一组闭合的曲线是表示山头还是洼地，要根据________或________来判断。

(14)已知 A、B 两点的坐标值分别为 $x_A=5773.633\text{m}$，$y_A=4244.098\text{m}$；$x_B=6190.496\text{m}$，$y_B=4193.614\text{m}$，则坐标方位角 $\alpha_{AB}=$________，水平距离 $D_{AB}=$________m。

(15)在1∶1000地形图上，若等高距为1m，现要设计一条坡度为4%的等坡度路线，则在地形图上该路线的等高线平距应为________m。

2. 选择题(单选或多选)

(1)按一定的比例尺，用规定的符号表示地物、地貌平面位置和高程的正射投影图称为(　　)。

A. 地图　B. 地形图　C. 平面图　D. 断面图

(2)地形图的比例尺用分子为1的分数形式表示时，(　　)。

A. 分母大，比例尺大，表示地形详细　B. 分母小，比例尺小，表示地形概略

C. 分母大，比例尺小，表示地形详细　D. 分母小，比例尺大，表示地形详细

(3)比例尺为1∶2000的地形图的比例尺精度是(　　)。

A. 0.2cm　B. 2cm　C. 0.2m　D. 2m

(4)欲施测能反映地面不低于0.2m精度的地形图，则测图比例尺应选用不小于(　　)。

A. 1∶500　B. 1∶1000　C. 1∶2000　D. 1∶5000

(5)地物符号的种类有(　　)。

A. 依比例符号　B. 不依比例符号　C. 半依比例符号　D. 地物注记　E. 等高线

(6)在地形图中，表示测量控制点的符号属于(　　)。

A. 依比例符号　B. 半依比例符号　C. 地貌符号　D. 不依比例符号

(7)地面上有一条1m宽的土路，将它测绘于1∶5000地形图上，应该采用(　　)。

A. 依比例符号　B. 半依比例符号　C. 不依比例符号　D. 注记符号

(8)在一幅地形图上，等高距离是(　　)。

A. 相等的　B. 不相等的　C. 不一定相等的　D. 以上说法都不对

(9)等高线的种类有(　　)。

A. 首曲线　B. 计曲线　C. 间曲线　D. 示坡线　E. 助曲线

(10)按基本等高距绘出的等高线称为(　　)。

A. 计曲线　B. 间曲线　C. 首曲线　D. 助曲线

(11)在地形图中，为了读图、用图方便而加粗的曲线是(　　)。

A. 计曲线　　B. 助曲线　　C. 间曲线　　D. 首曲线

(12)在1∶1000地形图上，若等高距规定为2m，则其计曲线上的高程可为(　　)。

A. 10m　　B. 15m　　C. 20m　　D. 25m　　E. 30m

(13)一组闭合的等高线是山丘还是盆地，可根据(　　)来判断。

A. 助曲线　　B. 首曲线　　C. 计曲线　　D. 高程注记

(14)一组闭合等高线可能表示(　　)。

A. 山头　　B. 洼地　　C. 山脊　　D. 山谷　　E. 鞍部

(15)在地形图上等高线呈现一组抛物线形的曲线应是(　　)。

A. 山头　　B. 洼地　　C. 山脊　　D. 山谷　　E. 鞍部

(16)山脊线也叫(　　)。

A. 分水线　　B. 集水线　　C. 山谷线　　D. 示坡线

(17)(　　)也叫集水线。

A. 等高线　　B. 分水线　　C. 汇水范围线　　D. 山谷线

(18)山脊与山谷的等高线在凸起部分与山脊线、山谷线(　　)。

A. 重合　　B. 平行　　C. 正交　　D. 斜交

(19)下面哪种说法是错误的(　　)。

A. 等高线在任何地方都不会相交　　B. 等高线一定是闭合的连续曲线

C. 同一等高线上的点的高程相等　　D. 等高线与山脊线、山谷线正交

(20)等高线具有哪些特性？(　　)

A. 等高线不能相交　　B. 等高线是闭合曲线

C. 山脊线不与等高线正交　　D. 等高线平距与坡度成正比

E. 等高线密集表示陡坡

(21)在同一幅地形图上，等高线平距与地面坡度的关系是(　　)。

A. 平距大则坡度小　　B. 平距大则坡度大

C. 平距大则坡度不变　　D. 平距值等于坡度值

(22)在同一幅地形图上，等高线越密集，说明(　　)。

A. 等高距越大　　B. 等高距越小

C. 地面坡度越陡　　D. 地面坡度越缓

(23)在同一幅地形图上等高距相同，平距与坡度的关系是(　　)。

A. 平距越小，坡度越缓　　B. 平距越大，坡度越缓

C. 平距越小，坡度越陡　　D. 平距越大，坡度越陡

E. 平距相等，坡度相同

(24)地物注记包括(　　)。

A. 比例尺　　B. 文字注记

C. 数字注记　　D. 符号注记

E. 字母注记

(25)国家基本比例尺地形图分幅和编号方法以比例尺地形图的分幅与编号为基础，按规定的经差和纬差划分图幅(　　)。

A. 1∶500　　B. 1∶10 000　　C. 1∶100 000　　D. 1∶1 000 000

(26)已知 A 点坐标 $x_A = 111.00\text{m}$，$y_A = 124.30\text{m}$；B 点坐标 $x_B = 110.42\text{m}$，$y_B = 142.41\text{m}$，则 A、B 两点间的距离为(　　)。

A. 18.12m　　B. 18.69m　　C. 34.64m　　D. 45.29m

(27)在地形图上，若 A 点高程为21.17m，B 点高程为16.84m，A、B 距离为279.50m，则直线AB的坡度为(　　)。

A. 6.8%　　B. 1.5%　　C. −1.5%　　D. −6.8%

(28)在1∶1000比例尺地形图上，量得某一园林绿地的面积为 50cm^2，实地面积是(　　)。

A. 0.005km^2　　B. 0.05km^2　　C. 0.5km^2　　D. 5km^2

(29)在比例尺为1∶2000、等高距为2m的地形图上，如果按照坡度 $i=5\%$，从坡脚 A 到坡顶 B 来选择路线，其通过相邻等高线时在图上的长度为(　　)。

A. 10mm　　B. 15mm　　C. 20mm　　D. 25mm

(30)在地形图上平整场地中，填挖高度是用两种高程之差求得，这两种高程指的是(　　)。

A. 绝对高程　　B. 相对高程

C. 假定高程　　D. 地面高程

E. 设计高程

3. 判断题

(1)地形图上0.1mm所表示的实际距离为比例尺的精度，所以比例尺越小其精度就越高。(　　)

(2)测图比例尺越大，地形表示越详细，精度就越高，测图工作量增大，投资增加。(　　)

(3)地物在地形图上必须严格按比例尺表示。(　　)

(4)森林、耕地、河流、湖泊等属于地物。(　　)

(5)地面高程相同的地形点，必然在同一等高线上。(　　)

(6)在同一幅地形图上，所有等高线必须闭合。(　　)

(7)等高距的选择是根据测图比例尺大小和测区地面坡度来确定；比例尺越小，坡度越陡，选择等高距就越大。(　　)

(8)相邻两等高线之间的水平距离称为等高线平距。(　　)

(9)等高线平距与等高距成正比例关系。(　　)

(10)山谷等高线为一组由高处凸向低处的曲线。(　　)

(11)等高线越疏，地面坡度越小。(　　)

(12)国家基本比例尺地形图编号由十位码组成。(　　)

(13)可用直长地物进行地形图实地定向。(　　)

(14)可根据明显地物点，确定实地站立点在地形图上的位置。(　　)

(15)平整地面打方格的边长为10m，经计算，相邻D_3、D_4两点的挖填高分别为+0.6m、-1.4m，则不填不挖点至点D_3的距离为4m。（　）

4. 综合分析题

如图6-1所示，分析该图中雨水汇聚流入河西水库的主要山脊线、山谷线体系。

项目 7　园林工程测量

项目情景

小梁前期实习成绩获得了公司高度认可，公司获得了一市民运动公园总承包的资格，安排小梁负责施工测绘管理技术工作。小梁感念公司信任，决心把这一重要的任务完成好。他计划先需要建立起园林工程测量控制网，然后将运动公园施工图上的园路、建筑物、堆山、挖湖及各种植物等准确定位到实地，保证做到对图放样施工，如期、优质完成运动公园的建设任务。

学习目标

【知识目标】

(1) 掌握水平角测设、水平距离测设和高程测设等点位测设的基本方法。

(2) 掌握园林工程测量控制网的测设方法。

(3) 掌握园路施工放样、硬质景观施工放样、堆山与挖湖放样、园林植物种植放样等园林施工测量的方法。

(4) 掌握园林建筑的定位和放线、基础施工放样、园林建筑柱基放样等园林建筑施工测量的方法。

【技能目标】

(1) 能利用全站仪进行园林工程控制网的测设。

(2) 能进行堆山挖湖工程施工放样。

(3) 能进行园林建筑的定位和放线等园林建筑施工测量。

园林工程测量是园林工程建设在勘测设计、施工和管理过程中所进行的各种测量工作，包括点位测设，园林工程测量控制网的测设，园路施工放样、堆山挖湖放样、植物种植放样，园林建筑轴线定位，园林建筑施工放样等。

任务 7-1　测设施工方格控制网

任务目标

掌握在图上设计建立方格控制网的方法；能操作全站仪测设施工方格控制网。

准备工作

(1) 测量实训场设置多个空旷地块，同时满足若干个实习小组的要求。

(2) 4~6 人为一个实训小组，每小组配备园林设计放线图复印件 1 份，全站仪 1 套，棱镜 1 套，铅笔 1 支，记录夹 1 个，木桩若干。

操作流程

仪器及施工现场的情况不同，测设施工方格控制网可选用的方法也不同。现以根据原有地物用全站仪测设施工方格控制网网点为例。

1. 在图上建立方格控制网

要求：能根据设计的方格边长按比例尺在图上建立方格控制网。

有的施工现场没有测量控制点，但保存有建筑或其他具有方位意义的地物，可根据这些地物测设出方格网。首先根据原地物在图纸上将主轴线及方格网点位置确定下来，如图7-1所示，在设计图中找到建筑物长边的两个角点 M、N，根据设计的方格边长按比例尺在图上建立方格控制网。

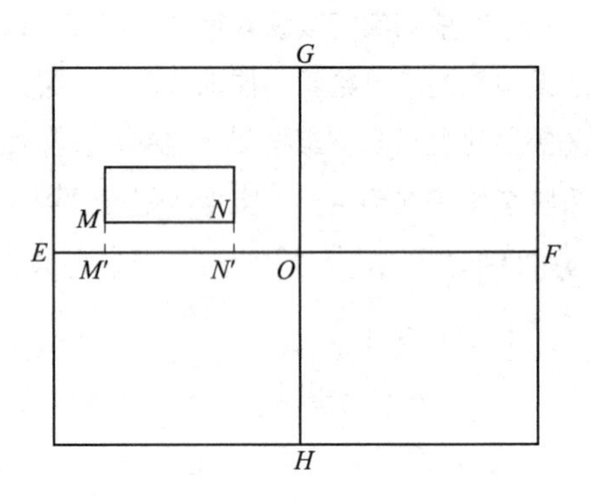

图7-1　根据原有地物测设施工方格控制网网点

2. 实地测设主轴线

要求：能利用全站仪根据角度0°、90°、180°、270°及长度，定出主轴线交点 O、G、F、H、E 的位置。

如图7-1所示，M、N 为施工现场原有建筑长边上的两个角点。自 M、N 两点分别作建筑短边的两条延长线，在等距离处(一般为2m)取 M' 和 N' 两点。然后在 $M'N'$ 延长线(一般取2~5m的整数)处定出主轴线交点 O 并埋桩；将全站仪置于 O 点，盘左照准 M' 方向，根据方格尺寸定出方格点 E 并埋桩，水平度盘读数置为0°00′00″，转动仪器使水平度盘读数分别为90°、180°、270°，根据方格长度定出方格点 G、F、H 的位置并埋桩。则直线 EOF 与直线 GOH 构成了方格控制网的主轴线。

3. 校核方格网

要求：在实地上测设方格网，校核各个角度和边长，夹角观测值与理论值的误差在5″之内；边长观测值与理论值的误差≤±5mm。

将全站仪置于 O 点，观测角度 $\angle EOG$、$\angle GOF$、$\angle FOH$、$\angle HOE$，校核其与理论值90°00′00″的误差，要求误差≤5″；测量距离 OE、OG、OF、OH，校核其与理论值的误差，要求误差≤5mm。

注意事项

(1)作业前应仔细、全面检查仪器，确定电源、仪器各项指标、功能、初始设置和改正参数均符合要求后，再进行测量。

(2)观测时防止全站仪、棱镜等摔倒落地。

(3)不允许骑在脚架上观测。

考核评价

(1)规范性考核：按以上方法、步骤，对学生的操作进行规范性考核。

(2)熟练性考核：在规定时间内完成测设施工方格控制网。

(3)准确性考核：角度观测值与理论值的误差在5″之内；方格边长观测值与理论值的误差在≤±5mm以内。

作业成果

根据原有地物测设施工方格控制网网点记录表

轴线交点	点位	水平度盘读数(° ′ ″)	距离(m)	备注
O	*E*	00 00 00		轴线交点至各点位的距离为方格边长的倍数，精确到mm
	F	180 00 00		
	G	90 00 00		
	H	270 00 00		
…	…	…	…	

测设施工方格控制网网点校核表

轴线交点	点位	水平度盘读数(° ′ ″)		水平角	距离(m)	备注
		盘左	盘右			
O	*E*	00 00 00				
	G			∠*EOG*=		
	F			∠*GOF*=		
	H			∠*FOH*=		
	E			∠*HOE*=		
…	…	…		…		

知识链接

基本放样测量与施工控制测量

施工测量是园林测量的主要任务之一，施工放样是施工测量的主要工作内容。施工放样是根据设计图上已经设计好的各类工程特征点的平面位置和高程，通过它们和已知点位之间的距离、角度和高差的关系，将其标定在实地上作为施工的依据，也称为测设。

1. 基本测设

测设的基本工作一般包括水平角测设、水平距离测设、高程测设3项基本工作。

水平角的测设，就是在角的顶点根据一已知方向标定出另一边的方向，使两方向间的水平夹角等于已知的角值；水平距离测设，是在地面上从线段的一个已知点出发，沿着给定的方向量出已知的水平长度，并在地面上定出另一端点的位置；高程测设是利用水准测量的方法，根据附近已知水准点的高程，将未知点的设计高程标定到实地上的过程。

1) 水平角测设

(1) 水平角测设的一般方法

①如图7-2所示，O点为已知的角顶点，OA为已知方向，将全站仪或电子经纬仪安置于O点，用盘左瞄准后视A点，并使水平度盘读数为顺时针增大(若是电子经纬仪则显示HAR或水平右的状态)，置零，使水平度盘读数为0°00′00″。

②顺时针方向转动照准部，使水平度盘读数刚好为设置值β，在视准轴方向上标定B_1点。

③用盘右再次瞄准后视A点，并使水平度盘读数为顺时针增大(若是电子经纬仪则显示HAR或水平右的状态)，置零，使水平度盘读数0°00′00″。

④再次顺时针方向转动照准部，使水平度盘读数刚好为设置值β，在视准轴方向上标定B_2点。

⑤取B_1与B_2点连线的中点B，则$\angle AOB$为设置值β角。

(2) 水平角测设的精密方法

①如图7-3所示，先利用全站仪或电子经纬仪按照一般方法测设欲测设的β，在视准方向标定B'点得$\angle AOB'$。

②用测回法测得$\angle AOB'=\beta'$。

③过B'作OB'的垂线，在垂线方向精确量取$BB'=OB'\tan(\beta-\beta')$，则$\angle AOB$即为设置值$\beta$角；若$\beta-\beta'<0$，则$B$点的位置与图7-3相反，即在$B'$上方。

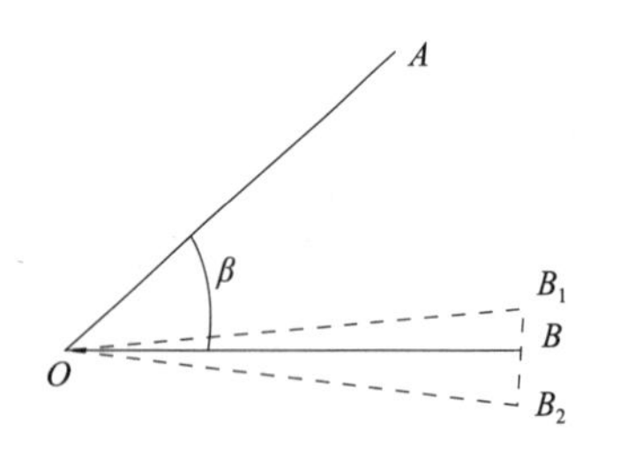

图7-2 水平角一般测设图

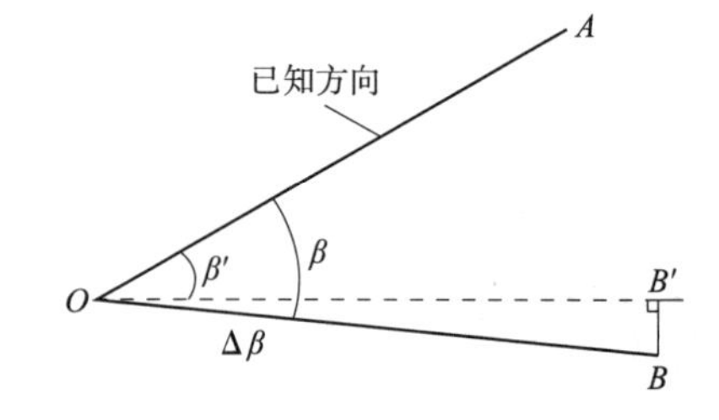

图7-3 水平角精密测设

(3) 直角测设方法

当精度要求比较高时，可以参看水平角测设的一般方法，设计的角度为90°00′00″。

当精确度要求不高时，可根据勾股定理进行测设：

①如图7-4所示，AB为已知方向，需测设AD方向，使$\angle DAB=90°00'00''$。

②甲、乙、丙三人，甲在A点插立测钎，将尺子的0.00(零点)及12.00m固定在A点上，乙在AB方向上且拿着尺子的3.00m处，得C点，在C点也插立一测钎。

③丙拿着尺子的8.00m处，将尺子拉紧拉平，得D点，此时有$AD\perp AB$，即$\angle DAB=90°00'00''$。

2) 水平距离测设

如图7-5所示，欲在已知方向测设AB长度为d。先定出B'点，测得$AB'=d'$。若$d-d'>0$，则往前移动$BB'=d-d'$，反之往后移动。

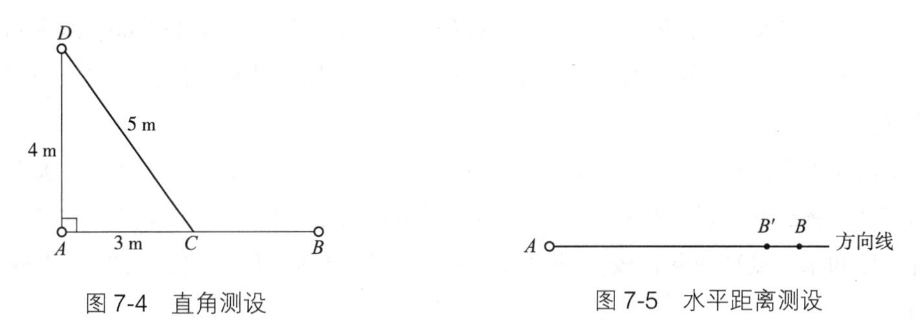

图7-4　直角测设　　图7-5　水平距离测设

3) 高程测设

在园林各项工程中，经常需要在地面上设置一些设计给定的标高点(高程点)，如建筑物的室内地坪点(±0.000)等，作为控制施工标高的依据。在测设这类给定标高点时，一般多采用水准测量的方法，根据已知高程的水准点进行引测。

①如图7-6所示，将水准仪安置于水准点A与需测设点之间，先在A点尺上读取读数a。

②根据水准点高程H_A及设计给定的B点高程H_B，计算出B点尺上应有的读数，即视线高$H_i=H_A+a$；测设点B尺上应有的读数$b_{应}=H_i-H_B$。

③水准仪视线瞄准B点上的水准尺，将尺子上下移动，当读数恰好为$b_{应}$时，沿尺底面划线于桩上，此线即为设计给定的设计标高位置。

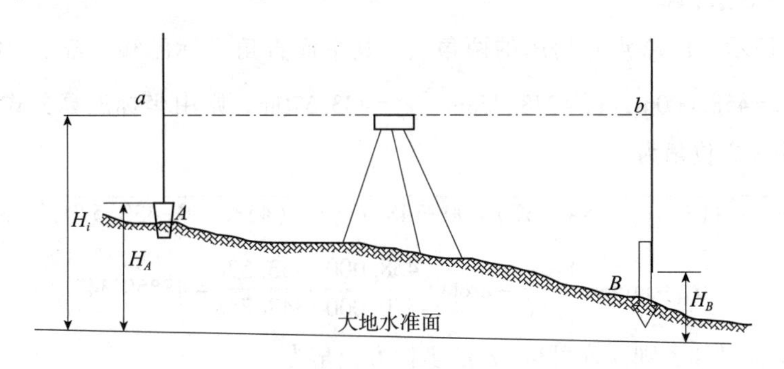

图7-6　高程测设

[例7-1]　已知水准点A的高程为$H_A=112.781$m，欲设计B点的设计高程为$H_B=112.356$m，要求根据A点的高程将B点的设计高程放样到木桩上。

解：

①如图7-6所示，在A、B两点的中间位置安置水准仪，并在A、B两点分别竖立水准尺。

②当水准仪粗平后，先瞄准后视点A，精确整平后读后视读数a，设$a=1.376$m，则前

视点 B 的读数 $b=(H_A+a)-H_B=(112.781+1.376)-112.356=1.801(\text{m})$。

③用水准仪照准前视点 B 处的水准尺，精确整平后，将水准尺沿着 B 点处木桩的侧面上、下移动，当水准尺读数刚好为 1.801m 时，便紧靠水准尺底部在木桩侧面画一横线，该处即为 112.356m 高程的位置。

4) 基本测设注意事项

①对放样结果必须校核，水平距离放样的相对误差一般不大于 1/2000，水平角放样的误差不大于±40″，高程放样的限差不大于±10mm；若放样的结果超限，则应查明原因并修正或重新放样。

②在高程放样时，若前视读数小于计算出的理论前视读数值，说明前视水准尺的尺底高程高于欲放样的设计高程，应将水准尺降低；反之，应升高水准尺。若待放样点的高程与已知水准点高程存在较大的高差，可采用悬挂钢尺代替水准尺的方法进行高程放样。

2. 点位测设的基本方法

挖湖、堆山、绿化植物种植是常见的园林工程项目。在施工过程中，需要对人工湖、假山及植物种植的边界各点的平面位置进行放样，常见的方法有极坐标法、支距法、交会法、全站仪点位测设法。

1) 极坐标法

极坐标法是根据已知水平角和水平距离，对地面点平面位置进行放样。此法适用于量距方便且放样点距离控制点比较近的情况。

(1) 放样数据计算

如图 7-7 所示，1、2 点是房屋的两角点，其平面直角坐标已知，若 1、A 的坐标 $x_1=370.000\text{m}$、$y_1=458.000\text{m}$，$x_A=348.758\text{m}$、$y_A=433.570\text{m}$，则由坐标反算公式可求得 A_1 的水平距离和坐标方位角为：

$$D_1=\sqrt{(x_1-x_A)^2+(y_1-y_A)^2}=\sqrt{(370.000-348.758)^2+(458.000-433.570)^2}=32.374(\text{m})$$

$$\alpha_{A1}=\arctan\frac{y_1-y_A}{x_1-x_A}=\arctan\frac{458.000-433.570}{370.000-348.758}=48°59'34''$$

因 B 点坐标已知，则同样可得 AB 的坐标方位角为：

$$\alpha_{AB}=\arctan\frac{y_B-y_A}{x_B-x_A} \tag{7-1}$$

现设 $\alpha_{AB}=116°49'54''$，那么，$\beta_1=\alpha_{AB}-\alpha_{A1}=116°49'54''-48°59'34''=67°50'20''$。

同理，根据 B、2 两点的已知坐标，可求出 2 点的放样数据 D_2、β_2。

在放样精度要求不高的时候，可以使用量角器和三棱比例尺在园林设计图上直接量取放样数据 β 和 D 的大小。

(2) 平面点位的放样

如图 7-7 所示，在控制点 A 安置经纬仪，后视 B 点，逆时针转动照准部，放样出水平角 $\beta_1 = 67°50'20''$，可得到 $A1$ 方向线；再以 A 为起点，沿着 $A1$ 方向线用钢尺放样出 $D_1 = 32.374$m 的水平距离，便可得到 1 点的位置。同理，在 B 点安置经纬仪，可放样出 2 点。

2) 支距法

当待测设的点位于基线或某一已知线段附近，且测设点位精度要求较低时，可采用此方法。

如图 7-8 所示，待测设的点 P 在已知线段 AB 附近，在图上过 P 点作 AB 的垂线 PP_1，根据比例尺量取实地距离 D_1 和 D_2。

在现场上找到 A、B 点，从 A 点沿 AB 方向测设水平距离 D_1 得 P_1 点，过 P_1 点测设 AB 的垂直方向并在其方向线上从 P_1 测设水平距离 D_2 得 P 点，P 点即为需测设的点位。

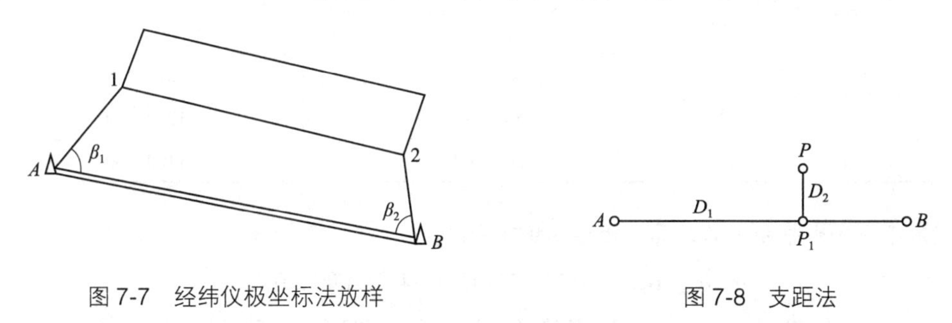

图 7-7　经纬仪极坐标法放样　　　　图 7-8　支距法

3) 交会法

(1) 角度交会法

角度交会法是根据前方交会的原理，分别在两个或多个控制点安置经纬仪，通过经纬仪测设两个或多个水平角交会出待定点的平面位置。在实际园林工程施工中，通常用两个控制点来测设，即分别在两个控制点上安置经纬仪，用经纬仪测设出两条方向线，两条方向线相交得出待测点的平面位置。此方法适用于测设点离控制点较远或量距较困难的园林工程中。它的放样元素是两个已知角，其角值根据两个已知点和待测点的坐标计算得出。

[例 7-2]　如图 7-9 所示，设点 $P(x_p, y_p)$ 为某湖心亭的中心位置，$A(x_A, y_A)$、$B(x_B, y_B)$ 为岸边的两个控制点，各点的坐标数据见表 7-1 中所列。要求根据控制点 A、B 测设出 P 点的平面位置。

解：

①坐标方位角的计算

$$\begin{cases} \alpha_{AB} = \arctan \dfrac{y_B - y_A}{x_B - x_A} = \arctan \dfrac{1212.699 - 1011.488}{504.489 - 502.367} = 89°23'45'' \\ \alpha_{AP} = \arctan \dfrac{y_P - y_A}{x_P - x_A} = \arctan \dfrac{1100.000 - 1011.488}{600.000 - 502.367} = 42°11'41'' \\ \alpha_{BP} = \arctan \dfrac{y_P - y_B}{x_P - x_B} = \arctan \dfrac{1100.000 - 1212.699}{600.000 - 504.489} = 310°16'51'' \end{cases}$$

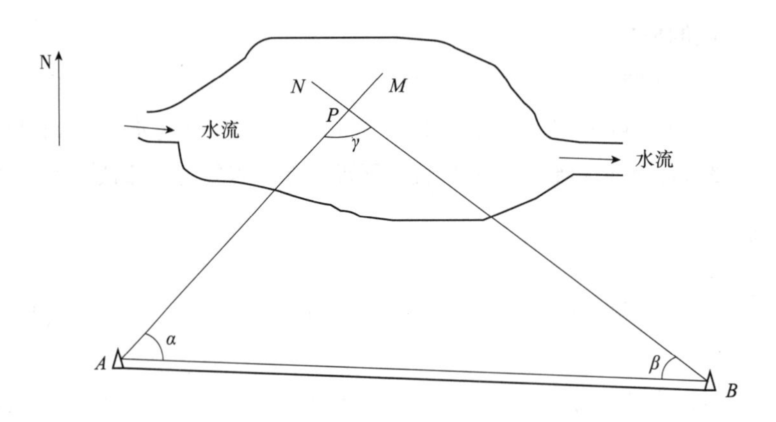

图7-9 角度交会法

表7-1 角度交会中各点的坐标值

点名	平面直角坐标	
	x(m)	y(m)
A	502.367	1011.488
B	504.489	1212.699
P	600.000	1100.000

②水平角和水平距离的计算　由图7-9可看出：

$$\alpha=\alpha_{AB}-\alpha_{AP}=89°23'45''-42°11'41''=47°12'04''$$

$$\beta=\alpha_{BP}-\alpha_{BA}=310°16'51''-(89°23'45''+180°)=40°53'06''$$

经过坐标反算，各边的边长为：$D_{AB}=201.22$m，$D_{AP}=131.782$m，$D_{BP}=147.728$m。

③平面点位的放样　如图7-9所示，在A点安置经纬仪，松开水平制动螺旋，转动照准部，后视B点，放样α角值，即瞄准B点后，转动水平度盘的变换手轮，使水平度盘读数为0°00′00″，转动照准部，使水平度盘读数为$360°-\alpha=360°-47°12'04''=312°47'56''$，这一步也称为反拨，得到方向线$AM$；在$B$点安置经纬仪，后视$A$点，放样$\beta$角，称为正拨，得到方向线$BN$。则$AM$和$BN$的交点即为待放样点$P$的位置。

为了提高放样点位的精度，放样时应合理选择控制点，使得交会角γ处于60°~150°。

(2)距离交会法

距离交会法是由两个控制点测设两段水平距离进行交会，其交点即为放样点的平面位置。该法适用于放样点离两个控制点较近，一般不超过一整尺的长度，并且地面平坦、量距方便的地形条件。

[**例7-3**]　如图7-10所示，A、B为控制点，P为待放样点，它们的坐标均已知，要求根据A、B测设P点的平面位置。

解：

①计算测设数据　根据A、B的坐标及P点的设计坐标，用两点间距离计算公式计算出测设距离D_{AP}和D_{BP}。

②点位的放样方法　放样时使用钢尺拉平、拉紧，将钢尺零点对准A点，以A点为圆

心，以水平距离 D_{AP} 为半径在地面上画一圆弧；同理，以 B 点为圆心，以水平距离 D_{BP} 为半径在地面上画一圆弧，两条弧线的交点即为点 P 的平面位置。

用距离交会法测设定位不使用仪器，操作简单方便，但测设精度较低，只适用于普通工程的施工放样。

4) 全站仪点位测设法

测站点及后视点为实地已知点，前视点为待放样点，根据相对于后视方向转过的角度(β)和至测站点的距离(D)来确定前视点的位置(图 7-11)。这种放样方法与经纬仪极坐标法测设点位方法相似，不同类型的全站仪测设方法也基本相似。

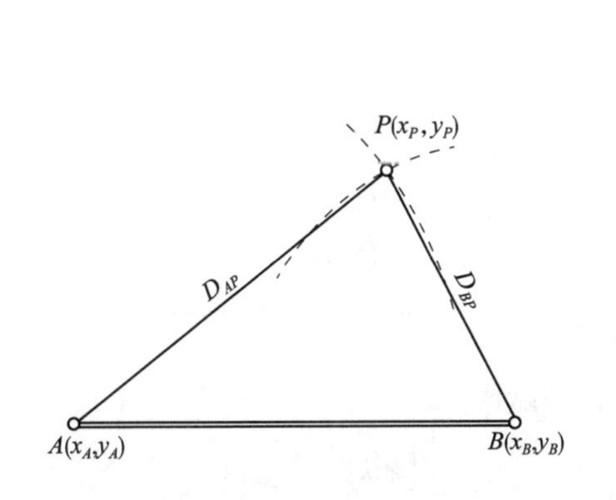

图 7-10　距离交会法

N
距离差值
后视点 B
当前棱镜位置
待放样点 P
角度差值
测站点 A
E

图 7-11　用全站仪进行点位测设

放样测量一般使用盘左位置进行，点位放样测量的步骤如下：

①瞄准后视点(参考方向)，并将参考方向水平度盘读数设置为零。

②在全站仪键盘输入待放样水平角 β 及距离 D 等数据。

③照准假定的放样点(目前棱镜位置)，仪器会显示预先输入的待放样值与实测值之差(显示值=实测值-放样值)。

④根据显示屏箭头的指引(表 7-2)，移动棱镜，使角度差及距离差为 0，此时，棱镜的位置即为待放样点的位置。

以科力达 KTS-442 型全站仪为例，具体测设步骤如下(表 7-3)。

表 7-2　显示屏箭头的含义

序号	箭头	含　义
1	⬅	表示从测站看去，向左移动棱镜
2	➡	表示从测站看去，向右移动棱镜
3	⬇	表示向测站方向移动棱镜
4	⬆	表示向远离测站方向移动棱镜
5	⬌	表示水平角已设置好
6	⬍	表示距离已设置好

表 7-3　用全站仪测设点位的步骤

序号	步骤	操作过程	操作键	显　示
1	归零设置	照准参考方向，在测量模式第 2 页菜单下按两次[置零]，将参考方向水平度盘读数设置为零	[置零] + [置零]	PPM　0　5 ZA　89°59′54″ HAR　0°00′00″P1 [斜距] [切换] [置角] [参数]
2	模式设置	在测量模式第 2 页菜单下按[放样]，屏幕显示如右图所示	[放样]	放样 1. 观测 2. 放样 3. 设置测站 4. 设置后视角 5. 测距参数
3	数据输入	按压数字键[2]，显示如右图所示。 按压“上或下光标”键，选择放样值(2)并输入下列数据项：放样距离值(如 5.818)，放样的角度(如 146°30′29″)。 每输入完一数据项后按[ENT]	[2] + [ENT]	放样值(2) 放样距离：5.818m 放样角度：146.30.29 [确认]
4	照准棱镜	按[确认]，照准拟定前视点的棱镜，显示如右图所示。其中：SO.H 及 H 分别是至待放样点的距离值差、当前棱镜位置至测站的水平距离，dHA 为至待放样点的水平角差值		SO.H H ZA　87°38′58″ HAR　147°38′58″ dHA　−1°08′29″　[记录]　[切换] [<-->]　[平距]
5	确认平距	按[平距]，进行测量，显示如右图所示。其中：−0.255 表示至待放样点的距离值，−1°08′29″表示至待放样点的水平角差值。中断输入按[ESC]	[平距]	SO.H　−0.255 H　5.563 ZA　87°38′58″ HAR　147°38′58″ dHA　−1°08′29″ [记录]　[切换]　[<-->]　[平距]
6	屏显指引	按[<-->]，屏幕显示如右图所示。在第 1 行中所显示的角度值为角度实测值与放样值的差值，而箭头方向为仪器照准部应转动的方向。箭头含义见表 7-2	[<-->]	⬅　−1°08′29″ ⬆　−0.255 H　5.563 ZA　87°38′58″ HAR　147°38′58″ [记录]　[切换]　[<-->]　[平距]

（续）

序号	步骤	操作过程	操作键	显　示
7	调整点位（角度）	转动仪器照准部使第 1 行所显示的角度值为 0°。当角度实测值与放样值的差值在 ± 30″范围内时，屏幕上显示双箭头。 恢复放样观测屏幕：按 <-->		↔　0°00′00″ ↑　-0. 255 H　5. 563 ZA　87°38′58″ HAR　147°38′58″ 记录　切换　<-->　平距
8	调整点位（距离）	在望远镜照准方向远离测站 0. 255m 位置安置棱镜并照准。 再按压 平距 开始距离放样测量。屏幕显示如右图所示。 按 切换 可以选择放样测量模式	平距	放样 放样　镜常数 = 0 PPM = 0 单次精测 停止
9	移动棱镜	距离测量进行后，屏幕显示如右图所示。在第 2 行中所显示的距离值为距离放样值与实测值的差值，而箭头方向为棱镜应移动的方向		↔　0°00′00″ ↑　-0. 058 H　5. 563 ZA　87°38′58″ HAR　146°30′29″ 记录　切换　<-->　平距
10	完成放点	按箭头方向前后移动棱镜使第 2 行显示的距离值为 0m，当距离放样值与实测值的差值在 ± 1cm 范围内时，屏幕上显示双箭头。选用重复测量或者跟踪测量进行放样时，无须任何按键操作，照准移动的棱镜便可显示测量结果。当距离放样值与实测值的差值为 0m，棱镜的地面点即为测设的前视点（放样点）	切换	↔　0°00′00″ ↑　0. 000 H　5. 818 ZA　87°38′58″ HAR　146°30′29″ 记录　切换　<-->　平距
11	返回菜单	按 ESC 返回放样测量菜单屏幕	ESC	放样 1. 观测 2. 放样 3. 设置测站 4. 设置后视角 5. 测距参数

3. 施工控制网测设

在园林工程的施工范围较大时，特别是新建工程项目，可以采用建立方格网的方法进行施工控制。建立方格控制网应遵循以下原则：

①方格网方向应与设计平面图的方向一致或与南北东西方向一致。

②方格网每个方格的边长一般为20~50m，可根据测设对象的难易程度适当缩短或加长。

③在设计方格网时，应尽可能使方格角点与所测设的对象接近。

④方格网角点间应保证良好的通视条件，并尽可能使各角点避开原有建筑、坑塘及填挖土方地带。

⑤各方格网线间应严格垂直。

⑥测设方格网主轴线应采用较高精度的方法进行，以保证整个控制网的精度。

根据仪器及施工现场的情况不同，可选用不同方法建立方格网，以下介绍根据直长地物用全站仪测设施工方格控制网网点方法。

某公园设计如图7-12所示，该地区原为一片较平坦的荒地，其北面有一条马路，西面有另一条与北面垂直的马路，公园规划设计有：挖湖、堆山、办公楼、展馆、餐厅、亭、曲桥、雕塑、温室、植物种植等。进行施工放样，应先布设施工控制网、方格网主轴线及各方格交点。

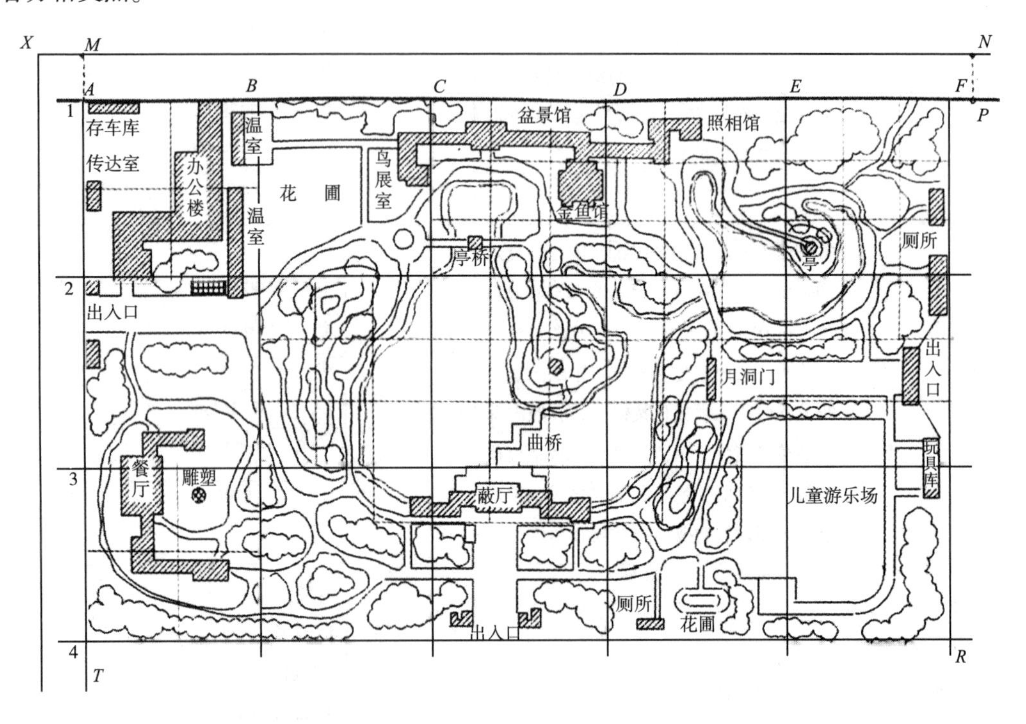

图7-12 根据直长地物测设施工控制网

(1)测设东西方向主轴线 *AF* 上各方格点

①由马路交叉点 *X* 沿马路边向东量 *XM*，在 *M* 点测设直角，量 *MA* 定出主轴线 *A* 点。

②从 *M* 点沿马路边大约800m处(设计大方格边长为150m，东西共750m，南北共450m)定一点为 *N*，在 *N* 点测设直角，量 *NP* 定出 *P* 点。

③仪器安置于 *A*，瞄准 *P* 点，沿视线方向定线，每隔150m打下木桩，在桩顶画十字，分别测设 *B*、*C*、*D*、*E*、*F* 点。

（2）**测设南北方向主轴线 AT 上各方格点**

仪器安置于 A，测设$\angle FAT=90°$，得 T 点。瞄准 T 点，沿视线方向定线，每隔 150m 打下木桩，在桩顶画十字，分别测设 2、3、4 等点。

（3）**测设方格网东南角 R 点**

在 F 点安置经纬仪，测设$\angle AFR=90°$，得 FR 方向，在 4 点安置另一台经纬仪，测设$\angle 14R=90°$，得 $4R$ 方向，两方向交会点即为 R 点。

（4）**测设主轴线 $4R$ 及 FR 上各方格点**

①在 4 点安置仪器，瞄准 R 点，沿视线方向定线，每隔 150m 打下木桩，在桩顶画十字，分别测设 B_4、C_4、D_4、E_4、F_4点。

②在 F 点安置仪器，瞄准 R 点，沿视线方向定线，每隔 150m 打下木桩，在桩顶画十字，分别测设 F_2、F_3等点。

（5）**测设方格网内各方格点**

分别在 B、C、D、E 安置仪器，分别瞄准 B_4、C_4、D_4、E_4，沿视线方向定线，每隔 150m 打下木桩，在桩顶画十字，分别测设 B_2、B_3、C_2、C_3、D_2、D_3、E_2、E_3点。

（6）**大方格按不同施工要求进行细化测设**

上述各步骤完成后，地面上有边长为 150m 的大方格 15 个，为了便于标定某些构筑物，还要把大方格细分为 4~9 格。如图 7-12 所示，将西北角的大方格分成 4 个小格就可满足测设办公楼、温室、存车库、传达室等建筑物主轴线交点测设的需求。有时，为了细部施工放样，把大方格分成更小的方格，东北角有堆山挖湖工程，细部放样工作量大，将大方格再分成 9 个小方格甚至更多，就可在小方格用简单工具如皮尺定位人工湖边界点、树木栽植点等。

任务 7-2　测设堆山各等高线及其转折点的平面位置及标高

任务目标

能用全站仪测设堆山各等高线转折点的平面位置，测定各转折点的高程。

准备工作

4~6 人为一个实训小组，每小组配备堆山地形设计施工图复印件 1 份，全站仪 1 套，棱镜 1 套，铅笔 1 支，计算器 1 个，记录夹 1 个，木桩若干，竹竿若干，红磁油 1 瓶。

操作流程

1. 找控制点

在堆山地形设计施工图中找出距离堆山最近且通视良好的控制点，并用铅笔注记。

2. 量算数据

能在堆山地形设计施工图上，量算出堆山各等高线转折点的坐标值及标高。

如图7-13所示，在堆山地形设计施工图上，以控制点(如A、B)为基准，查找出堆山各等高线转折点的坐标值及标高，记录到堆山测设数据计算表中。

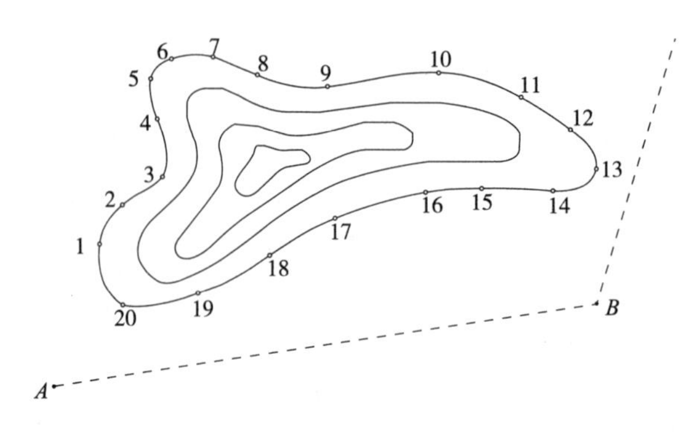

图7-13 堆山放样

3. 安置仪器

在控制点上安置仪器，使仪器处于工作状态。要求整平误差小于1格；对中误差小于3mm。

4. 测设点位

依据图上量算出的数据，用全站仪直接测定出堆山各等高线转折点的平面位置，钉上木桩，测定桩顶高程，按照设计图用白灰沿同一等高线相邻木桩撒上平滑的曲线形成各条等高线在地面上的投影。

5. 控制标高

在各桩上标注并计算填挖高。填挖高计算公式为：

填挖高=设计标高-转折点桩顶高程

6. 施工放线

在各桩插上竹竿，根据各桩的填高量出竹竿相应位置，用红磁油标记。用细线连接同一等高线相邻竹竿红磁油标记处形成等高线，用于控制堆山施工。

注意事项

(1)量算转折点坐标时，按照比例尺公式量算实地平面坐标，注意换算关系和米制之间单位的换算。

(2)计算转折点填挖高时，应反复测量、计算、核对。

(3)在竹竿上量填挖高，应反复核算检查。

考核评价

(1)规范性考核：按以上方法、步骤，对学生的操作进行规范性考核。

(2)熟练性考核：在规定时间完成堆山各等高线转折点平面位置与高程的测试。

(3)准确性考核：平面坐标及高程误差小于规范允许值。

作业成果

堆山测设数据计算表

序号	点名	坐标值		高程(m)	填挖高(m)	备注
		x	y			
1	1					在放样时，坐标、高程精确到厘米即可
2	2					
3	3					
…	…					

知识链接

典型园林项目施工测量

园林规划设计图是放样和施工的依据，是根据园林场地地面高低起伏、坡向和坡度变化情况及原有的道路、水系、房屋等地物的分布情况，综合运用山石、水体、建筑和植物等造园要素，经过合理布局和艺术构思所形成的图样。图样上所有的造园要素要通过施工来表达，而施工的效果很大程度上受到放样准确度的制约，因此，施工放样是整个园林工程中重中之重。放样过程要尊重设计的意图，把设计图上各造园要素的位置准确地标定到地面上，并切实按照“由整体到局部、先控制后碎部，由点到线、由线到面”的基本原则进行放样。

1. 园路施工放样

在修建园路前，要将设计好的园路在实地中准确定位(即施工放样)。

1)中线放样

园路的中线放样是在园路施工前，把园路中线测量时设置的各个桩号，如交点桩(转点桩)、直线桩(里程桩)、曲线桩(主要是圆曲线的主点桩)在实地重新标定出来，以便于施工。进行测设时，首先在实地上找到原来进行园林道路测量时所测定的各交点桩位置。若部分交点桩因施工受到破坏已丢失，可根据园路测量时的数据(如转角、交点桩间距等)用极坐标法(或其他方法)把丢失的交点桩恢复出来；圆曲线主点桩的位置可根据交点桩的位置和施工图标注的切线长、外距等曲线元素进行测设；直线段上的桩号根据交点桩的位置和桩距用钢尺(或皮尺)丈量进行测设。

对中线上各桩位测设的方法很多，任务7-1所介绍的点位测设的基本方法都可以使用。可根据所使用的仪器、现场条件和精度要求，灵活地选择测设方法。

2)路基放样

路基放样是根据路基横断面设计图在实地定出其轮廓线，作为填土或挖土的依据。因路基建造的方式不同分为以下3种情况：

(1)路堤放样

如图7-14A所示为平坦地面路堤放样情况。从中心桩向左、右各量$\frac{1}{2}L$宽钉设A、B坡脚桩，从中心桩向左、右各量$\frac{1}{2}d$宽处竖立竹竿，在竿上量出填土高h，得坡顶点C、D和中心点O，用细绳将A、C、O、D、B连接起来，即得路堤断面轮廓。施工中可在相邻断面的坡脚连线上撒出白灰线作为填方的边界。

若路基位于圆曲线上，放样时要包含有内侧加宽和外侧超高的数值。

如图7-14B所示，若路基断面位于斜坡上，先在图上量出L_1、L_2及C、O、D 3点的填高数，按这些放样数据即可按照上述方法进行现场放样。

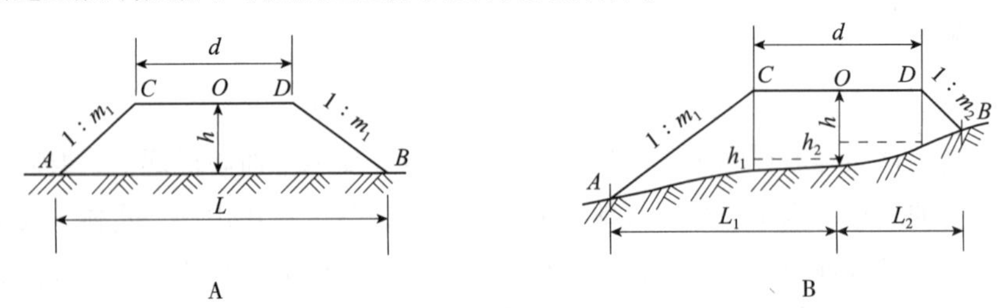

图7-14 路堤放样

(2)路堑放样

图7-15A、B分别是在平坦地面和斜坡上路堑放样情况。只要在图上量出$\frac{1}{2}L$和d_1、d_2长度，就可以定出坡顶点A、B的实地位置。为了方便施工，可制作坡度板钉于两侧，用于控制施工时放坡，如图7-14B所示。

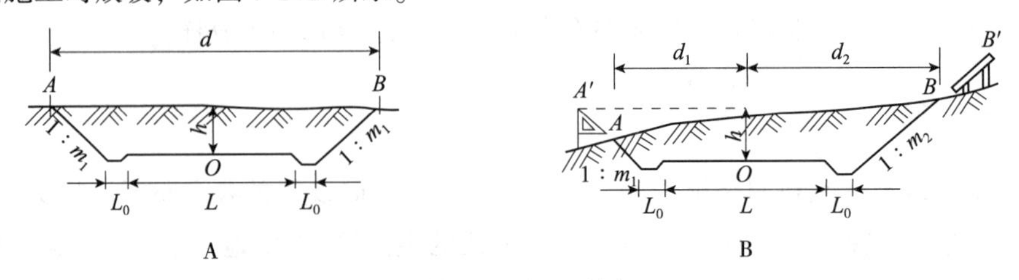

图7-15 路堑放样

(3)半挖半填路基放样

除按上述方法测设坡脚点A和坡顶点B外，还需要测出不填不挖(施工量为零)的点O'，如图7-16所示。拉线方法是从A点拉至O'。可在B点上方钉上坡度板，控制施工放坡。

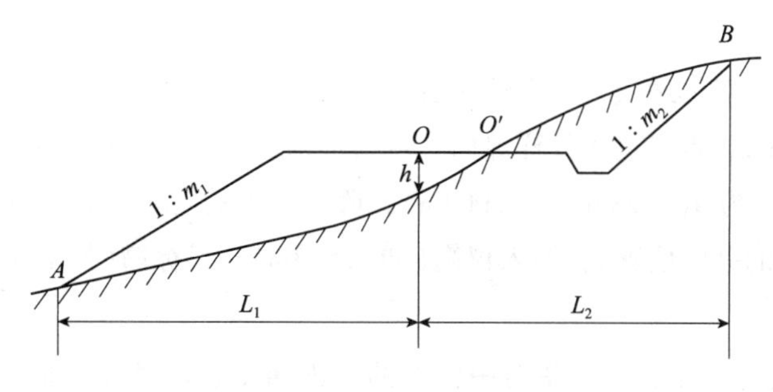

图 7-16　半填半挖路基放样

2. 园林硬质景观施工放样

1) 大型广场内景观小品施工放样

景观小品是指放置在室外环境中的艺术品。常见的景观小品有雕塑、桌椅、树池、阶梯、灯具等。其施工方法步骤如下：

(1) 在实地设置控制点

如图 7-17 所示，一块约为 25m×15m 且较为平坦的空地，图纸的左边有两个控制点，设定南面一点为 A 点，北面一点为 B 点。在空地左边偏下位置用木桩或钢筋条钉立作为控制点 A 的位置，在 A 点安置罗盘仪，对中整平之后，把角度调至 0°，即指向磁北方向，在该方向线上用小钢尺测设水平距离 4m 的长度，即得到控制点 B 点的实地位置，作为后视之用，用木桩标记。

注意：图上的坐标已转换为测量坐标，单位为毫米，输入仪器里设置时要把单位换算为米，即 A(3.235m，11.007m)、B(7.235m，11.007m)。

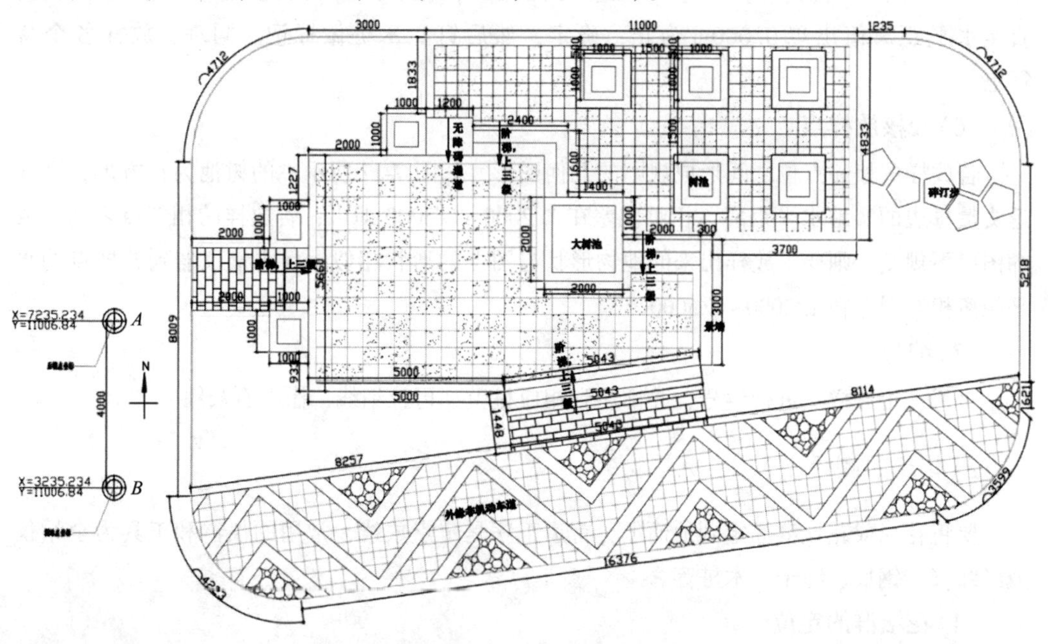

图 7-17　园林工程平面效果图

(2)设置测站

在控制点 A 点安置全站仪，对中整平后，量仪器高 i(1.453m)，确定放置棱镜的对中杆的高度(如1.68m)，点击进入放样界面，点击进入设置测站，即输入测站点 A 点的坐标和高程，A 点的坐标为 A(3.235m，11.007m)，假设 A 点的高程为 $H=100$m(也可以不用输入，因为是放样点的平面位置)；输入仪高(如1.453m)、目标高(如1.68m)，点击确定。

(3)设置后视

在 B 点竖立棱镜，注意：要使对中杆上的气泡居中，转动仪器的照准部，瞄准后视点 B 的棱镜中心，点击进入后视界面，输入后视点的坐标 B(7.235m，11.007m)，点击确定。

(4)校核后视

瞄准后视点 B 的棱镜中心不变，点击测量，则仪器重新测定后视点 B 的坐标和高程，得出的新数据与原来数据对比，若每个数据的对比误差 $\leq \pm 0.1\text{mm}\times M$，即符合精度要求。$0.1\text{mm}\times M$ 是指该图纸的比例尺精度，把比例尺精度化为单位米再作比较，其中 M 是指比例尺分母。

(5)放样特征点

①先设置放样点的角度方向　即点击放样，输入将要放样点的坐标，确定，仪器上出现了一个角度和相应的箭头，按箭头方向转动照准部，直至角度为0°00′00″为止，则已确定放样点的方向；手势指挥将棱镜放到已确定好的方向上，并目估水平距离测站点与放样点的水平距离，再上下移动望远镜，并左右指挥棱镜，使棱镜中心对准十字丝交点。

②设置放样点与测站点的水平距离　当棱镜中心对准十字丝交点后，点击测量，仪器上出现一个距离值，按照箭头或正负号的提示，在该方向线上移动对中杆，再测量，直至水平距离值出现0.000m为止，确定，然后钉立木桩做标记。同理，放样各个特征点。

(6)校核放样点

若放样的相邻点位之间形成规则的几何图形，如图7-17所示中的树池为正方形，则往返丈量每边的实地水平距离，相对误差在1/2000~1/5000即可；若放样的相邻点之间组成的图形不规则，则要求放样出来的地物形状与图上的形状相似，且丈量仪器到放样点的水平距离相对误差在1/2000~1/5000。

(7)编号

对每一个放样点进行编号，并标注到相应桩上，再拉细线，撒上石灰粉。

2)花坛的测设

要将花坛或花坛群标定到地面上，首道工序是定点放线，常用的仪器和工具为全站仪或经纬仪、钢尺、绳子、木桩等。

(1)花坛群的定位

对施工现场进行清理后，首先根据设计图和地面坐标系统的对应关系，用测量仪器和工具将花坛群中心点(即中央花坛或主花坛的中心点)的坐标测设到地面上，然后再把纵、横中轴线上的其他次中心点的坐标测设出来，将各中心点连线，便在地面上测设出花坛群的纵轴线和横轴线。依据纵、横轴线，量出各处个体花坛的中心点，并在其上钉一木桩，随后把所有花坛的边线位置在地面上确定下来。

(2)个体花坛的测设

个体花坛的测设，就是将其边线放样到地面上的工作。对于正方形花坛、长方形花坛、三角形花坛、圆形或扇形花坛，只要在地面上量出花坛边长、夹角和半径等，就能很容易地测设其边线；对于正多边形花坛(如正五边形花坛)、椭圆形花坛的放线、测设，方法则要复杂一些。

如图7-18所示，根据园林绿化工程设计的要求，在场地内用经纬仪或全站仪、钢尺等测设出椭圆形花坛互相垂直的长轴 AB 和短轴 CD，且两轴平分交于 O 点；然后，以 O 点为圆心，分别以 AB、CD 的长度为直径，在地面用拉绳子的方法作出两个同心圆。过 O 点用绳子拉出任意一条直线交大圆于 E、F 点，交小圆于 P、Q 点，再用经纬仪或全站仪分别过 E、F 点作 AB 的垂线，过 P、Q 点作 AB 的平行线，获得交点 a、b 即为待测设椭圆形花坛轮廓上的点，随即在点位上钉立木桩。同法可测设出椭圆上一系列的点位，最后，将这些点位用白石灰圆滑地连接起来，便得到椭圆形花坛的外轮廓。

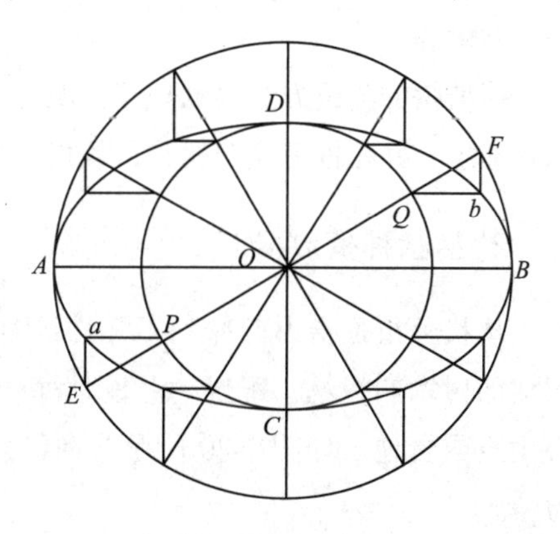

图7-18 椭圆形花坛

3. 挖湖放样

挖湖或开挖水体等放样与堆山的放样方法基本相似。首先把水体周界的转折点测设在地面上，如图7-19所示的1~30各点，然后在水体内设定若干点位，如图7-19所示中①~⑥各点，打下木桩，根据设计给定的水体基底标高在桩上进行测设，划线注明开挖深度。在施工中，为避免各桩点被破坏，可以桩为中心留出土台，待水体开挖接近完成时再将土台挖掉。

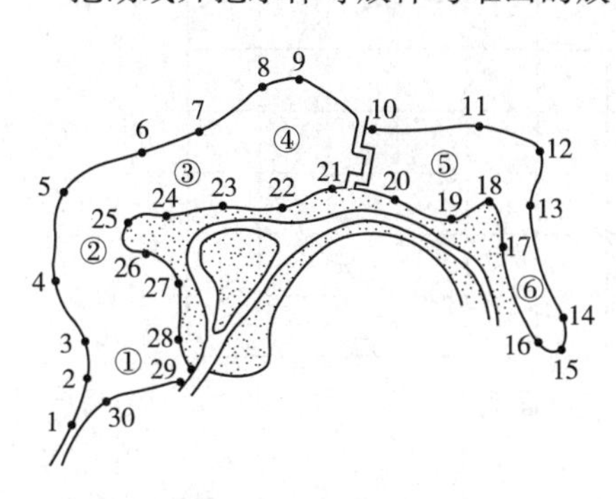

图7-19 挖湖放样

如水体设置有一定边坡，则边坡的坡度同挖方路基一样，可按设计坡度制成坡度板置于边坡各处，以控制和检查各边坡坡度。

4. 园林植物种植放样

植物是园林中的主要构成元素，在园林绿化种植设计图中应表明植物的种类与规格、株数与种植形式、种植点位与范围等。园林植物种植放样，就是根据图样的设计方案在现场测设出苗木栽植的位置和株行距，并通过准确的施工放样来体现设计意图，如植物的孤植、列植、丛植、群植、篱植、花境等景观，应根据实地情况灵活选用方格网法、极坐标法、距离交会法、矩形或三角形定植法等方法确定种植点的位置。

1) 孤植放样

孤植是指乔木或灌木树种的单株孤立种植类型，即在开阔的人工草坪、庭院、花坛中心、小型建筑物旁、人工湖心岛或山坡等地的一定范围内单独种植一棵树。孤植树主要表现植株个体的特点，突出树木的个体美，如奇特优美的姿态、丰富端庄的线条、浓艳繁茂的花朵、硕大诱人的果实等。因此在选择树种时，常选择具有枝条开展、姿态优美、轮廓鲜明、生长旺盛、成荫效果好、寿命长等特点的树种，如银杏、榕树、悬铃木、白桦、雪松、柿树等。

孤植树的测设方法根据现场情况可用极坐标法、支距法或距离交会法等。定位后打上木桩标志，并在桩上注明树种、规格及挖穴尺寸。

2) 丛状种植放样

丛状种植是指由两株到十几株同种或异种乔木或乔木和灌木组合而成的种植类型。组成的树木叫树丛，配置树丛的地面，可以是自然植被或是草坪或缀花草坪，也可以配置山石或台地。如图 7-20 所示，在设计图上一般只标出种植的范围，未标出植株的具体位置。

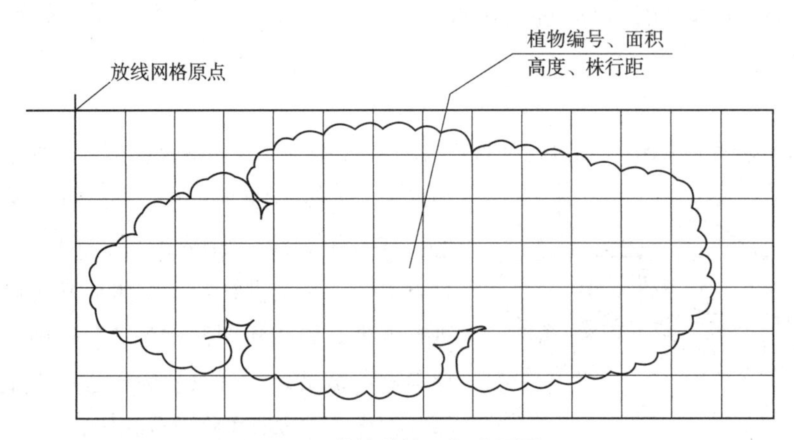

图 7-20　丛植种植及标注平面图

丛植一般布置在合适视距范围的空旷场地上，如大草坪、林缘、小岛、园路转弯处、交叉路口等地。树丛作为一个统一体，要尽显其群体美，具有较高的观赏价值。丛植的定点放样方法可视现场情况采用方格网法、距离交会法和极坐标法，再根据中心位置(或主树位置)与其他植物的方向、距离关系，定出其他植物种植点位置，打桩标记，并在桩上注明植物名称、规格及挖穴尺寸。

3) 带状种植放样

如图 7-21 所示，种植设计图中道路两侧的树木为列植，根据实地情况，一般先用距离交会法测设出列植范围内的起点、终点和转折点，然后依照设计图上的株距大小定出单株的位置，做好标记即可。

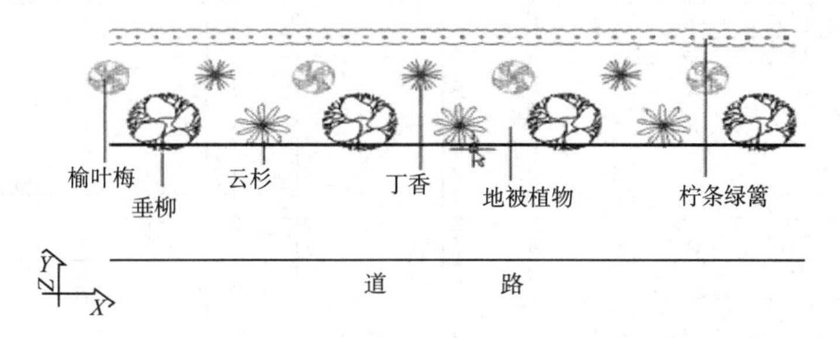

图 7-21　园路主干道行道树种植平面图

如图 7-21 所示，园路主干道两侧的行道树，一般要求对称且栽植的位置较准确，株距相等。在有路牙的道路，可根据路牙进行定植点放样；无路牙时则找出道路中线，并以此作为定点的依据。行道树定植放样时，先用钢尺定出行距，再按设计株距大约每隔 10 株钉一个木桩作为控制标记，并要求与道路另一侧的植株位置一一对应，最后用石灰粉定出每个单株的位置。

4) 片状种植放样

如图 7-22 所示，在西北部和西南部有规则式的片植，放样时，首先将该种植区域的界限在实地上标定出来，然后采用矩形或三角形定植法确定种植点的位置。

(1) 矩形定植

如图 7-23 所示，$abcd$ 为一园林树木种植区的边界，种植放样步骤如下：

①根据种植设计图在地面上定出基线 AB，按半个行距、半个株距定出 a 点的位置，作基线 AB 的平行线 ab，然后丈量 ab 并使其长度为行距的整数倍，得到端点 b，作 $ad \perp ab$，且使 ad 为株距的整数倍，钢尺量距确定出 d 点。

②在 b 点作 $bc \perp ab$，且使 $bc=ad$，得到 c 点；丈量 cd 的长度并与 ab 比较，如果其相对误差大于 1/1000，则应查明原因予以改正或重新测定。

③在 ad、bc 线段上量取若干个分段，使每分段的长度为株距的若干整数倍，得到 e、g、f、h 点。

④于 ab、gh、ef、dc 等线段上，按设计的行距定出点 a_1、a_2、a_3、a_4 和 g_1、g_2、g_3、g_4…

⑤在 ag、a_1g_1、a_2g_2 等线段上，按设计株距定出树木各种植点，并撒上石灰粉做标记。

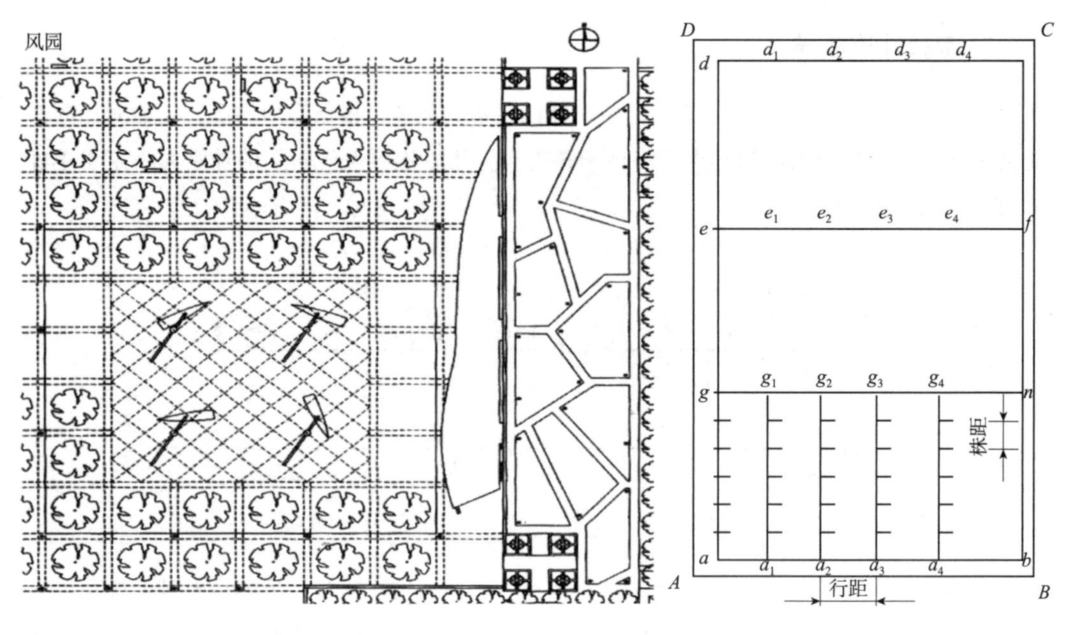

图 7-22　规则式片植型植物种植平面图　　　　图 7-23　矩形法定植放样

(2)三角形定植

如图 7-24 所示，*mnqp* 为一园林树木种植区域，按设计要求，需要放样出三角形种植点位置。

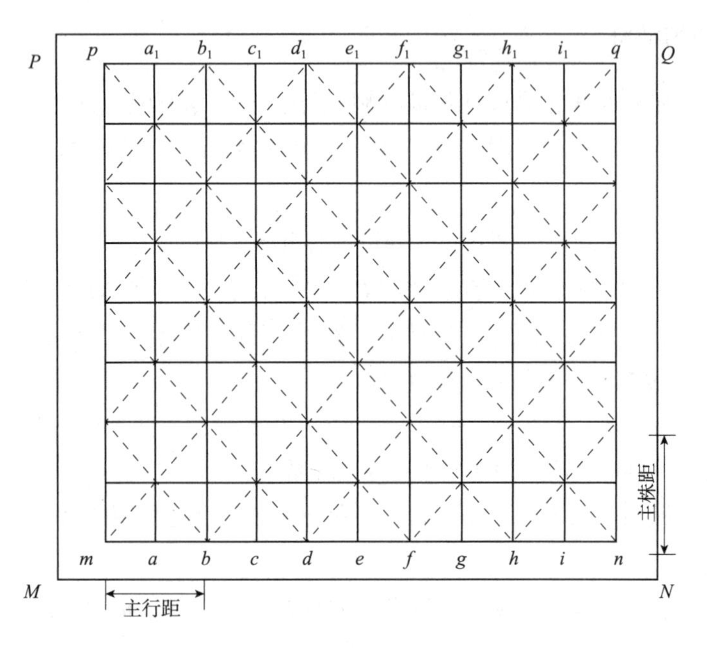

图 7-24　三角形法定植放样

①首先根据种植设计图在地面上定出基线 *MN*，然后按半个主行距、半个主株距确定出 *m* 点的位置；作基线 *MN* 的平行线 *mn*，丈量 *mn* 并使其长度为主行距的整数倍，得到端点 *n*；在 *m* 点安置经纬仪，作 $mp \perp mn$，且使 *mp* 的长度为主株距的整数倍，钢尺量距定出 *p* 点。

②在 *n* 点作 $nq \perp nm$，并使 $nq = mp$，由此确定 *q* 点；丈量 *pq* 的长度与 *mn* 进行比较，当

相对误差大于 1/1000 时，应查明原因，重新测定。

③从 m 点开始，沿 mn 方向按照半个主行距定出点 a、b、c、d…从 p 点开始，沿 pq 方向按半个主行距定出点 a_1、b_1、c_1、d_1…连接 aa_1、bb_1、cc_1、dd_1…

④在 mp、bb_1、dd_1、ff_1、hh_1、nq 线段上，分别从 m、b、d、f、h、n 点起，按主株距定出各种植点。

⑤在 aa_1、cc_1、ee_1、gg_1、ii_1 线段上，分别从 a、c、e、g、i 点开始，首先按半个主株距定出第一个种植点，然后再从各自的第一个种植点起，在种植区域按主株距定出其余各点，图 7-24 虚线交点为种植点，在这些交点钉上木桩，写出树木名称。

5) 花境种植放样

在园林植物种植设计中，常用花卉排列出各种图案造型，以获得良好的视觉效果，即花境。花境的外边界及各种植物间界线的形状因设计不同而异，一般为自然曲线形。放线时常用方格网法。具体做法是：在植物种植设计图画上 5m(或 10m) 的方格网(有的设计图已绘)，分别将花境的外边界及各种植物间界线与方格网交点的纵横坐标按其在方格中的比例算出，标注于图上(图 7-25 中 1～19 点)。然后在实地对应位置用白灰打上方格网，将图中各交点标定在地面相应方格位置上，并将地面上相邻点按图上形状连成平滑曲线，然后撒上白灰，供施工使用。

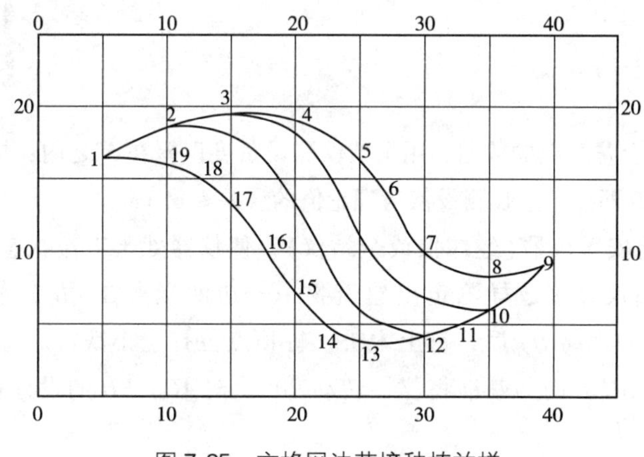

图 7-25　方格网法花境种植放样

任务 7-3　测定园林建筑物位置及放线

任务目标

用全站仪以极坐标法进行建筑物平面位置的定点测设及建筑物轴线交点桩的引测；用水准仪进行标高的测定及标注各桩的填挖高。

准备工作

(1) 熟悉测图场地范围、地物、地貌。

(2)测设实训场设置多个测站点、后视点及校核点，同时满足若干个实习小组的要求。

(3)4~6人为一个实训小组，每小组配备园林建筑设计施工图复印件1份，全站仪1套，棱镜1套，水准仪1台，水准尺2把，铅笔1支，计算器1个，记录夹1个，木桩若干，红磁油1瓶。

操作流程

1. 找控制点

在园林施工图中找出距离拟建建筑物最近且通视良好的两个控制点 P、Q，并用铅笔注记。

2. 量算数据

要求：能在园林施工图上，查找出建筑物长边两交点 A、B 的坐标值(x_A，y_A)、(x_B，y_B)及标高 H_AH_B，记录到园林建筑定位数据计算表中。

如图7-26所示，在园林施工图上，根据 P、Q、A、B 的坐标，计算 PQ、PA、PB 方位角 α_{PQ}、α_{PA}、α_{PB}，距离 D_{PA}、D_{PB}、$\angle APQ$，$\angle BPQ$，记录到园林建筑定位数据计算表中。

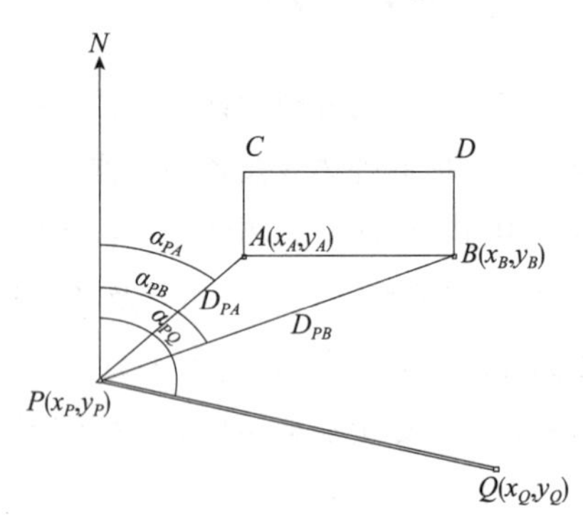

图7-26 极坐标法定位

3. 测设点位

要求：依据图上量算出的数据，用全站仪测设角度误差在5″之内；按 AC、BD 的设计长度分别定出 C、D 两点。边长测设值与理论值的误差≤±5mm。

在控制点 P 上安置仪器(经纬仪或全站仪)，使仪器处于工作状态。依据图上量算出的数据，用全站仪直接放样测定出建筑物一长边两交点 A、B 的平面位置，校核、确定两交点 A、B 的距离 D_{AB}后，钉上木桩，桩顶点位打上小铁钉。将仪器分别安置到交点 A、B 上，以 AB 方向为基准将仪器转动90°，按 AC、BD 的设计长度分别定出 C、D 两点。

4. 设置引桩

要求：会设置引桩，量出实地的距离，对应得上图上的距离。

在基槽开挖过程中，由于角桩和交点桩将会被挖掉，为了便于在施工中恢复各轴线的位置，应把各轴线引测到基槽外安全的地点，并做好标记。

房屋轴线控制桩又称引桩，在多层建筑物施工中是向上层投测轴线的依据。目前，施工单位多在基槽外各轴线的延长线上放样轴线控制桩，一般钉在距基槽开挖边线2~4m的地方。其设置方法是(图7-27)：将全站仪安置在角桩 A 点上，瞄准另一对应的角桩 B 点，沿视线方向在基槽外侧距 B 点2~4m处打下木桩3′，并在桩顶钉上小钉，准确标志出轴线位置；倒转望远镜，沿视线方向在基槽外侧距 A 点2~4m处打下木桩3，并在桩顶钉上小钉，准确标志出轴线位置。同法在 A 点还可测设出轴线控制桩 1、1′；在 D 点测设出轴线控制桩 2、2′、4、4′。如有条件可把轴线引测到周围原有固定的地物(如墙面、台阶、突出地面的大石头、大树桩等)，并做好标记来代替轴线控制桩，并用混凝土包裹木桩(图 7-28)。

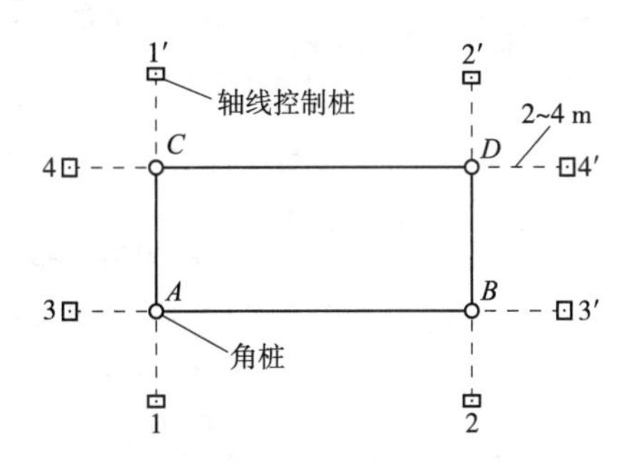

图 7-27　轴线控制桩的测设

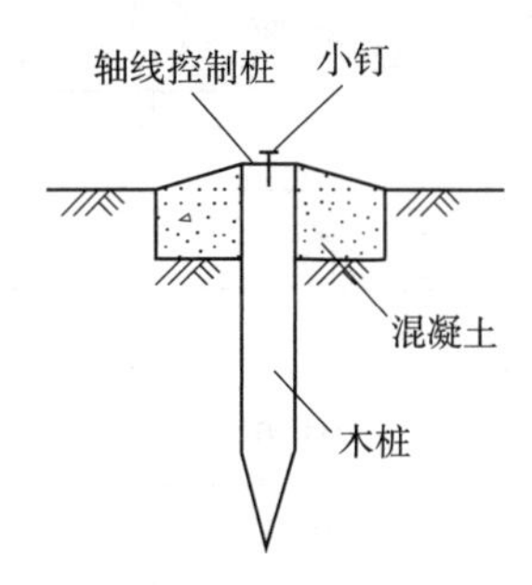

图 7-28　轴线控制桩的埋设

5. 控制标高

要求：能利用水准仪测量出各点的地面标高，准确计算出各桩的填挖量，并在各桩上用红磁油标定出填挖高的位置。

如图 7-26 所示，以控制点 P 立尺读数为后视读数，用水准仪测定出 A、B、C、D 各点的地面标高。计算填挖高(填挖高 = 设计标高 - 地面标高)。在各桩上用红磁油标注填挖高。

6. 基础放线

要求：会根据轴线在两侧对称撒上白灰线。

以各交点桩连线(轴线)为基准，按照图纸设计的基础开挖宽度在轴线两侧对称撒上白灰线。

注意事项

(1)作业前应仔细、全面检查仪器，确定电源、仪器各项指标、功能、初始设置和改正参数均符合要求后，再进行测量。

(2)观测时防止全站仪、棱镜等摔倒落地。

(3)需严格按照规范操作仪器，切记水平制动螺旋拧紧时，不能大力在水平方向转动全站仪，同样，望远镜制动螺旋拧紧时，不能大力在竖直方向转动望远镜，等等。

考核评价

(1)规范性考核：按以上方法、步骤，对学生的操作进行规范性考核。

(2)熟练性考核：在规定时间内测设建筑物交点平面位置与高程。

(3)准确性考核：平面坐标及高程误差小于规范允许值。

作业成果

园林建筑定位数据计算表

测站	点名	方位(水平)角 (° ′ ″)	距离 (m)	坐标值		标高 (m)	填挖高 (m)	备注
				x	*y*			
P	*Q*							在放样时，轴线距离要精确到毫米，标高精确到厘米即可
	A							
	B							
A	*B*	00 00 00						
	C	270 00 00						
B	*A*	00 00 00						
	D	90 00 00						

知识链接

园林建筑施工测量

园林建筑是园林工程的重要内容，包括亭、廊、榭、阁、轩等游憩设施，还有餐厅、售票厅等服务设施，以及办公楼、变电室等管理设施。

建筑物的构造由各种轴线组成，园林建筑物的定位就是利用仪器和工具将建筑物的外轮廓各轴线的交点(即角点)位置标定在实地上，钉立坚固的木桩(称为角桩)，并在桩顶钉小铁钉以准确表明点位。根据这些角点，可以进行对建筑物进行详细放样。

园林建筑工程施工放样的主要工作内容包括：园林建筑物的定位(即主轴线放样)、建筑物放线、基础施工放样和墙身施工放样等，其任务是按照设计样图的要求，将园林建筑物的平面位置和标高测设到地面上，以便施工。园林建筑工程放样时，应首先核对各设计图样的尺寸，从图样上了解施工的建筑物与相邻地物之间的位置关系，了解建筑物的尺寸与施工要求等内容，然后到现场勘察地形地貌及原有的控制点的分布情况，平整和整理施工场地，并根据设计要求、定位条件、现场地形等因素制订出施工放样的方案，包括测设方法、测设数据计算和绘制测设略图等。

1. 园林建筑物放样所依据的图样资料

(1)总平面图

如图7-29所示，园林建筑物的总平面图是表示园林规划设计范围内各种地物景观的总体布局情况的图样资料，园林建筑物就是根据总平面图上所设计的尺寸关系进行定位的。在施工放样时，从建筑总平面图上查取或计算设计的建筑物与原有建筑物或测量控制点之间的平面尺寸和高差，是施工放样的依据。

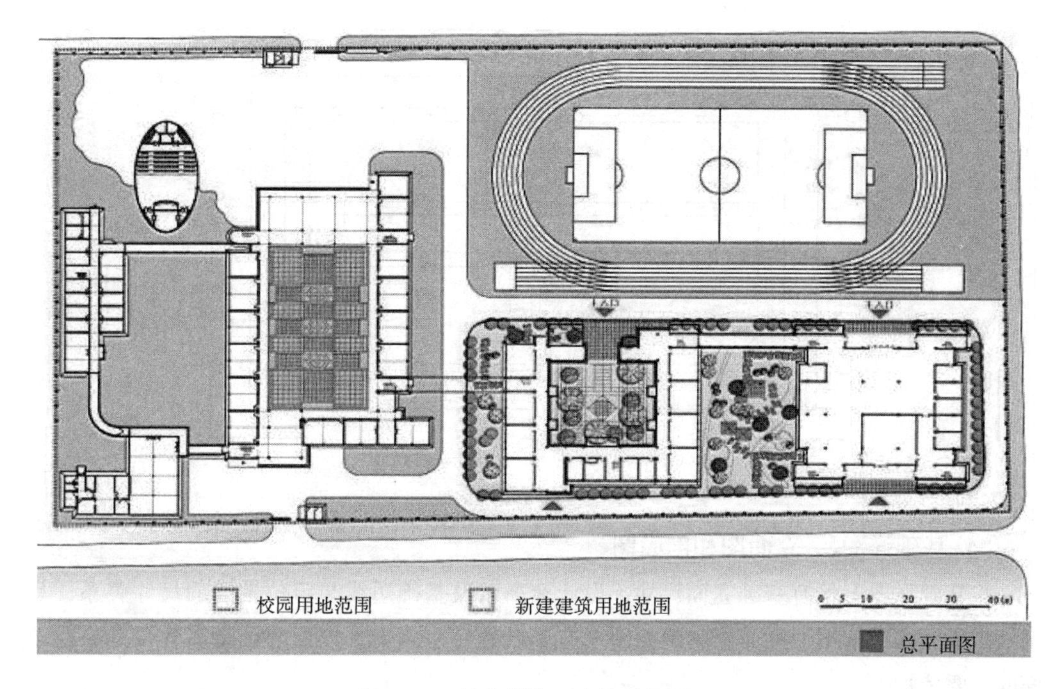

图 7-29　某小学校园建筑总平面图

(2) **建筑平面图**

如图 7-30 所示，建筑平面图上标注有建筑物各定位轴线的总尺寸和内部各定位轴线之间的尺寸关系，是施工放样的基础资料。

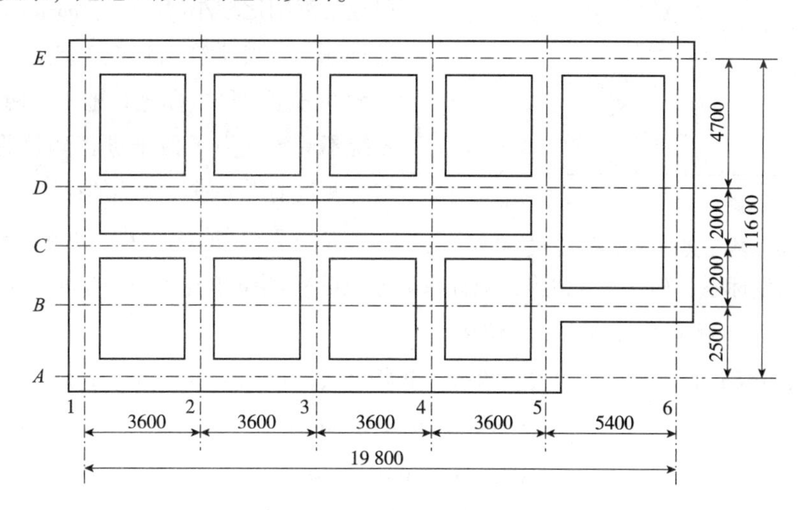

图 7-30　建筑平面图

(3) **基础平面图**

如图 7-31 所示，基础平面图上有基础边线与定位轴线的平面尺寸，以及基础布置与基础剖面位置的关系，挖基槽的石灰线就是根据该图所给的尺寸放样的；另外，该图上还标有已建建筑物与拟建建筑物之间的平面尺寸、定位轴线之间的平面尺寸和定位轴线控制桩等。

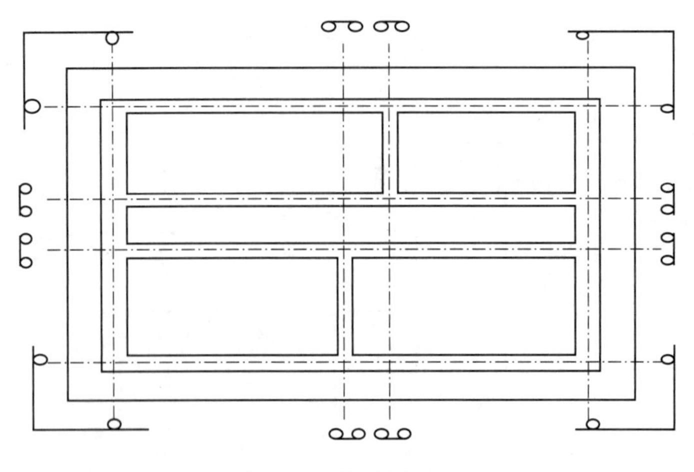

图 7-31 基础平面图

(4)**基础详图、立面图和剖面图**

在基础详图上标有基础立面尺寸、设计标高以及基础边线与定位轴线的尺寸关系，是基础高程放样的依据。立面图和剖面图上有基础地坪、门窗、楼板等设计高程，是高程放样的主要依据。

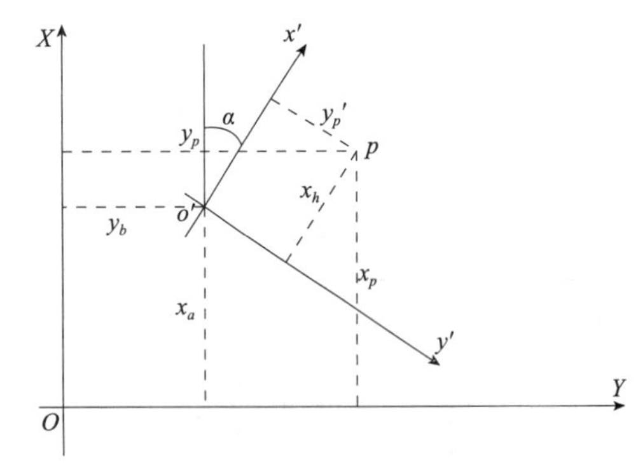

图 7-32 施工坐标与测量坐标的换算

2. 施工坐标系与测量坐标系的转换

施工坐标系也称建筑坐标系，当建筑工程施工范围比较小时，一般都采用施工坐标进行施工，当建筑工程施工范围比较大时，一般都采用测量坐标进行施工。两者的坐标系统不一致，为了便于进行建筑物的放样，施工测量前需要进行坐标的换算。

如图 7-32 所示，XOY 为测量坐标系统，$x'o'y'$为施工坐标系，(x_o, y_o)为施工坐标系的原点 o'在测量坐标系中的坐标，α 为施工坐标系的纵轴 $o'x'$在测量坐标系中的方位角。

当 p 点的施工坐标为$(x'_p y'_p)$时，可按下式将其转换成测量坐标(x_p, y_p)：

$$\left.\begin{aligned} x_p &= x_o + x'_p\cos\alpha - y'_p\sin\alpha \\ y_p &= y_o + x'_p\sin\alpha + y'_p\cos\alpha \end{aligned}\right\} \tag{7-2}$$

如已知 p 点的测量坐标为(x_p, y_p)，则可按下式将其换算为施工坐标(x'_p, y'_p)：

$$\left.\begin{aligned} x'_p &= (x_p - x_o)\cos\alpha + (y_p - y_o)\sin\alpha \\ y'_p &= -(x_p - x_o)\sin\alpha + (y_p - y_o)\cos\alpha \end{aligned}\right\} \tag{7-3}$$

3. 园林建筑物定位

园林建筑物的定位，就是将建筑物外廓的各轴线交点(简称角桩)测设到地面上，作为基础放样和轴线放样的依据。根据现场定位条件不同，可以选择的方法有：利用建筑红线定位或施工控制网定位、依据附近建筑定位和极坐标法定位。

（1）利用建筑红线定位

建筑红线也称建筑控制线，指城市规划管理中，控制城市道路两侧沿街建筑物或构筑物靠临街面的界线。任何临街建筑物或构筑物不得超过建筑红线。在施工现场，如果有规划管理部门设定的建筑红线，则可依据此红线与建筑物的位置关系进行建筑物的定位。如图 7-33 所示，AB 为建筑红线，新建筑物茶室的定位方法如下：

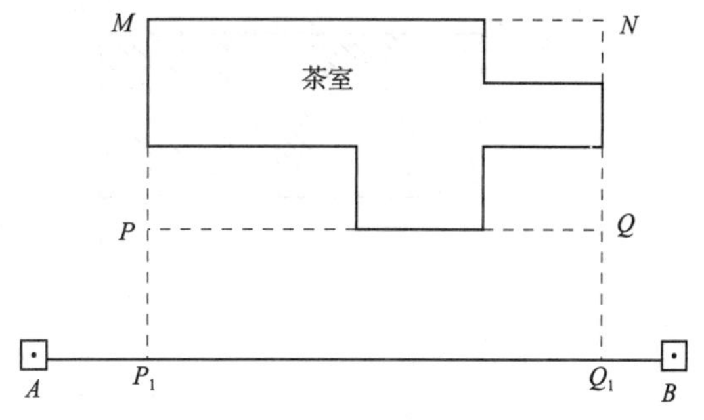

图 7-33　利用建筑红线放样

①根据图 7-33 可知，茶室轴线 MP 延长线上点 P_1 与 A 点间距离为 AP_1，茶室的长度为 PQ，宽度为 PM。

②在 A 点安置经纬仪，照准 B 点，在该方向线上用钢尺量出 AP_1 和 AQ_1 的水平距离，定出 P_1 和 Q_1 两点。钉立木桩做好标记。

③将经纬仪分别安置在 P_1 和 Q_1 两点，以 AB 方向为起始方向精确测设 90°角，得出 P_1M 和 Q_1N 两个方向，并在此方向上用钢尺量出 P_1P、PM、Q_1Q、QN 的水平距离，则定出了 P、M、Q、N 各点。

④分别安置经纬仪于 P 点和 Q 点，检查 $\angle MPQ$ 和 $\angle NQP$ 是否为 90°，用钢尺检验 PQ 和 MN 的距离是否等于设计的尺寸。若角度误差 $\leqslant 60''$，距离相对误差 $\leqslant 1/2000$，可根据现场情况进行调整，否则应重新测设。

⑤主轴线测设后，还应将建筑与轴线的交点位置依图上尺寸量出，得到各个转折点，最后用石灰粉撒出该建筑物的平面轮廓线。

同样，若 A、B 两点为施工控制网方格两相邻的方格点，也可用上述方法确定构筑物轴线 MN 及 PQ。

（2）依据附近建筑定位

在规划设计过程中，如规划范围内保留原有建筑或道路，一般应在规划设计图上予以反映，并给出其与拟建新建筑物的位置关系。测设这些新建筑物的主轴线可依尺寸关系进行，具体方法有以下几种。

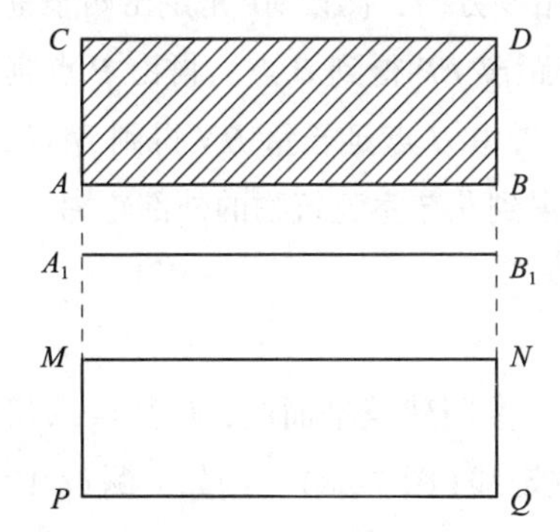

图 7-34　平行线法定位

①平行线法定位　此法适用于新旧建筑物的长边互相平行的情况。如图 7-34 所示，$ABCD$ 为原有建筑物，$MNQP$ 为拟建的建筑物，等距离延长山墙 CA 和 DB 两条直线，定出 AB 的平行线 A_1B_1，在 A_1 和 B_1 分别安置经纬仪，以 A_1B_1、B_1A_1 为起始方向，测设出 90°，并按设计图上给出的尺寸在 AA_1 方向上测设出 M、P 两点，在 BB_1 方向上定出 N、Q，从而得到新的建筑物的主轴线。

②延长直线法定位　此法适用于新旧建筑物的短边互相平行的情况。如图 7-35 所示，$ABCD$ 为原有建筑物，$MNQP$ 为拟建的建筑物，等距离延长山墙 CA 和 DB 两条直线，定出 AB

的平行线A_1B_1。再做A_1B_1的延长线，在此延长线上依设计给定的距离关系测设出P_1Q_1，然后分别在P_1和Q_1点上安置经纬仪，以P_1Q_1、Q_1P_1为起始方向，测设90°角定出两条垂线，并依设计给定的尺寸测设出MP和QN，从而得到新的建筑物的主轴线MN和PQ。

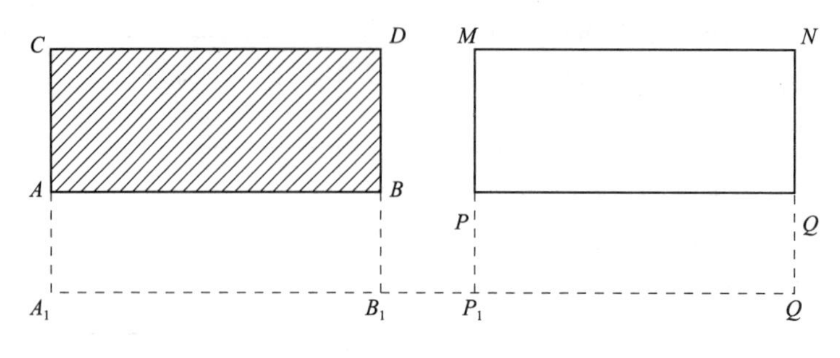

图7-35 延长直线法定位

③直角坐标法 此法适用于新旧建筑物的长边和短边相互平行的情况。如图7-36所示，先等距离延长山墙CA和DB，作出平行于AB的直线A_1B_1。再于A_1点安置经纬仪，作A_1B_1的延长线，丈量出y值，定出P_1点，然后在P_1点安置经纬仪，以A_1为零方向测设出90°角的方向，并丈量P_1P等于x值，测设定出P点，再延长定出Q点。然后于P和Q点分别安置经纬仪，测设出M和N点，从而得到主轴线PQ和MN。

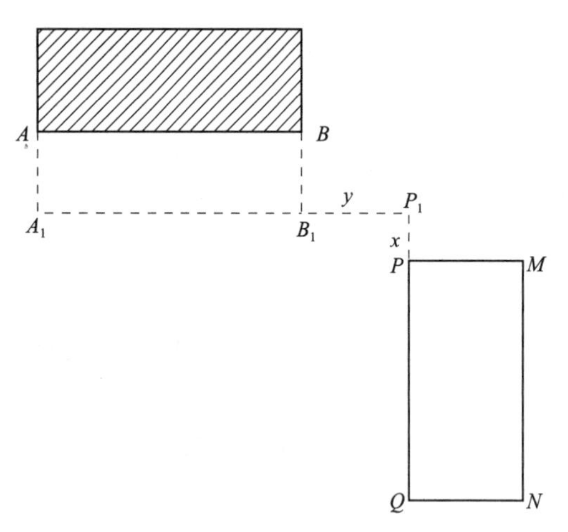

图7-36 直角坐标法定位

④根据原有道路测设 一般拟建的建筑物与原有道路中线平行时采用此方法。如图7-37所示，AB为道路轴线控制点。由设计图上的尺寸先在道路中心线上定出E、F两点，再分别在E、F点安置经纬仪，以EF和FE为起始零方向，测设90°角定出两条垂线，然后按设计图上给定的尺寸在垂线上从E点丈量水平距离EP得到P点，再由P点延长量PM得到M点，从F点丈量水平距离FH得到H点，再由H点延长量HN得到N点。再由设计给出的尺寸定出各个转折点，撒上石灰粉，即可得到花艺室建筑物的外部轮廓。

4. 园林建筑物细部轴线交点桩的放样

根据建筑物主轴线放样时已经定好的外廓各轴线角桩，参照建筑平面图，应用经纬仪定线，即安置经纬仪在其中的一个角桩，瞄准另一个角桩定线(图7-38)。例如，测设AB上的1、2、3、4、5各点，可把经纬仪安置在A点，瞄准B点，把钢尺(或手持激光测距仪)零点位置对准A点，沿望远镜视准轴方向分别测定A-1、A-2、A-3、A-4、A-5的长度，打下木桩，并在桩顶用小钉准确定位，得地面的1、2、3、4、5交点桩位置。同理，在CD线上放样得1′、2′、3′、4′、5′点，AC线上放样得E、F点，BD线上放样得F'、E'交点桩位置。

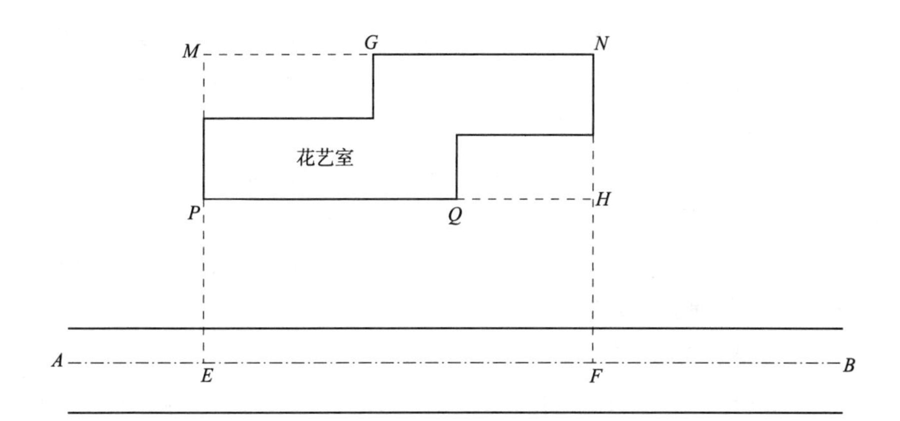

图7-37　由原有道路测设主轴线

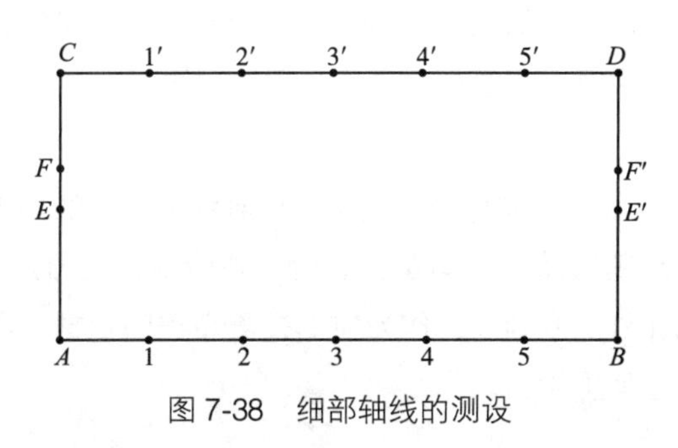

图7-38　细部轴线的测设

5. 基础施工放样

为了便于园林建筑工程施工，必须对详细放样后的建筑物进行基础施工放样。园林建筑物的基础是建筑物的主要组成部分，放样工作尤为重要，当轴线控制桩放样完成后，即可进行基槽开挖。建筑基础施工包括基槽开挖深度控制、在垫层上投射墙中心线、墙体的定位、墙体各部位标高的控制、上层楼面轴线的投测等工作。

(1)基槽开挖深度控制

为了施工方便，一般在槽壁各拐角和槽壁每隔3~4m处均测设一水平桩，使木桩的上表面离槽底的设计标高为一个固定值，此过程也称为基槽高程放样或基槽抄平。必要时，可沿水平桩的上表面拉线，作为清理槽底和打基础垫层时控制标高的依据。

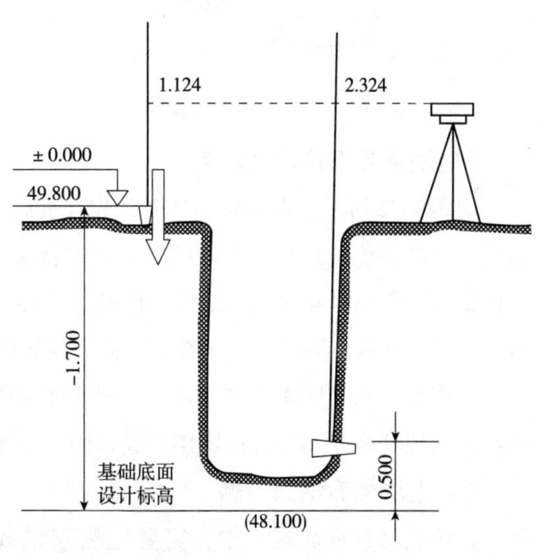

图7-39　水平桩的放样

如图7-39所示，在施工过程中，基槽是根据基槽石灰线破土开挖的，为了控制基槽开挖的深度，当基槽挖到离槽底设计标高0.4~0.5m时，要用水准仪在槽壁各拐弯和槽壁每隔3~4m处均放样出一个水平的小木桩，称为水平桩，使木桩的上表面离槽底的设计标高为一个固定值，此过程也称为基槽高程放样或基槽抄平。如图 7-39 中后视点读数为 $a=1.124$m，基础底部标高为 $h=-1.700$m，则：

$$b_{应}=a-(h+0.5)=1.124-(-1.700+0.500)=2.324(\text{m})$$

水准尺上下移动，使读数为 $b_{应}=2.324$m，在水准尺底部画线，打入水平桩，作为控制基础挖深深度的控制依据。基槽开挖完成后，如果检查槽宽、槽底标高符合要求，即可按设计要求的材料和尺寸铺设基础垫层。

(2)在垫层上投射墙体中线

基槽开挖完成后，若检查槽底的标高已符合要求，则可按设计要求的材料和尺寸打基础垫层。垫层打好以后，根据轴线控制桩或龙门板上的轴线钉，用经纬仪或拉线挂垂球的方法把细部轴线投测到垫层上，如图 7-40 所示。基础垫层高程可以在槽壁弹线，或者在槽底钉入小木桩进行控制，也可以在模板上弹出高程控制线。

(3)墙体定位

如图 7-41 所示，利用轴线控制桩或龙门板上的轴线和墙边线标志，用经纬仪或拉线挂垂球的方法把轴线投测到基础面或防潮层上。检查外墙轴线交角是否等于 90°，符合要求后，把墙轴线延伸并画在外墙基础上，作为向上投测高程的依据。同时也把门、窗和其他洞口的边线在外墙基础立面上画出。

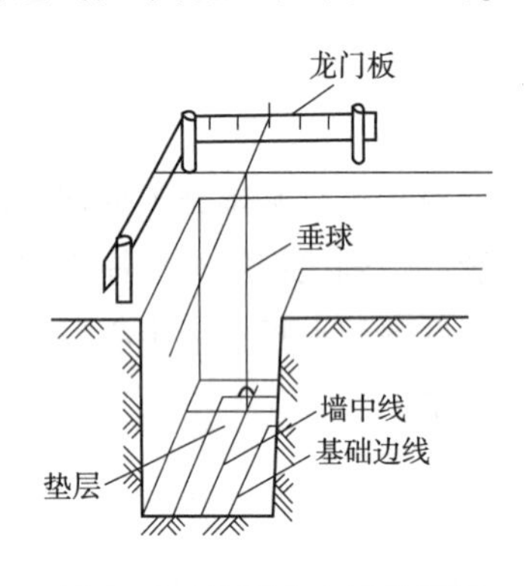

图 7-40　垫层中心线的投测

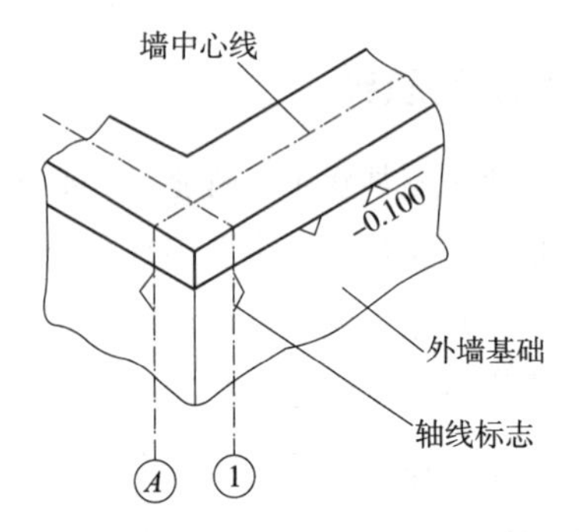

图 7-41　墙体的定位

(4)墙体各部位标高控制

如图 7-42 所示，在砌筑墙体时，先在基础上根据定位桩或龙门板上的轴线，弹出墙的边线和门洞的位置，并在内墙的转角处和隔墙处竖立墙体皮数杆，每隔 10~15m 立一根。墙体皮数杆是根据建筑物剖面图，标有每皮砖和灰缝的厚度，并注明墙体上窗台、门窗洞口、过梁、雨篷、圈梁、楼板等构建高度位置的专用木杆，是砌墙时掌握高程和砖缝水平的主要依据。在立墙体皮数杆时，要用水准仪测定皮数杆的标高，使皮数杆的±0.000m 标高与室内地坪标高相吻合；墙体的竖直则可用垂球进行校正。

(5)上层楼面轴线投测

在多层园林建筑施工中，需要把底层轴线逐层投测到上层，作为上层楼面施工的依据。

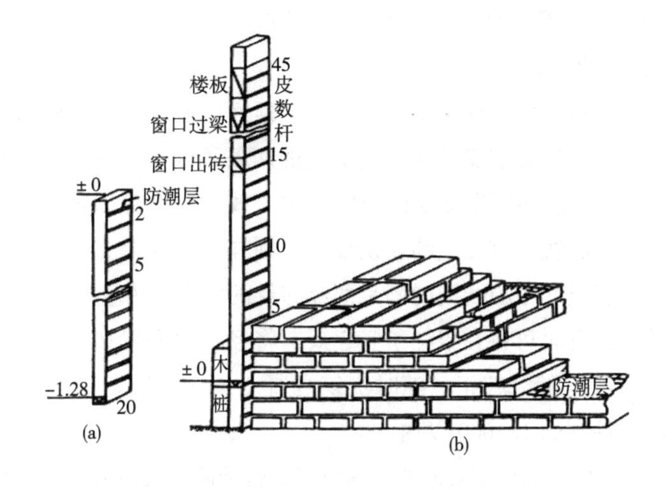

图 7-42　基础和墙体皮数杆设置

①吊垂球法　用较重的垂球吊在楼板或柱顶的边缘，当垂球尖对准基础墙面上的轴线标志时，垂线在楼板或柱顶边缘的位置即为楼层轴线端点的位置，并画线标志；采用同样的方法投测其他轴线端点。该法简便易行，但投测误差较大。

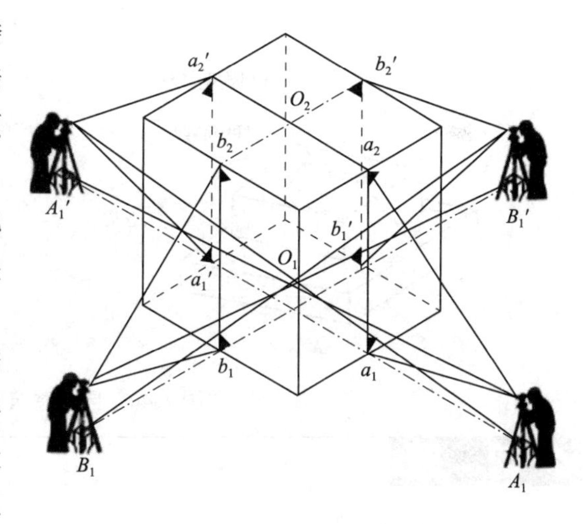

图 7-43　全站仪多层楼投测

②全站仪投测法　为了提高投测精度，在建筑施工过程中，常用全站仪将轴线投测到各层楼板边缘或柱顶上。投点时仰角不要过大，因此，要求全站仪到建筑物的水平距离大于建筑物的高度，否则应采用盘左、盘右延长直线的方法将轴线向外延长，然后再向上部投测，如图 7-43 所示。

6. 园林建筑的柱基放样

有些园林建筑中设有梁柱结构。其梁柱等构件有时事先按照设计尺寸预制。因此，必须按设计要求的位置和尺寸进行安装，以保证各构件间的位置关系正确。

(1) 柱子吊装前的准备工作

基槽开挖完毕，打好垫层之后，应在相对的两定位桩间拉麻线，将交点用垂球投影到垫层上，再弹出轴线及基础边线的墨线，以便立模浇灌基础混凝土，或吊装预制杯型基础。同时还要在杯口内壁，测设一条标高线，作为安装时控制标高用。另外，还应检查杯底是否有过高或过低的地方，以便及时处理。如图 7-44A 所示。

另外，在柱子 4 个侧面用墨线弹出柱子中心线，每一侧面分上、中、下 3 点，并画出小三角形“▶”标志，以便安装时校正，如图7-44B所示。

(2)柱子安装时的竖直校正

柱子吊起插入杯口后，应使柱子中心线与杯口顶面中心线吻合，然后用钢楔或木楔暂时固定。随后用两台经纬仪分别安置在互相垂直的两条轴线上，一般应距柱子1.5倍柱高以外，如图7-44B所示。经纬仪先瞄准柱子底部中心线，照准部固定后，再逐渐抬高望远镜，直至柱顶。若柱中心线一直在经纬仪视线上，则柱子在这个方向上就是竖直的，否则应对柱子进行校正，直至两中心线同时满足两经纬仪的要求时为止。

为提高工作效率，有时可将几根柱子竖起后，将经纬仪安置在一侧，一次校正若干根柱子。在施工中，一般是随时校正，随时浇筑混凝土固定，固定后及时用经纬仪检查纠偏。轴线的偏差应在柱高的1/1000以内。

此外，还应用水准仪检测柱子安放的标高位置是否准确，其最大误差一般不超过±5mm。

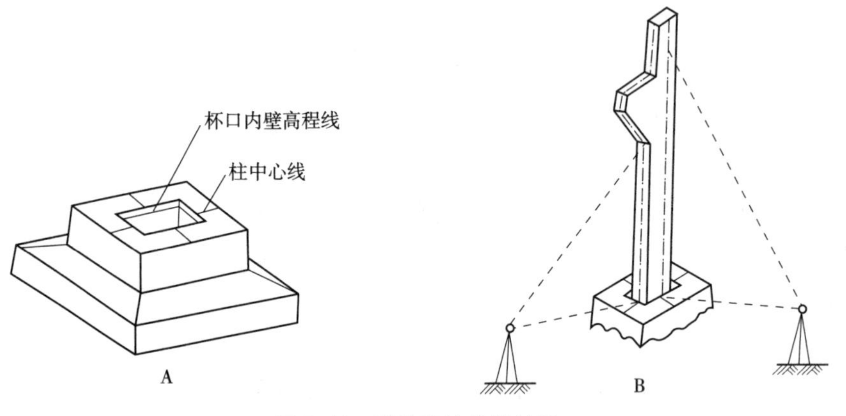

图7-44 园林建筑柱基放样

习 题

1. 填空题

(1)测设的基本工作一般包括________、________、________3个基本工作。

(2)路基放样包括________、________、________3种。

(3)路基放样是根据路基横断面设计图在实地定出其________，作为填土或挖土的依据。

(4)建筑红线是指城市规划管理中，控制____________________靠临街面的界线。

(5)园林工程放样是将园林设计施工图上的____、____、____、________等的位置、形态在___________准确测定出来，以进行施工并按设计要求建造出园林景观。

(6)园路的中线放样是在园路施工前，把园路中线测量时设置的各个桩号，如________(转点桩)、_______(里程桩)、_______(主要是圆曲线的主点桩)在实地上重新标定出来，以便于施工。

(7)园林建筑物的定位是将建筑物外廓的各轴线________测设到地面上，作为________和________的依据。

2. 单项选择题

(1)下列方法中，不是点位测设基本方法的是(　　)。

A. 极坐标法　B. 交会法　C. 支距法　D. 利用建筑红线定位

(2)下列答案中，不属于园林植物种植放样方法的是(　　)。

A. 单株种植放样　B. 支距法放样

C. 丛状种植放样　D. 片状种植放样

(3)建立方格控制网时，各方格边长(　　)。

A. 相等　B. 不相等　C. 根据需要确定　D. 可随时调整

(4)下列方法中，不属于路基放样的是(　　)。

A. 路堑放样　B. 路堤放样　C. 中线放样　D. 半填半挖路基放样

(5)点位测设时，当现场量距不便或待测点远离控制点时，可采用(　　)。

A. 极坐标法　B. 角度交会法　C. 距离交会法　D. 支距法

(6)点位测设时，当施工场地有测量控制点且测距较方便时，应采用(　　)。

A. 极坐标法　B. 角度交会法　C. 距离交会法　D. 支距法

(7)在花境种植放样时，一般采用(　　)。

A. 极坐标法　B. 方格网法　C. 距离交会法　D. 支距法

(8)在基槽开挖深度控制中，水平桩高程测设的允许误差为(　　)。

A. 5mm　B. 10mm　C. 15mm　D. 20mm

3. 判断题

(1)当施工场地有测量控制点且测距较方便时常用支距法。(　　)

(2)当现场量距不便或待测点远离控制点时，可采用角度交会法。(　　)

(3)方格控制网的边长不能因施工现场的难易程度而改变。(　　)

(4)各方格网线间应严格垂直。(　　)

(5)方格网方向应与设计平面图的方向一致或与南北东西方向一致。(　　)

(6)堆山放样与挖湖放样的方法相近。(　　)

(7)在放线量距时，用手持激光测距仪测定比用钢尺丈量更准确。(　　)

(8)在基槽开挖深度控制中，水平桩高程测设的允许误差为±20mm。(　　)

4. 综合分析题

如图 7-26 所示，P、Q 为施工现场的两个控制点，其坐标分别为 P(50.000，50.000)，Q(120.000，20.000)。A 点为待测点，其设计坐标为 A(80.000，90.000)。试计算出以 P 点为测站，用极坐标法测设 A 点的必要数据，并说明测设方法。

参考文献

陈日东，2015. 园林测量[M]. 北京：高等教育出版社.

陈日东，2017. 野外调查工具与安全[M]. 北京：中国林业出版社.

陈涛，2014. 园林测量[M]. 北京：中国林业出版社.

陈涛，2017. 园林测量[M]. 2版. 北京：中国劳动社会保障出版社.

韩学颖，等，2012. 园林工程测量技术[M]. 郑州：黄河水利出版社.

孔祥元，等，2002. 大地测量学基础[M]. 武汉：武汉大学出版社.

黎曦，等，2012. 园林测量[M]. 郑州：黄河水利出版社.

王文斗，等，2003. 园林测量[M]. 北京：中国科学技术出版社.

魏占才，等，2002. 森林计测[M]. 北京：高等教育出版社.

肖振才，等，2012. 园林测量[M]. 北京：中国农业出版社.

张培冀，等，2012. 园林测量学[M]. 北京：中国建筑工业出版社.

郑金兴，等，2002. 园林测量[M]. 北京：高等教育出版社.

中华人民共和国国家质量监督检验检疫总局，中国国家标准化管理委员，2012. 国家基本比例尺地形图分幅和编号：GB/T 13989—2012[M]. 北京：中国标准出版社.

中华人民共和国国家质量监督检验检疫总局，中国国家标准化管理委员，2017. 国家基本比例尺地图图式　第1部分：GB/T 20257. 1—2017[M]. 北京：中国标准出版社.

习题参考答案

数字资源列表

序号	数字资源	页码
1	罗盘仪的构造 . mp4	10
2	直线磁方位角测定 . mp4	10
3	罗盘仪对中整平 . mp4	11
4	罗盘仪瞄准目标 . mp4	11
5	罗盘仪测定磁方位角 . mp4	11
6	自动安平水准仪及其配件 . mp4	24
7	电子水准仪及其配件 . mp4	27
8	水准仪圆水准器气泡居中整平 . mp4	29
9	水准仪瞄准目标 . mp4	29
10	光学水准仪读数 . mp4	30
11	一个测站普通水准测量 . mp4	30
12	电子水准仪参数设置 . mp4	44
13	二等水准测量电子水准仪检查 . mp4	45
14	二等水准测量奇数站的观测记录与计算 . mp4	46
15	二等水准测量偶数站的观测记录与计算 . mp4	46
16	二等水准测量的观测记录与计算 . mp4	46
17	水准测量记录计算成果 . pdf	49
18	电子经纬仪的基本构造 . mp4	54
19	电子经纬仪的初始设置 . mp4	57
20	电子经纬仪水平角观测 . pdf	58
21	经纬仪对中整平 . pdf	58
22	角度概念与经纬仪主要轴线 . mp4	63
23	电子经纬仪天顶角观测 . pdf	64
24	经纬仪视距测量观测 . pdf	67
25	视距测量观测记录计算表 . xlsx	68
26	全站仪及其配件 . mp4	75
27	全站仪显示屏及操作键盘 . mp4	76
28	全站仪对中整平 . mp4	79
29	全站仪水平角观测 . mp4	80
30	全站仪天顶角倾斜改正设置 . mp4	83

(续)

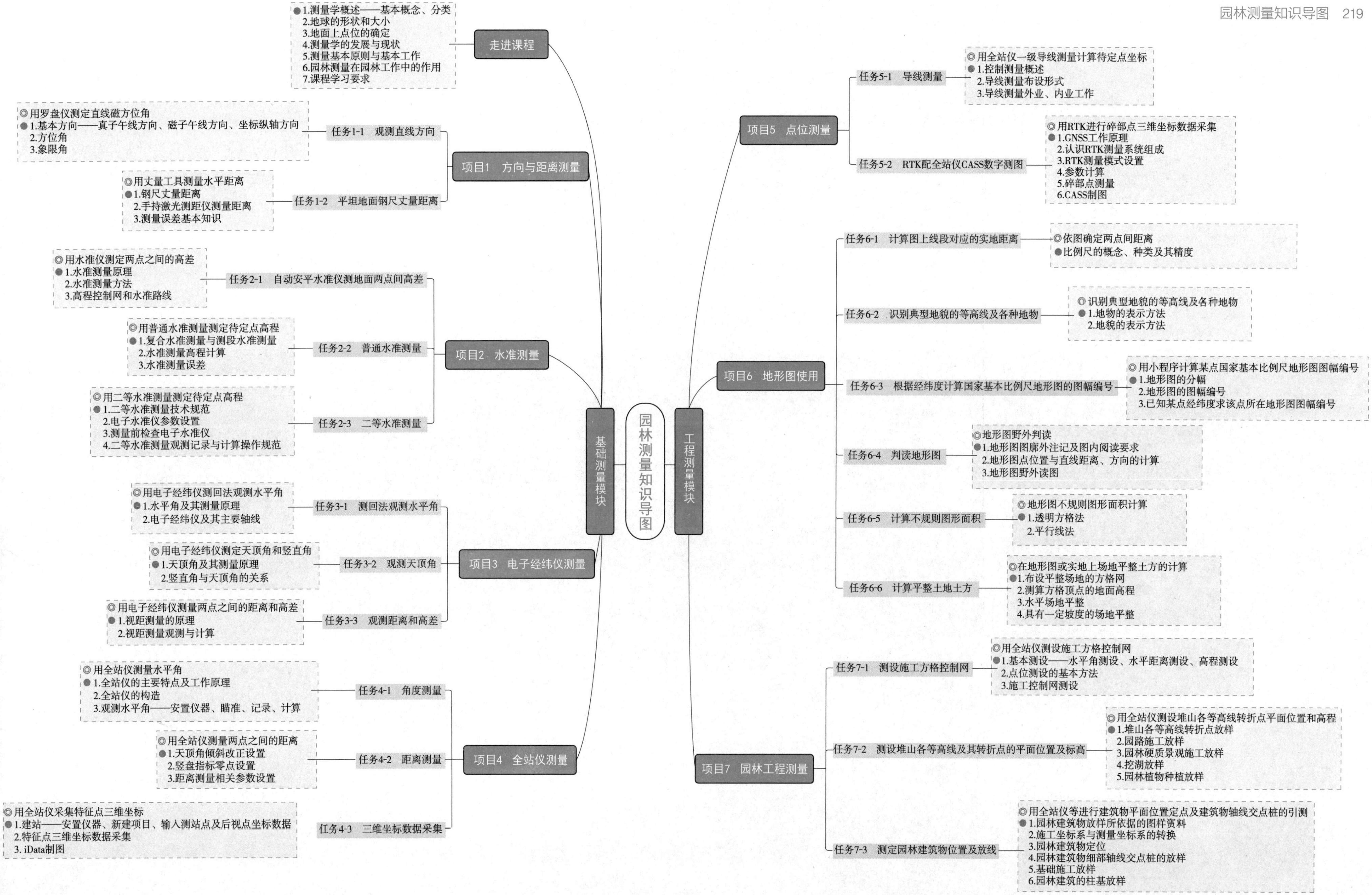

园林测量知识导图

基础测量模块

走进课程
- 1.测量学概述——基本概念、分类
- 2.地球的形状和大小
- 3.地面上点位的确定
- 4.测量学的发展与现状
- 5.测量基本原则与基本工作
- 6.园林测量在园林工作中的作用
- 7.课程学习要求

项目1 方向与距离测量
- 任务1-1 观测直线方向
  - ◎用罗盘仪测定直线磁方位角
  - 1.基本方向——真子午线方向、磁子午线方向、坐标纵轴方向
  - 2.方位角
  - 3.象限角
- 任务1-2 平坦地面钢尺丈量距离
  - ◎用丈量工具测量水平距离
  - 1.钢尺丈量距离
  - 2.手持激光测距仪测量距离
  - 3.测量误差基本知识

项目2 水准测量
- 任务2-1 自动安平水准仪测地面两点间高差
  - ◎用水准仪测定两点之间的高差
  - 1.水准测量原理
  - 2.水准测量方法
  - 3.高程控制网和水准路线
- 任务2-2 普通水准测量
  - ◎用普通水准测量测定待定点高程
  - 1.复合水准测量与测段水准测量
  - 2.水准测量高程计算
  - 3.水准测量误差
- 任务2-3 二等水准测量
  - ◎用二等水准测量测定待定点高程
  - 1.二等水准测量技术规范
  - 2.电子水准仪参数设置
  - 3.测量前检查电子水准仪
  - 4.二等水准测量观测记录与计算操作规范

项目3 电子经纬仪测量
- 任务3-1 测回法观测水平角
  - ◎用电子经纬仪测回法观测水平角
  - 1.水平角及其测量原理
  - 2.电子经纬仪及其主要轴线
- 任务3-2 观测天顶角
  - ◎用电子经纬仪测定天顶角和竖直角
  - 1.天顶角及其测量原理
  - 2.竖直角与天顶角的关系
- 任务3-3 观测距离和高差
  - ◎用电子经纬仪测量两点之间的距离和高差
  - 1.视距测量的原理
  - 2.视距测量观测与计算

项目4 全站仪测量
- 任务4-1 角度测量
  - ◎用全站仪测量水平角
  - 1.全站仪的主要特点及工作原理
  - 2.全站仪的构造
  - 3.观测水平角——安置仪器、瞄准、记录、计算
- 任务4-2 距离测量
  - ◎用全站仪测量两点之间的距离
  - 1.天顶角倾斜改正设置
  - 2.竖盘指标零点设置
  - 3.距离测量相关参数设置
- 任务4-3 三维坐标数据采集
  - ◎用全站仪采集特征点三维坐标
  - 1.建站——安置仪器、新建项目、输入测站点及后视点坐标数据
  - 2.特征点三维坐标数据采集
  - 3. iData制图

工程测量模块

项目5 点位测量
- 任务5-1 导线测量
  - ◎用全站仪一级导线测量计算待定点坐标
  - 1.控制测量概述
  - 2.导线测量布设形式
  - 3.导线测量外业、内业工作
- 任务5-2 RTK配全站仪CASS数字测图
  - ◎用RTK进行碎部点三维坐标数据采集
  - 1.GNSS工作原理
  - 2.认识RTK测量系统组成
  - 3.RTK测量模式设置
  - 4.参数计算
  - 5.碎部点测量
  - 6.CASS制图

项目6 地形图使用
- 任务6-1 计算图上线段对应的实地距离
  - ◎依图确定两点间距离
  - 比例尺的概念、种类及其精度
- 任务6-2 识别典型地貌的等高线及各种地物
  - ◎识别典型地貌的等高线及各种地物
  - 1.地物的表示方法
  - 2.地貌的表示方法
- 任务6-3 根据经纬度计算国家基本比例尺地形图的图幅编号
  - ◎用小程序计算某点国家基本比例尺地形图图幅编号
  - 1.地形图的分幅
  - 2.地形图的图幅编号
  - 3.已知某点经纬度求该点所在地形图图幅编号
- 任务6-4 判读地形图
  - ◎地形图野外判读
  - 1.地形图图廓外注记及图内阅读要求
  - 2.地形图点位置与直线距离、方向的计算
  - 3.地形图野外读图
- 任务6-5 计算不规则图形面积
  - ◎地形图不规则图形面积计算
  - 1.透明方格法
  - 2.平行线法
- 任务6-6 计算平整土地土方
  - ◎在地形图或实地上场地平整土方的计算
  - 1.布设平整场地的方格网
  - 2.测算方格顶点的地面高程
  - 3.水平场地平整
  - 4.具有一定坡度的场地平整

项目7 园林工程测量
- 任务7-1 测设施工方格控制网
  - ◎用全站仪测设施工方格控制网
  - 1.基本测设——水平角测设、水平距离测设、高程测设
  - 2.点位测设的基本方法
  - 3.施工控制网测设
- 任务7-2 测设堆山各等高线及其转折点的平面位置及标高
  - ◎用全站仪测设堆山各等高线转折点平面位置和高程
  - 1.堆山各等高线转折点放样
  - 2.园路施工放样
  - 3.园林硬质景观施工放样
  - 4.挖湖放样
  - 5.园林植物种植放样
- 任务7-3 测定园林建筑物位置及放线
  - ◎用全站仪等进行建筑物平面位置定点及建筑物轴线交点桩的引测
  - 1.园林建筑物放样所依据的图样资料
  - 2.施工坐标系与测量坐标系的转换
  - 3.园林建筑物定位
  - 4.园林建筑物细部轴线交点桩的放样
  - 5.基础施工放样
  - 6.园林建筑的柱基放样